AF856749

Petit dictionnaire
du charlatanisme médical

Jacques Poirier
Ancien Interne des Hôpitaux de Paris
Professeur honoraire à la Faculté de Médecine
Ancien Chef de Service à l'Hôpital de la Pitié-Salpêtrière

Petit dictionnaire du charlatanisme médical

Hermann
Histoire des Sciences

www.editions-hermann.fr

ISBN : 978 2 7056 8060 2
© Hermann éditions, 2011
6, rue de la Sorbonne, 75005 Paris
Toute reproduction ou représentation de cet ouvrage, intégrale ou partielle, serait illicite sans l'autorisation de l'éditeur et constituerait une contrefaçon. Les cas strictement limités à usage privé ou de citation sont régis par la loi du 11 mars 1957.

« Mais être raisonnable, est-ce vivre ? »

Edmond et Jules de Goncourt

Préambule

Les rapports de la *médecine* et du *charlatanisme* sont complexes. L'*histoire* et la *géographie* se rejoignent, se recoupent, s'entrecroisent. La médecine et le charlatanisme (mieux vaudrait dire les médecines et les charlatanismes) sont de tous les temps et de tous les lieux. Mais la médecine n'est pas univoque. Les moyens mis à la disposition des hommes pour se soigner sont considérablement différents selon que l'on se place à tel ou tel moment de l'histoire et à tel ou tel endroit du globe, selon le niveau social, économique et culturel des individus ainsi que selon leurs connaissances et leurs croyances. L'évolution des théories et des pratiques de soins est loin d'être linéaire. Il serait simpliste d'opposer radicalement les *médecines populaires* et la *médecine savante*, tant cette dernière prend de racines dans les premières et, réciproquement, tant les médecines populaires incorporent de données issues de la médecine savante des siècles précédents. Il serait notoirement inexact de laisser croire qu'il existe un fossé infranchissable entre la *médecine officielle*, née et développée dans le monde occidental, et les *médecines parallèles*, que l'on préfère actuellement appeler *thérapies non-conventionnelles*. Ainsi, de très nombreux patients ont recours à ces médecines que l'on appelle aussi *médecines alternatives ou complémentaires*, selon que le malade les utilise à la place ou en complément des thérapeutiques orthodoxes. De même, de nombreux médecins n'hésitent pas à faire appel aux deux registres en pratiquant par exemple l'homéopathie, l'acupuncture ou l'hypnose conjointement avec la médecine conventionnelle et la tendance actuelle des grands établissements de santé est de favoriser le développement de la *médecine intégrée*, associant aux traitements conventionnels certaines thérapies non-conventionnelles. Il serait tout aussi inexact de penser que la *médecine conventionnelle* et le *charlatanisme* se situent aux antipodes l'un de l'autre. Le charlatanisme ne sévit pas que du côté des médecines populaires, des rebouteux, magnétiseurs ou autres guérisseurs ainsi que dans celui des systèmes médicaux plus ou moins farfelus, comme l'homéopathie, la médecine-Raspail ou les multiples thérapies anti-cancer ou anti-âge. Il y a aussi des docteurs en médecine charlatans et, qui plus est, on peut être plus ou moins charlatan. Nous verrons d'ailleurs combien il est difficile, dans le domaine de la santé et de la maladie, de tracer des frontières précises entre ceux que l'on dénonce comme charlatans et ceux qui ne le seraient pas. Pour faire bref, on retiendra comme fil directeur que, dans le champ de la santé, est charlatan celui qui se situe en dehors de la loi, de la science et/ou de la morale.

En essayant de toujours garder présent à l'esprit l'importance cruciale de ces différences historiques et géographiques, le point de vue développé dans ce petit dictionnaire est centré sur le *hic et nunc, ici et maintenant*. Le propos est donc focalisé sur l'état actuel des choses (tout en soulignant brièvement les racines historiques de ce présent), et privilégie l'exposé des théories et des pratiques les plus couramment usitées en Europe de l'Ouest (notamment en France) et aux États-Unis d'Amérique, donc dans l'*Occident Chrétien*. De ce fait, le poids de cinq facteurs déterminants est omniprésent : 1) la pensée grecque du ve siècle avant J.-C., centrée sur le *corpus hippocratique* (la référence au serment d'Hippocrate étant toujours d'actualité en Europe), 2) l'héritage laissé par près de deux millénaires de domination de la religion chrétienne, 3) le développement hyperbolique des techniques, notamment à partir de la révolution industrielle du XIXe siècle, 4) l'application à la médecine de la théorie scientifique, théorisée par Claude Bernard dans son *Introduction à la médecine expérimentale* parue en 1865, 5) le rôle majeur des États-Unis dans la naissance, le développement, la reconnaissance et l'étude scientifique des thérapies non-conventionnelles, et, par voie de conséquence, leur influence considérable sur ce qui se passe en Europe dans ce champ là.

Réciproquement, bien qu'elles soient très répandues à travers le monde et au fil des siècles, les grandes traditions culturelles et religieuses, en particulier celles de l'Asie, de l'Inde ou de l'Afrique, ne seront prises en compte qu'en fonction de leur impact sur le monde occidental actuel. Impact loin d'être négligeable si l'on songe seulement, par exemple, à la place prise par l'acupuncture ou à l'influence du bouddhisme, du taoïsme, de l'hindouisme, sur la représentation occidentale du corps, du psychisme, de la maladie et de son traitement curatif ou préventif. Les exemples les plus marquants sont fournis par les idéologies développées par des mouvements contemporains comme les *Nouveaux Mouvements Religieux* ou les *thérapies New-Age*.

La multitude et la grande diversité des thérapies non-conventionnelles recouvrent de réelles différences et il serait inacceptable de les mettre toutes dans le même sac. Leur degré d'efficacité est variable, le plus souvent réduit à un effet psychologique, habituellement nommé *effet placebo*. Mais ce n'est pas tellement leur efficacité douteuse qui est préoccupante. Le vrai problème est leur dangerosité. Certaines sont par elles-mêmes assez inoffensives, mais leur danger réside dans le fait que leur utilisation exclusive peut conduire à ne pas mettre en œuvre à temps une thérapeutique conventionnelle efficace. D'autres, tout particulièrement dans le champ de la kyrielle des thérapies soi-disant anti-cancer, mais aussi dans le cadre des manipulations vertébrales pratiquées par des chiropracteurs ou des ostéopathes, sont éminemment dangereuses et se soldent par des accidents qui sont loin d'être rares et qui peuvent être mortels. Enfin, et surtout peut-être, de nombreuses thérapies non-conventionnelles font le lit de sectes qui développent en matière de santé des théories et des pratiques le plus souvent délétères et mettent en péril l'avenir et la vie des cibles les plus fragiles que sont les enfants et les adolescents.

Il importe donc de faire un tri attentif parmi ces thérapies et de ne pas clouer au pilori pêle-mêle des médecines douces dépourvues de nocivité (comme la prière et les pèlerinages, les massages, le yoga, l'homéopathie parfois, les impositions de mains, certaines psychothérapies, quelques recettes de bonne-femme) à côté de dangereuses mystifications basées sur des élucubrations pseudo-scientifiques (comme, par exemple, la chiropraxie, l'analyse transactionnelle, la psycho-généalogie, les cellules fraîches de Niehans, les physiatrons synthétiques de Jean Solomidès ou les anti-néoplastons de Stanislas Burzynski).

Tout au long de ce petit dictionnaire visant à donner un panorama général et non exhaustif de ce monde captivant de la prise en charge par les individus et par la société de la santé et de la maladie, outre les points précédents de mise en situation historique et géographique des théories et pratiques de guérissage, d'estimation critique de leur efficacité et surtout de leur dangerosité, on trouvera en arrière-fond une constante de la nature humaine, l'opposition dialectique entre le *Rationnel* (celui de la connaissance, de la science, de la Raison) et l'*Irrationnel* (celui des croyances, de la religion, du surnaturel, de la magie). Tout être humain marche sur ses deux jambes, le *Rationnel* et l'*Irrationnel*, en s'appuyant plus sur l'un ou sur l'autre, selon les époques, les endroits de la planète, les individus, les vicissitudes de l'existence. L'absurdité de la condition humaine justifie de ne pas renier le second au bénéfice exclusif du premier.

L'engouement actuel pour les thérapeutiques non conventionnelles vient, pour les autorités de santé, de considérations principalement financières. Il traduit, pour les patients qui y ont recours, outre la permanence ontologique de notre irrationnel, un désarroi devant un monde technologique de plus en plus poussé et l'affaiblissement des repères identitaires liés à la mondialisation et à la faillite des idéologies et des religions traditionnelles.

Remerciements

Je remercie pour leur lecture critique du manuscrit et pour leurs commentaires avisés, Claude Bénichou, Isabelle Crommelynck, Christian Derouesné, Bernard Guiraud-Chaumeil, Jean-Paul Poirier (de l'Académie des sciences) et Patricia Poirier.

– **Absurde**. Georges Clemenceau (1841-1929) pense qu'« il faut dans la vie une part d'absurdité pour la rendre supportable. Par bonheur, nous sommes abondamment pourvus de ce précieux condiment, et le fonds en paraît inépuisable. » Si l'on tient à préserver cette part d'absurde, sans prendre trop de risques, il faut savoir raison garder et ne pas s'immerger corps et âme dans le monde mystérieux, irréel, supranaturel, merveilleux, magique, des anges, des sorcières et des gourous de tout poil. En pratique, beaucoup tentent de préserver la chèvre (du rationnel) et le chou (de l'irrationnel), pour savourer voluptueusement – à moindres risques sinon à moindres frais – ce « plaisir de l'absurde » dont parle Sigmund Freud. C'est le cas de la plupart des docteurs en médecine, en tout cas les plus raisonnables ou les moins déraisonnables, qui affichent une pratique homéopathique, aromatothérapique, phytothérapique, hypnothérapique, etc. et qui marchent sur leurs deux jambes en sachant heureusement, lorsque c'est nécessaire, renvoyer leurs patients vers la médecine scientifique officielle, tant à des fins diagnostiques que thérapeutiques. C'est également le cas de nombreux patients qui allient la médecine officielle et une ou des thérapies non-conventionnelles.

– **Accidents thérapeutiques**. Les accidents thérapeutiques qui surviennent dans le cadre de la médecine conventionnelle ne sont pas exceptionnels et sont souvent mis en avant pour justifier le recours aux médecines non-conventionnelles, dites « douces » (*Voir* Médecine conventionnelle).

Plus de treize mille Français meurent chaque année à la suite de la prise de médicaments. Les causes en sont diverses. L'accident thérapeutique médicamenteux peut provenir d'une molécule qui n'apparaît dangereuse qu'après sa mise sur le marché. C'est le cas, par exemple, de l'*Isoméride*® et du *Pondéral*® qui ont été retirés de la vente en 1998, ou, plus récemment, du *Viox*®, retiré du commerce en 2004. Plus de 90 % des effets indésirables observés après mise sur le marché sont imprévisibles et font donc partie de l'*alea thérapeutique*, c'est-à-dire des conséquences néfastes de risques imprévisibles associés aux démarches diagnostiques et thérapeutiques.

Des accidents thérapeutiques peuvent aussi résulter d'une prescription erronée du médecin (dosage excessif, durée du traitement trop prolongée, incompatibilité entre plusieurs médicaments, contre-indication) ou d'une erreur de délivrance par le pharmacien. Les erreurs de délivrance peuvent être dues à une lecture insuffisamment attentive d'une ordonnance pas toujours lisiblement rédigée, entraînant la confusion – regrettable et parfois dangereuse – entre deux médicaments dont les noms se ressemblent, comme, par exemple, *Méthotrexate*® et *Méteoxane*®, *Spasfon*® et *Stablon*®, ou *Esperal*® et *Hepsera*®. Enfin on ne peut pas exclure une observance erronée de la prescription par le patient. Très rarement, il peut s'agir d'une faute ou d'une erreur dans la fabrication du produit. Cela a été le cas dans l'affaire de la *poudre Baumol*® en 1952. De même, en 1954, le

Stalinon®, spécialité destinée à traiter la furonculose, mais dont la teneur en un sel d'étain était anormalement élevée, entraîna de nombreux cas d'intoxication et une centaine de décès. L'opinion publique a également été douloureusement choquée par l'affaire du *talc Morhange*® : en 1972, un talc désinfectant appliqué sur les fesses des bébés a été capable de pénétrer dans le sang par voie transcutanée et de provoquer la mort de trente-six d'entre eux et des lésions neurologiques, dont certaines irréversibles, chez deux-cents autres. Ce lot avait été accidentellement contaminé par de l'hexachlorophène, puissant bactéricide neurotoxique.

Même si la France n'a pas été touchée, le drame de la *thalidomide*® est resté dans toutes les mémoires. Prescrit dans de nombreux pays, entre 1958 et 1961, à des femmes en début de grossesse, ce tranquillisant apparemment anodin, destiné à lutter contre les nausées et vomissements de la grossesse, s'est révélé être à l'origine de malformations congénitales graves (*phocomélie*) chez les nouveaux-nés, privés de doigts, de bras ou de jambes. Douze mille enfants ont ainsi été handicapés à vie. Les expérimentations qui avaient été menées chez l'animal et les essais cliniques chez l'homme n'avaient pas permis de mettre en évidence les redoutables effets tératogènes de ce médicament.

Le calvaire des *filles du distilbène*® reste d'actualité. Le *distilbène*® (*diéthylstilboestrol* ou *DES*) est une hormone de synthèse qui a été prescrite à des millions de femmes de nombreux pays, dont la France, de 1950 à la fin des années 1970, dans le but – reconnu depuis sans fondement – d'éviter une fausse-couche. Ayant été exposées à cette hormone dans l'utérus de leur mère, les filles de ces femmes ont un risque accru de cancer du col de l'utérus et du vagin et présentent des malformations utérines sources de stérilité, de fausses-couches, de grossesses extra-utérines, de grossesses difficiles et de prématurité.

L'affaire du sang contaminé et celle de l'hormone de croissance frappent – à juste titre – les esprits (*voir* Scandales de santé publique).

La presse se fait assez régulièrement l'écho d'accidents de la chirurgie, surtout lorsqu'ils sont liés à une erreur (se tromper de malade, se tromper de côté...), une maladresse, une faute ou une négligence humaines. En réalité, de tels accidents sont rarissimes.

L'hôpital Jean-Monnet d'Epinal vient d'être le siège de dramatiques accidents de radiothérapie. Vingt-quatre malades atteints d'un cancer de la prostate ont subi au cours de leur radiothérapie une surdose de rayons de 20 %, qui a causé la mort de cinq d'entre eux. Sur les 397 autres malades qui ont reçu une surdose plus modérée, 140 présentent une complication sévère de l'usage des rayons X (inflammation du rectum ou rectite) et il semble, au fil des jours, que la liste des patients concernés s'allonge. L'origine de ce drame se trouve dans des dysfonctionnements au sein de l'hôpital et du service de radiothérapie (mauvaise organisation, vétusté des installations, formation insuffisante des personnels, erreurs de manipulation du logiciel). Des accidents de même nature se sont également produits, à une moindre échelle, dans quelques autres hôpitaux, à

Lyon, à Grenoble et, tout récemment encore, à Toulouse, où 145 malades atteints de tumeurs du cerveau ont reçu des doses excessives de rayons X, sans doute en raison d'un étalonnage défectueux de l'appareil.
Quant aux accidents de l'anesthésie générale, ils sont devenus beaucoup plus rares et, en vingt ans, la mortalité liée à l'anesthésie générale a été divisée par dix. Un des temps forts a été la publication en 1994 d'un décret rendant obligatoires les consultations préopératoires faites par des médecins anesthésistes et l'existence d'une salle de réveil.

– **Acupressure**. Système dans lequel les points d'acupuncture font l'objet de pressions à la place des implantations d'aiguilles (*Voir* Acupuncture).

– **Acupuncture**. Avec les herbes médicinales, les moxibustions (*Voir* Moxibustions), les massages, le *Qi-gong* et le *Tai chi*, l'acupuncture fait partie des médecines traditionnelles asiatiques, notamment chinoise, à l'origine fort anciennes, et dont l'introduction en France s'est faite au XVIIIe siècle, dans la foulée des missions jésuites en Chine. Le docteur Louis Berlioz (1776-1848), père du compositeur, a été l'un des premiers à pratiquer et à diffuser l'acupuncture en France, par la rédaction de son *Mémoire sur les maladies chroniques, les évacuations sanguines et l'acupuncture* pour un concours ouvert en 1810 par la *Société de médecine* de Montpellier. En 1825, le médecin et sinologue Jean-Pierre Abel Rémusat (1788-1832) publie *De l'acupuncture des origines à 1825*, et, la même année, Eugène Scribe (1791-1861) peut se moquer gentiment de l'acupuncture dans son vaudeville *Le charlatanisme* : «Pour guérir, on vous pique ; / Système économique, / Qui depuis ce moment / Répand / La joie en nos familles ; / Car nous avons en magasin / Plus de bonnes aiguilles / Que de bons médecins. / Les jeunes ouvrières, / Les jeunes couturières / Ont remplacé la Faculté ; / Ces novices gentilles / Vont, en servant l'humanité, / Avec un cent d'aiguilles, / Nous rendre la santé. »
En 1858, dans son *Traité de thérapeutique,* Armand Trousseau (1801-1867), professeur de clinique médicale, médecin-chef de l'Hôtel-Dieu de Paris, fait une présentation assez critique de l'acupuncture, qu'il ne considère comme efficace que « dans les névralgies et les rhumatismes ». Parmi les nombreux ouvrages français entièrement consacrés à l'acupuncture, les deux plus célèbres sont *La médecine chez les Chinois* de Dabry de Thiersant (1842-1898) paru en 1863, et *L'acupuncture chinoise* de Georges Soulié de Morant (1878-1955) publié en 1939-1941.
Les origines de l'acupuncture seraient millénaires, mais les textes initiaux remontent aux premiers siècles avant J.-C. et sont inspirés par la philosophie taoïste. Pour faire simple, on peut dire que ses principes reposent sur l'équilibre entre deux forces opposées, le *Yin* et le *Yang*, équilibre assuré par la circulation de l'énergie, le *Qi*, à travers quatorze canaux, les *méridiens*. Les maladies sont dues à l'obstruction d'un méridien et une ou

des piqures aux *points* responsables entraînent la guérison en régulant le flux du *Qi*. Il existe plusieurs centaines de points. Les aiguilles d'acupuncture, au départ, en os, sont ensuite devenues métalliques (bronze, or, argent, acier). Une fois implantées, les aiguilles sont souvent tournées, chauffées ou, plus récemment, stimulées par du courant électrique, de la lumière, un laser ou des ultrasons. Les diverses expériences, même les plus apparemment sérieuses, utilisant des traceurs radio-actifs, tendant à prouver l'existence matérielle des points des *méridiens*, se sont achevées dans la dérision. L'acupuncture se base sur une anatomie virtuelle, symbolique, qui utilise, dans les traductions occidentales, les mêmes termes que l'anatomie réelle, ce qui entretient une grande confusion, car, pour des esprits européens éduqués dans le rationnel, les mots de *vessie*, *cœur*, *rate* ont un sens précis qui n'a effectivement rien à voir avec le sens virtuel que l'acupuncture leur assigne. Il importe donc de ne pas les sortir de leur contexte historique et culturel, sous peine de graves contre-sens. En effet l'acupuncture est intégrée dans un système de pensée totalement étranger au rationalisme occidental.
Si elle est pratiquée par des docteurs en médecine, l'acupuncture en France n'est pas mise au ban de la profession, loin de là. Elle s'affiche sur les plaques de médecins et trouve également une place dans le système hospitalier. L'*Ordre des Médecins* reconnaît ce *Mode d'Exercice Particulier* de la médecine. Un service hospitalier d'*explorations fonctionnelles du système nerveux et d'acupuncture* est même créé au Centre hospitalier de Nîmes en 1978. L'*Académie de médecine* reste toutefois très critique et considère l'acupuncture comme un placebo (*Voir* Placebo), bien que des recherches biologiques modernes attribuent certaines actions de l'acupuncture à des phénomènes physiologiques réflexes et/ou à une sécrétion d'endorphines, sortes de morphines internes sécrétées par l'organisme. L'acupuncture a donné naissance à de nombreux dérivés , notamment l'*acupuncture auriculaire* ou *auriculothérapie* (*Voir* Auriculothérapie) et l'*holo-énergétique* (*Voir* Holo-énergétique).

– **Acupuncture (accidents de l')**. Les accidents liés à l'acupuncture sont sous-estimés par certains (en particulier par les acupuncteurs et leurs sympathisants) et surestimés par d'autres (notamment les adversaires de l'acupuncture et les tenants de la seule médecine rationnelle). Il semble bien toutefois que le nombre des accidents d'acupuncture liés à une mauvaise application des règles, par méconnaissance ou négligence, irait en augmentant. La majorité (sans doute près de 95% d'entre eux) de ses effets indésirables ne sont pas rapportés dans la littérature médicale, ce qui rend impossible l'estimation exacte de leur fréquence. Paradoxalement, la surestimation existe aussi. Ainsi, par exemple, chez les fumeurs, le risque de pneumothorax spontané est élevé et certains cas de pneumothorax attribués à l'acupuncture peuvent très bien être, en réalité, spontanés.

La plupart des effets adverses de l'acupuncture sont heureusement bénins : vertiges, nausées, vomissements, malaise, lipothymie, hypotension artérielle transitoire, douleur au point d'insertion et lors de la manipulation des aiguilles, ecchymoses, hématomes, dermite allergique de contact, aggravation transitoire des symptômes, etc. Les complications sérieuses sont plus rares et se voient dans environ un cas sur mille à cinq mille : pneumothorax éventuellement bilatéral, hémothorax, hépatite, sida, infections bactériennes, endocardite bactérienne, tamponnade cardiaque, pseudo-anévrismes de l'aorte abdominale, phlébite, syncope, paraplégie avec spondylodiscite, myélite, hémorragie méningée, abcès épidural et abcès du psoas, lésions des nerfs périphériques, aiguilles incluses oubliées, etc. La littérature de langue anglaise fait état de cinq morts connues, deux par tamponnade cardiaque, deux par septicémie à staphylocoque, une d'asthme. Citons aussi les périchondrites de l'oreille en cas d'auriculothérapie et les brulures en cas de stimulation thermique des aiguilles, notamment par moxas (*Voir* Moxibustion). La meilleure façon d'éviter les effets indésirables de l'acupuncture est d'abord de respecter scrupuleusement ses contre-indications : troubles de la coagulation du sang, traitement anti-coagulant, grossesse, maladies valvulaires cardiaques, présence d'un pace-maker (en cas de stimulation électrique des aiguilles), patients à risque infectieux connu (immuno-dépressions, neutropénies), etc. Il importe ensuite de recueillir le consentement éclairé du patient et de suivre les règles de bonne pratique concernant notamment la désinfection des mains de l'opérateur et des zones de piqure, l'utilisation d'aiguilles stériles à usage unique (le praticien devrait toujours ouvrir sous les yeux du patient le sachet scellé contenant l'aiguille qu'il va utiliser), le respect des trajets et des profondeurs de piqure (dans le tissu cellulaire sous-cutané et jamais en profondeur). Finalement, le plus sûr et le plus raisonnable serait encore d'éviter de se mettre entre les mains d'un acupuncteur et de préférer un traitement conventionnel éprouvé.

– **Acupuncture (diplômes d')**. Il existe en France actuellement deux diplômes interuniversitaires d'acupuncture. L'un, général, est réservé aux médecins, l'autre, d'acupuncture gynéco-obstétricale est également accessible aux sages-femmes. Le 2 février 2007, le Ministre de la santé français a signé avec son homologue chinois un protocole d'accord visant à la création d'un diplôme national de *Capacité en acupuncture*, accessible aux docteurs en médecine après deux ans d'études spécialisées effectuées dans les universités qui seront habilitées à le délivrer. L'université de Bordeaux a ainsi ouvert à la rentrée 2008 une *Capacité de médecine d'acupuncture* et depuis, plusieurs universités l'ont suivi, comme celles de Montpellier, Nantes, Lyon par exemple.

– **Acupuncture (efficacité de l')**. L'efficacité clinique de l'acupuncture reste controversée. Cette question agite depuis longtemps le milieu des acupuncteurs et celui des

médecins normaux. De nombreux travaux démontrent l'inefficacité de l'acupuncture, autrement que comme un placebo. D'autres tentent au contraire de montrer son efficacité, notamment dans les maux de tête et surtout dans les douleurs. L'acupuncture aurait une action sur le nombre des spermatozoïdes chez les patients oligospermiques ; elle est donnée comme efficace contre les nausées et vomissements postopératoires, ceux de la chimiothérapie et probablement ceux de la grossesse. L'action contre les douleurs semble une des mieux testées. L'absence d'effet dans l'arrêt du tabac et dans les bouffées de chaleur de la ménopause est démontrée.
L'acupuncture factice (*Sham Acupuncture*) est un contrôle crédible pour l'évaluation de l'efficacité de l'acupuncture. Elle consiste en l'implantation d'aiguilles au niveau de points supposés destinés à traiter d'autres pathologies, ou en des endroits qui ne sont pas des points d'acupuncture, ou encore à des systèmes spéciaux de pseudo-aiguilles qui ne transpercent pas la peau. Plusieurs travaux montrent que l'acupuncture réelle n'a pas d'effet supérieur à l'acupuncture factice, notamment sur la fibromyalgie, la douleur de l'arthrose du genou, la qualité de vie de patients ayant une épilepsie réfractaire, la qualité de vie et la rapidité de récupération après un accident vasculaire cérébral, les maux de tête. D'autres travaux apportent des éléments contradictoires : l'acupuncture auriculaire réelle atténue plus la douleur des cancéreux que l'acupuncture-factice, l'acupuncture réelle aurait été plus efficace que l'acupuncture-factice dans les douleurs du genou. L'action de l'acupuncture sur la douleur est considérée comme due à la sécrétion d'endorphines ; des études utilisant l'imagerie par résonance magnétique fonctionnelle montrent que l'acupuncture entraîne aussi des modifications de signal dans les régions limbiques du cerveau, mais cet effet n'est pas spécifique : l'acupuncture-factice en déclenche également, les points d'acupuncture n'ayant pas le monopole d'une action biologique qui peut être obtenue par des aiguilles placées en dehors d'eux. L'application sur la peau de crèmes placebo, l'hypnose et certaines manipulations ont des effets analogues. L'existence de ces modifications neurophysiologiques n'implique évidemment pas que les théories qui sous-tendent ces diverses pratiques soient exactes.

– **Acupuncture factice**. L'acupuncture factice consiste en l'implantation d'aiguilles au niveau de points supposés destinés à traiter d'autres pathologies, ou en des endroits qui ne sont pas des points d'acupuncture, ou encore à des systèmes spéciaux de pseudo-aiguilles qui ne transpercent pas la peau. En comparant ses résultats à ceux de l'acupuncture normale, elle permet d'évaluer l'efficacité de l'acupuncture. *Voir* Acupuncture (efficacité de l').

– **Alchimie**. L'alchimie est définie comme un art occulte basé sur la croyance en quatre éléments de base : l'eau, le feu, la terre et l'air ainsi qu'en trois éléments essentiels : le sel,

le soufre et le mercure. Cette pseudo-science s'est assigné trois buts : 1) la transmutation des métaux vils (plomb ou cuivre) en métaux précieux (argent ou or), 2) la création d'une potion capable de guérir tous les maux (*la panacée universelle*), 3) la découverte de l'*élixir de longue vie*, donnant accès à l'immortalité.
En somme, les alchimistes se donnent trois objectifs : la richesse, la santé et l'immortalité assortie de la jeunesse éternelle, objectifs censés pouvoir être atteints grâce à *la pierre philosophale*, substance magique que tous les alchimistes se sont évertués à fabriquer sans qu'aucun n'ait jamais réussi.
Depuis la fin du XVIIIe siècle et les débuts de la chimie scientifique, il n'y a plus guère d'alchimistes.

– **Alexander** Frederick Matthias. Cet acteur australien, né en 1869 et mort en 1955, est l'inventeur d'une méthode de rééducation de la voix. *Voir* technique Alexander.

– **Allopathe**. Terme inventé par l'homéopathe Samuel Hahnemann (1755-1843) pour désigner un médecin qui n'est pas homéopathe.

– **Allopathie**. Terme utilisé par les homéopathes et autres adeptes de thérapies non-conventionnelles pour désigner la médecine dite scientifique, officielle ou conventionnelle.

– **Analyse transactionnelle**. Fondée aux États-Unis par le canadien Éric Berne (1910-1970), au milieu du XXe siècle (son ouvrage *Analyse Transactionnelle en Psychothérapie* paraît en 1961), l'*analyse transactionnelle* est particulièrement dangereuse. « Selon Éric Berne, le fondateur, la personnalité humaine consiste en trois stades du moi : le parent que vous avez eu, l'enfant que vous avez été un jour, et l'adulte que vous êtes. Le parent et l'enfant sont émotionnellement fixés dans le temps, l'adulte est rationnel et sans émotion. Quand ces trois stades du moi entrent en conflit, un dysfonctionnement de la communication apparaît. Il faut alors harmoniser les trois stades au moyen de “transactions”, transactions croisées qui forment la base des jeux à scénarios que jouent les hommes les uns avec les autres. » Entre un *père ogre* et une *mère sorcière*, il faut faire régresser puis *reparenter* l'enfant. Ainsi, sa disciple Jacqui Lee Schiff (morte en 2002) prétend *reparenter* les schizophrènes et se rend coupable d'atroces sévices.
En 2000, à Evergreen (Colorado), la petite Candace Newmaker, âgée de dix ans, supposée atteinte d'un *Désordre Affectif Réactionnel*, meurt étouffée – sous le poids de quatre pseudo-thérapeutes – lors d'une séance dramatique d'*attachement* ou *thérapie de contention* pratiquée dans le cadre du *rebirthing* (*re-naissance*) destiné à la rendre plus aimable avec sa mère adoptive, infirmière pédiatrique. Julie Ponder et Connell Watkins, les deux

femmes *thérapeutes-en-chef*, ne montrèrent aucun remords pendant leur procès ; elles furent condamnées à seize ans d'emprisonnement. Candace ne fut pas la seule victime, plusieurs autres enfants sont morts victimes de cette pseudo-thérapie.

– **Ange Albert (secte de)**. La secte de l'Ange Albert est une organisation spiritiste et guérisseuse, regroupée autour du « médium parlant », Yvonne Theisen, et du « médium non parlant », Ketty Donnersbach, alias l'*Ange Albert*, qui s'est proclamée « Führer ». Cette dangereuse secte, bien implantée en Belgique et au Luxembourg, a des affinités avec le nazisme. Dans le domaine de la santé, elle considère que les maladies, étant des punitions divines, ne doivent pas être soignées, avec comme conséquence plusieurs morts (*Voir* Enfants victimes).

– **Anthroposophie**. Système d'anthropologie métaphysique, ésotérique, magico-mythique, irrationnel, l'anthroposophie a été fondée par Rudolph Steiner (1861-1925) (*Voir* Médecine anthroposophique).

– **Anti-néoplastons**. Mélanges de peptides et d'acides aminés, les anti-néoplastons ont été préconisés comme thérapies du cancer par Stanislaw Burzynski (*Voir* Burzynski).

– **Anti-oxydants**. Plusieurs méthodes non-conventionnelles supposées anti-cancer, se fondent, au moins en partie, sur le danger des radicaux libres (*Voir* Radicaux libres). Les anti-oxydants (vitamines C, D, A, E, sélénium) luttent contre les radicaux libres, toxiques pour les cellules. De fait, on a montré récemment que la vitamine D, synthétisée dans l'organisme lorsque l'on s'expose au soleil, pourrait jouer un rôle important dans la prévention de certains cancers, ce qui est d'autant plus paradoxal que l'on connaît le risque élevé de cancer mélanique de la peau après exposition solaire. Par ailleurs, la vitamine E, pourrait, en luttant contre les radicaux libres, avoir un rôle protecteur contre le cancer de la prostate. Anti-oxydant puissant, protégeant les tissus de l'effet nocif des radicaux libres, le *sélénium* pourrait jouer un rôle dans la prévention de certains cancers ; les effets indésirables dus à sa toxicité sont rares lorsqu'il est administré à faibles doses (diarrhée, vomissements), mais sévères avec de fortes doses.
La méthode du médecin italien Luigi Di Bella (1912-2003) associe vitamine E, bêta-carotène, acide rétinoïque, mélatonine, bromocriptine, somatostatine et cyclophosphamide.
Le *Poly MVA* (*Poly* pour *polynucleotide reductase* et *MVA* pour *Minéraux, Vitamines, Amino-acides*), supplément nutritionnel composé de vitamines (B1, B2, B12), de minéraux (Palladium, Molybdène, Ruthénium, Rhodium), d'acides aminés (méthionine, cystéine), d'acide alpha-lipoïque (un anti-oxydant), prétend donner de l'énergie, de

l'appétit, du mieux-être, mais aussi être efficace contre les cancers du cerveau, du poumon, de l'ovaire et du sein.
L'emploi du coenzyme Q10, enzyme naturelle présente dans l'organisme, repose sur les mêmes bases. Mais l'aventure la plus étonnante est celle de la rencontre de Linus Pauling (1901-1994) avec la vitamine C (*Voir* Pauling).
Les anti-oxydants ne sont pas sans dangers. Un récent article paru dans le *Journal of the American Medical Association* montre même que les cures de béta-carotène, de vitamine A ou E augmentent la mortalité, respectivement de 7 %, 16 %, et 4 %, ce qui fait conclure au journaliste de *Libération* qui relate ce travail : « Mieux vaut une orange qu'un comprimé de vitamine C, et du raisin que des polyphénols en barre. » Les suppléments hormonaux (mélatonine, DHEA, hormone de croissance humaine, testostérone, œstrogènes), supposés avoir un effet bénéfique sur les processus de vieillissement, ne sont pas sans danger lorsqu'ils sont utilisés sans surveillance médicale, souvent à des doses excessives.

– **Antoine**. Louis Antoine (1846-1912), mineur puis ouvrier métallurgiste d'origine belge, se découvre des dons de voyance et de guérison médiumnique. Après avoir fréquenté le milieu spirite (*Voir* Spiritisme), *le prophète*, à la fin du XIXe siècle, fonde en Belgique son propre culte, l'*Antoinisme*, axé sur des pratiques de guérison (*Voir* Antoinisme).

– **Antoinisme**. Dans la perspective « réincarnationniste » que l'Antoinisme, culte fondé par Louis Antoine au XIXe siècle adopte, la maladie est la conséquence des erreurs qui ont été commises dans les vies antérieures. L'Antoinisme ne rejette pas totalement la médecine, mais privilégie plutôt le recours aux médecines douces et soigne de nombreuses personnes par le magnétisme, les prières et les tisanes. Ses disciples, les *Antoinistes*, se réunissent tous les jours dans le Temple où Antoine répand gratuitement sur l'assemblée le *fluide divin*. Après sa mort, sa femme, appelée *Mère*, lui succède.

– **Apithérapie**. Prônée dans le traitement de la sclérose en plaques (maladie inflammatoire de la substance blanche du système nerveux central – cerveau et moelle épinière –, donnant des troubles neurologiques variés évoluant par poussées), cette méthode est basée sur des piqures d'abeilles. Dans l'apithérapie, le venin est administré soit directement par des piqures d'abeilles vivantes déposées sur la peau du malade, soit par l'intermédiaire d'une seringue contenant une solution de venin dilué. L'apipuncture est une acupuncture utilisant des aiguilles trempées dans une solution de venin d'abeille. Ce traitement à vie prétend améliorer l'état de santé des malades, réduire leurs symptômes, sans pour autant les guérir de façon totale et définitive. Les nombreux témoignages favorables ne sont aucunement corroborés par des données scientifiques et, de ce fait, les instances officielles déconseillent tant l'apipuncture que l'apithérapie, méthodes dont l'efficacité et l'innocuité ne sont pas démontrées.

– **Aromathérapie**. L'aromathérapie est basée sur l'utilisation d'*Huiles Essentielles* extraites de certaines plantes, fleurs ou arbres, censées stimuler les systèmes de défenses naturelles de l'organisme, principalement pour la prévention des maladies (*Voir* Phytothérapie).

– **Art-thérapie**. L'*art-thérapie* est fondée sur l'idée qu'une activité créatrice est thérapeutique et que cette énergie créatrice peut faire partie du processus de guérison (*Voir* Fun-thérapies).

– **Astrologie**. L'astrologie est la plus populaire et la plus répandue des pseudo-sciences : les horoscopes sont présents dans la plupart des magazines et tout le monde les lit, en y croyant plus ou moins. Effectivement, ils renferment toujours une rubrique *santé*, fondée sur l'action ou l'influence des planètes sur la santé. Des correspondances entre les planètes et les organes détermineraient des types de pathologies en fonction du signe zodiacal et de la position des planètes du système solaire. Ainsi, chacun reçoit à la lecture de son horoscope des diagnostics et des prédictions médicales qui sont en général suffisamment floues et simplistes pour être gobées par les plus crédules. Les nécessités alimentaires de chacun sont également commandées par les données astrologiques qui permettent de construire de fumeux *plans astro-alimentaires* et des *correspondances phyto-zodiacales* symboliques, arbitraires, et évidemment totalement infondées.
Objectivement, si ce n'était la tendance à renforcer le goût de l'irrationnel et à développer les penchants magiques et mystiques de certains de ses adeptes, il serait juste de reconnaître le peu de nocivité de l'astrologie médicale, que beaucoup – heureusement – regardent avec un sourire amusé en la considérant comme un jeu et non comme une science.

– **Astrothérapie**. L'*astrothérapie* prétend contribuer à une approche holistique du bien-être en utilisant, outre les massages et les élixirs floraux, les signes du zodiaque, les planètes et les conjonctions astrales pour indiquer la meilleure façon de se prendre en charge afin de « se sentir bien avec soi-même ».

– **Auriculothérapie**. L'*acupuncture auriculaire* ou *auriculothérapie*, inventée en 1956 par le médecin lyonnais Paul Nogier (1908-1996), part du principe que l'oreille a la forme d'un fœtus à l'envers dans le ventre de sa mère. Elle se veut une réflexothérapie moderne utilisant un matériel électronique sophistiqué. Chacun des soi-disant 196 points réflexes concentrés sur l'oreille correspondrait à la représentation d'un organe du corps.

Plus tard, Paul Nogier fonde l'*auriculomédecine*, basée sur les modifications du *pouls de Nogier* ou *réflexe auriculo-cardiaque*, dans laquelle les développements pseudo-scientifiques prennent le pas sur les données acupuncturales séculaires, notamment avec des détecteurs et stimulateurs de fréquence, électriques, lumineux ou lasers.
L'auriculothérapie prétend apporter des preuves scientifiques de son bien-fondé. Le docteur David Alimi, propagandiste de cette méthode, praticien exerçant au Centre Anti-cancéreux de l'*Institut Gustave Roussy*, prétend avoir montré en imagerie par résonance magnétique nucléaire que la région du cerveau qui correspond au pouce serait activée lorsque l'on perce l'oreille avec une aiguille en or au niveau de son *point pouce*.

– **Automédication**. Est-ce que *démédicalisation*, *automédication*, *autoprescription*, *autoconsommation* médicamenteuse sont synonymes de charlatanisme ? – Certes, bien des médecines parallèles, surtout lorsqu'elles s'inscrivent dans des sectes, préconisent de se passer des secours de la médecine classique, de ses médicaments, de sa chirurgie, de ses rayons, accusés de tous les maux. La plupart d'entre elles ont toutefois comme objectif de remplacer cette médecine officielle honnie par leurs propres thérapies, aussi absurdes, farfelues ou malfaisantes soient-elles. Certaines médecines douces, moins totalitaires, émargeant au courant de l'antipsychiatrie et de l'antimédecine, affichent la volonté de rendre les gens autonomes à l'égard de leur santé et considèrent qu'ils sont assez raisonnables pour se soigner eux-mêmes. Des alternatives à la médicalisation de la santé, singulièrement de la maternité et de la naissance, se font jour, et peuvent prêter le flanc à la critique comme, par exemple, la nouvelle profession de *doula*, métier « d'accompagnement à la naissance » pratiqué par des sortes de matrones souvent impliquées dans des réseaux de médecines et de psychothérapies non-conventionnelles parfois intriqués avec des mouvements sectaires.
De nombreuses voix se sont élevées, surtout depuis le XIXe siècle, pour inciter les malades à se passer du médecin. Les ouvrages de vulgarisation médicale censés permettre aux gens de se soigner eux-mêmes abondent. Un des exemples les plus frappants est celui de la *Médecine-Raspail* (*Voir* Médecine-Raspail).
Pour Oswald Wirth (1860-1943), auteur de *L'imposition des mains et la médecine philosophale*, « chacun peut imposer les mains et rendre parfois par ce moyen si simple d'inestimables services. [...] L'imposition des mains conduit à une thérapeutique de famille, à une médecine intime et non prétentieuse. Chacun peut l'exercer sans grandes études et sans diplôme. »
A l'inverse, beaucoup de médecins, à l'instar du docteur Édouard Pozerski de Pomiane (1875-1964), chef de laboratoire à l'Institut Pasteur, dénoncent les dangers de l'automédication : « Les médecins se plaignent amèrement du trop d'instruction des gens du monde. Chacun, aujourd'hui, se soigne lui-même ; chacun connaît ses maladies

et celles des autres. Les feuilletons vulgarisateurs des journaux quotidiens enseignent au grand public tout ce qu'il devrait ignorer, tout ce qui le détraque, tout ce qui lui suggère ses maladies. »

Alors qu'en est-il aujourd'hui en France de l'automédication? – L'automédication, c'est l'utilisation, de sa propre initiative, pour soi-même ou pour ses proches, de médicaments dits *de prescription médicale facultative*, vendus en pharmacie mais ne faisant pas partie de la liste des médicaments à ne délivrer que sur ordonnance. Ces médicaments, qu'ils soient ou non remboursables par l'Assurance-maladie, ne seront pas remboursés puisqu'il n'y a pas de prescription médicale. La mère de famille qui puise dans les trésors de l'armoire à pharmacie pour désinfecter les écorchures de son enfant, faire tomber la fièvre du petit dernier, soulager ses maux de tête ou juguler une diarrhée soudaine, pratique une automédication familiale qui n'est aucunement charlatanesque, mais au contraire parfaitement raisonnable. Trois Français sur quatre achètent des médicaments sans ordonnance, ce qui ne représente que 10 % des chiffres d'affaires des ventes de médicaments et reste très au-dessous des chiffres observés dans les autres pays d'Europe, mais semble en croissance.

Les conclusions, non avalisées par l'actuelle *Haute Autorité de Santé*, du rapport présenté au Ministre de la santé fin décembre 2006 par Alain Coulomb et le professeur Alain Baumelou, sont favorables à une automédication maîtrisée et encadrée, visant à responsabiliser les patients, à améliorer l'usage du médicament et à participer à une politique économique responsable. Bien sûr, il ne faut pas que l'automédication retarde le recours au médecin, car « elle risque de devenir très dangereuse si elle échappe trop longtemps à une consultation médicale ou si elle est utilisée de façon irréfléchie alors que la maladie responsable du trouble n'est pas encore identifiée. ».

En France, contrairement à de nombreux pays, la grande majorité des produits de prescription médicale facultative est remboursable. Les *déremboursements* favorisent donc le recours à l'automédication.

Quant à la vente libre comme dans les pays anglo-saxons, en grandes surfaces, dans les drugstores, ou même en libre accès dans les pharmacies, suggérée par le rapport Coulomb-Baumelou, elle fait l'objet de critiques sévères et d'un rejet de la part de l'*Académie de pharmacie*. Un Français sur quatre y serait néanmoins favorable. Le rôle du pharmacien ne doit pas être sous-estimé dans la sécurité de l'automédication, surtout si le *dossier pharmaceutique* se généralise, puisque tous les achats de médicaments, prescrits ou non, y seront inscrits, ce qui permettra au pharmacien de délivrer des conseils éclairés. Certes, l'idéal serait que soient retirés du commerce les médicaments dont le rapport bénéfice-risque n'est pas favorable et que soient clairement définis, sur des critères précis, ceux qui relèvent d'une prescription médicale obligatoire, ceux de prescription médicale facultative, et ceux qui sont remboursables par l'Assurance maladie ; ainsi les pharmaciens pourraient conseiller les médicaments à bon rapport bénéfice-risque. Enfin, comme le fait remarquer à juste titre la revue médicale *Prescrire*, ce « surcroît d'agitation autour de l'automédication laisse dans l'ombre des questions essentielles, notamment la promotion de la "démédicamentation" des Français ». Finalement, le décret officialisant la vente en libre-accès dans les pharmacies de quelques deux-cents médicaments dits de prescription médicale facultative paraît en juillet 2008.

– **Ayurveda**. Née en Inde il y a cinq à dix mille ans, l'*Ayurveda*, ou *médecine ayurvédique*, est, comme la médecine traditionnelle chinoise, un système médical complet et cohérent, ce qui ne veut pas dire rationnel. Selon la mythologie indienne, l'*ayurveda* est la médecine des dieux qui l'auraient révélée à quelques *Rishis* comme moyen de cheminer vers le bonheur et l'harmonie. En sanskrit, *ayur* signifie *vie* et *véda connaissance.* L'*Ayurveda* est donc la science de la vie. A l'image de l'univers (macrocosme), chaque être vivant (microcosme) est fait de cinq éléments qui, chez l'homme, correspondent aux cinq sens : la terre (l'odorat), l'eau (le goût), le feu (la vue), l'air (le tact) et l'espace ou éther (l'ouïe). Ces cinq éléments se combinent pour former les trois *doshas*, ou forces vitales fondamentales, qui gouvernent toutes les fonctions de l'organisme. Les maladies résultant du déséquilibre entre les trois doshas, le but de la médecine ayurvédique est de rétablir cet équilibre qui assure la santé.
L'approche de la médecine ayurvédique est résolument holistique, c'est-à-dire se voulant globale : c'est le patient qui est soigné, non sa maladie. Les patients sont personnellement responsables de leur santé, qu'ils conservent s'ils restent dans une perspective positive et qu'ils croient en leur bonne santé. Les formules magiques destinées à implorer le pardon des dieux, la méditation transcendantale, le régime alimentaire, les herbes médicinales (dont l'opium), des préparations incluant des métaux lourds ou de l'arsenic, l'exercice, le yoga, les massages, la *détoxification* par le jeûne, les vomissements provoqués et les lavements, forment l'arsenal thérapeutique de cette médecine ayurvédique. Le régime appelé *panchakarma* prévient la maladie en nettoyant et rajeunissant le corps, l'esprit et la conscience. Cette médecine traditionnelle a conservé auprès des populations de l'Inde une place non négligeable à côté de la médecine occidentale qui s'est installée beaucoup plus récemment. On peut regretter que des médecins ayurvédiques ainsi que des *techniciens en Ayurveda clinique* commencent à apparaître en Occident.

– **Bach**. Le médecin britannique Edward Bach (1886-1936) est l'inventeur des *fleurs de Bach*, élixirs floraux préparés à partir de pétales de fleurs (*Voir* Phytothérapie).

– **Baker**. Mary Baker (1821-1910), également connue sous le nom de ses trois maris successifs G.W. Glover, D. Patterson et A.G. Eddy, a fondé en 1866 La *Science Chrétienne* (*Christian Science*) (*Voir* Science Chrétienne).

– **Beljanski**. Docteur ès-sciences, directeur de recherches au Centre National de la Recherche Scientifique (CNRS), chercheur en biologie moléculaire, Mirko Beljanski (1923-1998) a travaillé trente ans à l'*Institut Pasteur* puis dix ans à la *Faculté de pharmacie*. Il a à son actif de nombreuses publications de biochimie moléculaire parues dans les meilleures revues scientifiques internationales ainsi qu'un ouvrage en anglais sur la régulation de la réplication et de la transcription de l'ADN (Acide Désoxyribo-Nucléique). En 1960, il obtient le prix Charles Léopold Mayer pour ses travaux sur l'ARN (Acide Ribo-Nucléique). Il prépare un produit, le *Gingko V*, qu'il prétend actif contre le cancer et le sida. Il s'agirait d'un extrait d'un arbre, le Gingko biloba, et de substances anti-oxydantes, comme le sélénium. Avec sa femme Monique Beljanski, il fabrique son produit et le vend à des milliers de malades. Il publie un livre destiné au grand public, *La Santé Confisquée*, qui obtient du succès. Beljanski et sa femme sont poursuivis pour exercice illégal de la médecine et de la pharmacie et leurs procès font l'objet d'une intense médiatisation laissant croire à une cabale des institutions envers un chercheur génial méconnu.

– **Benveniste**. Le docteur Jacques Benveniste (1935-2004), chercheur en immunologie, est l'auteur d'un article très contesté sur *la mémoire de l'eau* (*Voir* Homéopathie, efficacité de l').

– **Bernard**. Claude Bernard (1813-1878), médecin physiologiste, professeur au Collège de France, est le fondateur de la médecine scientifique ou expérimentale dans la deuxième moitié du XIXe siècle. Son livre de référence, publié en 1865, est *L'introduction à l'étude de la médecine expérimentale* (*Voir* Systèmes).

– **Berne**. Le canadien Éric Berne (1910-1970) est l'inventeur de la dangereuse *analyse transactionnelle* (*Voir* Analyse transactionnelle).

– **Biofeedback**. *Biofeedback* peut être traduit par *bio-rétroaction* ou *rétrocontrôle biologique*, mais c'est le terme anglais qui est habituellement utilisé. Apparu aux États-Unis en 1969, c'est l'étude des interactions entre l'activité mentale et les fonctions physiologiques, c'est-à-dire des influences réciproques entre les phénomènes physiologiques perceptibles au niveau du corps et les pensées et émotions. L'objectif est d'observer le fonctionnement de son corps pour en prendre le contrôle. À partir d'informations portant sur des paramètres corporels physiologiques (comme le rythme respiratoire, la pression artérielle, le rythme cardiaque, la perspiration, la température cutanée) recueillies par des équipements électroniques, le sujet est censé apprendre à en prendre conscience, à les contrôler en ajustant ses attitudes et ses comportements par la méditation, la sophrologie, le yoga, etc. Le biofeedback est préconisé par ses adeptes dans de nombreux cas (stress, anxiété, migraine, douleurs chroniques, asthme, insomnie, etc.).

– **Bogomoletz**. Biologiste soviétique, Alexandre Alexandrovitch Bogomoletz (1881-1946) est professeur de physiologie à l'Université de Kiev et Président de l'*Académie des sciences* d'Ukraine. Sa très grande notoriété scientifique conduit, en 1953, à la création d'un « Institut Bogomoletz de Physiologie » de l'*Académie Nationale des Sciences* d'Ukraine à Kiev (Ukraine). Au-delà de son œuvre scientifique, Bogomoletz est surtout connu pour avoir inventé le sérum qui porte son nom : le *sérum de Bogomoletz* (*sérum cytotoxique anti-réticulaire* ou *sérum cyto-réticulo-toxique*). Obtenu en injectant à un cheval ou à un âne des cellules de rate et de moelle osseuse humaines, ce sérum est ensuite injecté aux sujets sous la peau ou par voie intra-veineuse. Bogomoletz affirme que son sérum retarde le vieillissement du tissu conjonctif en stimulant le système réticulo-endothélial, qu'il accélère la cicatrisation des blessures, hâte la consolidation des fractures, augmente les défenses de l'organisme contre les infections et permet aux hommes de vivre jusqu'à cent-cinquante ans. Pendant la guerre, le sérum est largement utilisé dans les rangs de l'armée soviétique et, en 1943, l'URSS en produit plus de trois millions de doses. En 1944, le magazine américain *Time* se fait l'écho de cette sensationnelle découverte soviétique, qui fait l'objet de trois articles dans *l'American Review of Soviet Medicine* et qui vaut à son auteur d'être décoré de l'*Ordre de Lénine* et d'être nommé *Héros du Travail Soviétique*. La communauté scientifique internationale, notamment nord-américaine, reste toutefois sceptique. Malheureusement pour lui, en 1946, Bogomoletz meurt âgé seulement de soixante-cinq ans, ce qui le fait maudire par Staline !

– **Bon sens**. Freud pose une question cruciale : « L'autorité supérieure se sent-elle donc chez nous assez sûre du vrai chemin de la félicité pour se donner l'audace d'interdire que chacun essaie "de trouver la félicité à sa façon" ? ». Si la réponse est négative, libre alors à chacun de se confier aux mains d'un charlatan pratiquant l'une ou l'autre des différentes thérapies non-conventionnelles. Toutefois, il importe de bien cerner le problème, d'en examiner toutes les facettes, de soupeser comparativement les bénéfices et les risques, et de ne pas se laisser entraîner sans réfléchir dans des filières dangereuses et préjudiciables à la santé. Alors, si l'on souhaite s'engager dans la voie des thérapies non-conventionnelles, qu'au moins on fasse appel au bon sens et que l'on fasse ce choix

en toute connaissance de cause en se souvenant de ce que disait George Sand (1804-1876) : « Savoir est un malheur, ne pas savoir un malheur encore plus grand ». Voici donc quelques conseils emprunts de bon sens :
1) Assurez-vous que la thérapie en question est inoffensive ou au moins que les risques que vous encourez sont minimes et connus de vous. Souvenez vous que la dangerosité de nombreuses thérapies non-conventionnelles dépasse de loin leur supposée efficacité.
2) Sachez que vous vous en remettez à un placebo (*Voir* Placebo), ce qui ne veut pas dire que c'est forcément inefficace, mais bien que l'efficacité – si elle existe – est égale à celle de tous les placebos, ce qui n'est pas nul, mais limité.
3) Regardez de près le coût de cette charlatanerie. Tant qu'à en choisir une, autant qu'elle ne vous ruine pas, vous ou vos héritiers.
4) Restez vigilants afin de ne pas être entraîné dans une redoutable dérive sectaire.
5) N'abandonnez pas les traitements de médecine conventionnelle, surtout si vous avez un cancer ou tout autre maladie grave accessible à un traitement conventionnel.
6) Ne rompez pas le contact avec votre médecin de famille et avec les spécialistes normaux qui se sont occupés de vous et dont les informations, conseils ou les mises-en-garde seront les bienvenus.
7) Ne succombez pas au chant des sirènes du tout-magique qui promettent monts et merveilles, sans aucun fondement rationnel raisonnable, et restez dans les limites de ce que votre bon sens vous suggère.
8) Méfiez-vous d'*Internet*, où se côtoient le pire et le meilleur.
Le bon sens a parfois du bon… Des chercheurs britanniques ont comparé les bénéfices que les patients déprimés peuvent tirer d'une promenade d'une demi-heure dans la nature par rapport au même temps passé à évoluer dans un centre commercial. On ne sera pas surpris d'apprendre que c'est l'*écothérapie* campagnarde qui a amélioré la dépression, contrairement à la promenade dans le centre commercial.

– **Braid**. James Braid (1795-1860) est un chirurgien écossais principalement connu pour ses travaux sur l'hypnose (*Voir* Hypnotisme).

– **Brown-Séquard**. Né sujet britannique, dans l'Ile Maurice à Port-Louis, d'une mère marseillaise et d'un père américain capitaine de la marine marchande, Charles Edouard Brown-Séquard (1817-1894) est monté à Paris pour se faire un nom dans la littérature (il avait écrit quelques poèmes) ; il en est immédiatement dissuadé par Charles Nodier (1780-1844). Il passe son baccalauréat et entre en Faculté de médecine. Il est nommé à l'externat des hôpitaux de Paris et soutient sa thèse de doctorat en médecine sur la physiologie de la moelle épinière. Il continue alors ses travaux de physiologie. Remarqué par le professeur Pierre Rayer (1793-1867), il devient secrétaire de la *Société de Biologie*

nouvellement créée. Il entre ensuite dans une perpétuelle errance entre la France, l'Ile Maurice, les États-Unis, la Grande-Bretagne. De poste en poste, de démission en démission, il va du *Medical College de Virginie* à Richmond, au *National Hospital de Queen Square* à Londres, puis au *Medical College de Harvard* aux États-Unis. Il est élu à l'*Académie des sciences* des États-Unis, et, de retour en France, à la chaire de médecine du *Collège de France* laissée vacante par la mort de Claude Bernard (1813-1878). Il occupe cette chaire jusqu'à sa mort, après y avoir été suppléé par Arsène d'Arsonval (1851-1940), qui lui succédera. Dès lors, les honneurs se multiplient : Légion d'honneur, nombreux Prix, élection à l'*Académie des Sciences,* Présidence de la *Société de Biologie.*
Au-delà d'une œuvre scientifique incontestable et de haut niveau dans le domaine de la neurologie, Brown-Séquard s'engage dans une voie qui va le conduire en dehors de la science. En 1889, il rapporte à la *Société de Biologie* une expérience qu'il a faite sur lui-même. Après s'être injecté sous la peau un extrait aqueux de testicule de chien et de cobaye, il remarque dans les jours qui suivent une augmentation de sa vigueur, notamment intellectuelle, ajoutant avec discrétion que « d'autres forces qui n'étaient pas perdues, mais qui étaient diminuées, se sont notablement améliorées. » La découverte est exploitée, les journaux humoristiques s'en emparent, mais les milieux scientifiques restent réticents.

– **Bruxos**. Un exemple de plus de la porosité des frontières entre les praticiens irrationnels et magiques : au Portugal, les *Bruxos,* thérapeutes traditionnels, sont à la fois, plus ou moins, guérisseurs, devins et sorciers. Bref, les charlatanismes n'ont pas de frontières rigides et les charlatans n'hésitent pas à brouter dans plusieurs auges.

– **Burq**. Le docteur Victor Burq (1823-1884) est un médecin français principalement connu pour ses travaux sur la métallothérapie et la métalloscopie (*Voir* Métallothérapie).

– **Burton**. Zoologiste, docteur ès-sciences, chercheur travaillant dans plusieurs institutions des États-Unis, Lawrence Burton (1927-1993) invente une *thérapie immuno-augmentative* qui consiste à injecter au patient, par voie sous-cutanée, à des doses déterminées par un programme informatique, des extraits supposés renfermer quatre protéines particulières provenant du sang de donneurs sains ou du patient lui-même, et capables – selon sa théorie – de détruire les cellules cancéreuses et de stimuler l'immunité. Les analyses scientifiques de ces extraits ont montré qu'ils n'étaient en réalité que des solutions diluées de protéines sanguines normales, principalement de l'albumine. L'efficacité de ce traitement n'a pas pu être prouvée. En revanche, des complications ont été observées : abcès cutanés aux points d'injection, infections (hépatite B, sida, infections bactériennes) par contamination des produits sanguins.

– **Burzinski**. Médecin d'origine polonaise né en 1943, émigré aux États-Unis, Stanislaw R. Burzynski invente en 1967 les *antinéoplastons*. Ces mélanges de peptides et d'acides aminés supposés se trouver dans le sang et les urines des personnes en bonne santé et faire défaut chez les patients atteints d'un cancer, permettraient, lorsqu'ils sont administrés à des cancéreux, de stimuler les défenses de l'organisme et de faire revenir les cellules cancéreuses à l'état de cellules normales. Les *antinéoplastons* sont administrés en perfusions intraveineuses. Habituellement bien tolérés, ils peuvent néanmoins entraîner des effets indésirables, notamment digestifs et cutanés. Leur efficacité est nulle.

– **Cancers (traitements alternatifs des)**. Les traitements complémentaires ou alternatifs du cancer ont de nombreux points communs, qu'ils partagent d'ailleurs avec un grand nombre de thérapies non-conventionnelles proposées dans d'autres pathologies. En voici quelques-uns : 1) Les inventeurs sont soit médecins, soit souvent non-médecins, biologistes, chimistes, physiciens, ingénieurs, épiciers, ecclésiastiques ou autres. 2) Eux-mêmes ou leurs proches ont souvent été atteints auparavant par une maladie grave qu'une médecine parallèle aurait réussi à juguler. 3) La famille de l'inventeur est fréquemment impliquée (les fils de Raspail, la veuve de Beljanski, la femme de Solomidès, le fils de Palmer, etc...) et il est habituel que la femme, une sœur, un frère ou le fils du fondateur poursuive son œuvre après sa mort. 4) Les théories, spéculatives et fumeuses, amphigouriques, miment le discours scientifique. Témoin : un extrait de la prose d'un orateur du congrès organisé par l'*Association Internationale de Psychiatrie Spirituelle* : « L'être humain baigne dans une soupe énergétique, les énergies émanant d'un individu pénètrent tous les individus dans le monde entier et vice versa. La maladie est donc un problème concernant les individus malades et aussi au même degré les gens bien portants, parce que la conscience est une et indivisible. » 5) Les néologismes abondent (*antinéoplastons* de Stanislaw Burzynski, *somatides* de Gaston Naessens, *physiatrons* de Solomidès, *décodage biologique* du Dr Hamer, etc) ainsi que les sigles à consonance sérieuse (*714X* de Gaston Naessens, *AEP* de Hans Nieper, *G5* de Loïc Le Ribault, *DN1* puis *DNR* de Norbert Duffaut, *ESSIAC* de Rene Caisse, etc). 6) L'invention de machines (Prioré, Rife,...), d'accessoires, d'instruments et/ou de produits d'aspect médicamenteux est la règle. 7) Les résultats sont donnés comme assurés à 100 %, il n'y a pas de doute, pas d'incertitudes. 8) Le spectre d'action est très large, au-delà du cancer, les maladies dégénératives, les affections cardio-vasculaires, la sclérose en plaques, etc. 8) Les publications dans des revues scientifiques internationales à comité de lecture sont totalement absentes. 9) Les récits anecdotiques de cas, en revanche, foisonnent (par centaines). 10) De nombreux livres, souvent édités chez les mêmes éditeurs, des cassettes audio et vidéo, délivrent les messages. 11) Des *Groupes*, *Cercles*, *Associations*, etc. sont souvent créés. 12) Les produits, supposés efficaces, sont

intensivement commercialisés et sont en vente par correspondance et sur *Internet*. 13) Les sites *Internet* sont copieux et alléchants, souvent difficiles à distinguer de sites médicaux sérieux. 14) Les témoignages favorables de patients et d'anciens patients abondent. 15) Des personnalités connues ou moins connues, du monde politique ou du spectacle, apportent leur soutien. 16) Les attaques ou poursuites judiciaires sont vécues comme de la persécution, fruit de la théorie de la cabale, de la conspiration, du complot et de la collusion hostile du corps médical et de l'industrie pharmaceutique avec les médias, la justice et le pouvoir politique, voire religieux. Dans ce cadre, il est fréquemment fait référence à Galilée (Galileo Galilei) (1564-1642), à Ignace Semmelweiss (1818-1865) ou à Louis Pasteur (1822-1895). 17) Les condamnations, pour exercice illégal de la médecine, escroqueries ou abus de toutes sortes, sont vécues comme injustes et injustifiées. 18) Les fondateurs sont fréquemment contraints de s'expatrier dans différents pays, notamment au Mexique, près de la frontière américaine, pour pouvoir poursuivre leur activité tant médicale que commerciale.
Les grandes thérapies non-conventionnelles, comme l'homéopathie, l'acupuncture, l'ostéopathie et la chiropraxie, ne se désintéressent pas du cancer, mais n'en font pas leur cible privilégiée ; leur champ d'action est donné comme beaucoup plus large. Leurs adeptes les recommandent toutefois aux cancéreux pour soulager leurs douleurs, être en meilleure forme et améliorer leur confort de vie, mais ils ne prétendent pas – sauf exceptions – qu'elles peuvent guérir les cancers.

– **Carton**. Paul Carton (1875-1947) est un médecin français, ancien interne des hôpitaux de Paris, initiateur d'une *médecine naturelle* inspirée de principes hippocratiques (*Voir* Naturopathie).

– **Cas désespéré**. Si la maladie dont est atteint le patient est mortelle à court ou moyen terme et que la médecine officielle n'a à proposer que des soins palliatifs, l'acceptation d'une thérapie alternative peut se justifier à titre charitable, par compassion (soutien moral par des thérapies faisant appel au divin : prières, magnétiseurs, Lourdes, etc., massages, thérapies de bien-être, etc.), à condition toutefois que ces moyens ne soient pas agressifs, qu'ils n'aggravent pas les douleurs, qu'ils ne sapent pas le peu de moral qui reste au malade et qu'ils n'entraînent pas sa ruine, celle de ses proches ou de ses héritiers. A l'inverse, en cas de pathologie bénigne, devant des petits maux qui ne seraient probablement pas mieux pris en charge par la médecine officielle, pourquoi, si on y tient vraiment, ne pas avoir recours à des thérapeutiques anodines, dépourvues de tout danger, comme quelques granules plus ou moins homéopathiques (genre *oscillococinum*) pour un rhume ou les remèdes de bonne femme pour une indigestion, ce qui en réalité conduit aux marges des thérapeutiques non-conventionnelles et rejoint plutôt la question de l'automédication et de l'auto-prescription, avec ses conséquences bénéfiques sur le budget de la Sécurité Sociale.

– **Caycedo**. Le neuro-psychiatre colombien Alfonso Caycedo (né en 1932) est le fondateur de la sophrologie, discipline proche de l'hypnose (*Voir* Sophrologie).

– **Chaman**. Prêtre, sorcier, magicien et guérisseur, spécialiste de la transe (*Voir* Hypnose).

– **Chamanisme**. Religion répandue notamment en Sibérie, au Tibet, en Chine, en Océanie, en Amérique du sud et du nord et dont la principale caractéristique est la présence du *chaman* (*Voir* Hypnose).

– **Charcot**. Médecin des hôpitaux de Paris, professeur d'anatomie pathologique pendant dix ans, Jean-Martin Charcot (1825-1893) devient titulaire de la chaire de *Clinique des Maladies du Système nerveux* à la Salpêtrière de 1882 à sa mort. Après avoir décrit par la méthode anatomo-clinique – souvent avec son ami Alfred Vulpian (1826-1887) – plusieurs affections du système nerveux (comme par exemple la sclérose latérale amyotrophique ou la sclérose en plaques), Charcot s'est longuement intéressé à l'hystérie et à l'hypnose (*Voir* La foi qui guérit).

– **Charlatan**. Dans le domaine de la santé et de la médecine, est un charlatan toute personne qui se prétend thérapeute (guérisseur), mais qui se situe hors du champ de la science, de la loi et/ou de la morale (*Voir* Charlatanisme).

– **Charlataneries**. Les petites charlataneries, bien décrites par Amédée Dechambre (1812-1886) dans son grand dictionnaire encyclopédique de la fin du XIXe siècle, sont souvent plus proches de ce qu'il est pudiquement convenu d'appeler *savoir-faire* ou *faire-savoir* que d'un dangereux charlatanisme. Ces procédés posent le problème de décider si un fond de charlatanisme n'est pas indispensable à la pratique de toute médecine, officielle ou non, scientifique ou non. On peut y rattacher les en-têtes d'ordonnances et les plaques à l'entrée des immeubles, abusivement tapageuses et/ou faisant état de spécialités qui n'existent pas ou de diplômes sans grande valeur mais à intitulé ronflant, les publicités illicites, dans les journaux, à la radio ou surtout à la télévision. Rameuter les membres de la famille pour occuper la salle d'attente et faire croire que le médecin a déjà une grosse clientèle. Faire croire que le mal est plus grave qu'il ne paraît pour tirer les bénéfices personnels d'une guérison qui allait de soi. Le docteur Knock, immortalisé par Jules Romains (1885-1972), est l'exemple bien connu de ce type de charlatanisme médical.

– **Charlatanisme (définition du).** Dans leur comédie-vaudeville de 1825, intitulée *Le charlatanisme*, Eugène Scribe (1791-1861) et Mazères écrivent : « [...] Du charlatanisme ! Mais tout le monde en use à Paris ; c'est approuvé, c'est reçu, c'est la monnaie courante. [...] Charlatans ! charlatans ! tout ici-bas n'est que charlatans. ».
Définir les charlatanismes qui opèrent dans le champ de la santé et de la maladie est une entreprise complexe car si le mot a fait fortune, le concept a été pris, selon les auteurs, dans des acceptions multiples, variées et souvent contradictoires.
Le mot de *charlatan*, né au XVIe siècle, connaît un remarquable succès tant dans le nombre de ses dérivés (*charlatաner*, *charlatanerie*, *charlatanesque*, *charlatanisme*, etc) que dans la fréquence de son emploi dès qu'il est question de médecine. Sa connotation péjorative ne s'est pas démentie au fil des siècles. Trois étymologies différentes coexistent : Littré indique que le mot de *charlatan* provient de l'italien *ciarlatano*, de *ciarlare*, babiller ; d'autres auteurs proposent *circulatores*, parce que les charlatans sont ambulants et qu'ils circulent et courent de place en place ; enfin, Furetière et Calepin pensent que les *Cerretani*, habitants de *Cerreto di Spoleto,* proche d'Orviéto, patrie des charlatans inventeurs de l'*Orviétan*, ont donné naissance au mot *charlatan.*
Toutes les définitions, depuis celle de la *Grande Encyclopédie* de Diderot et d'Alembert jusqu'à celle du *Dictionnaire de la langue française* d'Émile Littré dégagent un certain nombre de points communs aux charlatans : l'absence de tout diplôme de médecine, la vente de drogues secrètes, comme l'orviétan ou la thériaque, la pratique de certaines opérations chirurgicales (cataractes et extractions de dents), l'exploitation de la crédulité publique, les boniments qu'ils débitent à la ville comme à la campagne, l'assurance qu'ils peuvent guérir toutes les maladies, la fraude et le mensonge érigés en système, le mépris qu'ils inspirent. Les mots d'*opérateurs* ou d'*empiriques* sont souvent donnés comme synonymes de *charlatans.* Pour le code de déontologie médicale actuel, le charlatanisme se définit, pour un médecin, comme le fait de « proposer à des malades des remèdes illusoires ou insuffisamment éprouvés en les présentant comme salutaires ou sans danger. ».
Pour faire simple, le charlatanisme dans le domaine de la santé peut se définir par rapport à trois champs : juridique, scientifique et moral. Sera ainsi qualifié de *charlatan* toute personne, médecin ou non-médecin, qui donnerait des conseils et/ou des soins de nature médicale et qui se situerait en dehors de l'un, de deux ou de ces trois champs. On a ainsi des charlatans *hors-la-loi, hors la science* et/ou *hors-la-morale.* L'imputation – péjorative – de *charlatanisme* s'applique donc à toute théorie et/ou pratique qui vise (ou prétend viser) à rétablir ou à maintenir la santé et qui se situe hors du champ de la science, de la loi et/ou de la morale, et, par voie de conséquence, à toutes les thérapies non-conventionnelles, qu'elles soient populaires ou pseudo-scientifiques, laïques ou mystiques, anciennes ou récentes.

Les *Hors-la-loi* sont coupables d'exercice illégal de la médecine. Ce problème est central dans la plupart des textes juridiques réglementant les professions de santé.
Les *Hors-la-science*, bien qu'ils revendiquent fréquemment leur scientificité, sortent des limites de la Science. Ils n'émargent pas aux comptoirs de la Raison, de la Vérité, de la Logique, du Réel ; ils se situent du côté de la Foi, de l'Irrationnel, de l'Erreur, de l'Imaginaire, du Surnaturel, du Magique, du Merveilleux. Leurs explications et/ou justifications sont obscures, confuses, ampoulées, corsetées dans un jargon pseudo-scientifique et amphigourique. On est dans la mystification et l'imposture, conscientes ou inconscientes. De fait, dans beaucoup des secteurs de ces charlatanismes, on peut dire n'importe quoi, tout et son contraire, cela n'a pas d'importance puisque ces dires sont impossibles à contester, à récuser, à réfuter rationnellement. Dans le domaine des croyances, aucun argument rationnel ne peut avoir de poids.
Les *Hors-la-morale* bafouent l'honnêteté, intellectuelle et financière, la probité, la bonne foi, et s'adonnent à la malhonnêteté, la supercherie, la tromperie, l'escroquerie, la mauvaise foi. La cupidité, la vanité et le narcissisme entrent en scène.
Ceci étant, on se doute que les charlatans ne revendiquent pas cette appellation. Au contraire, la plupart d'entre eux formulent une triple revendication de légalité, de scientificité, et de moralité.

– **Charlatanisme (répression du)**. *L'Encyclopédie Méthodique* ou *Encyclopédie Panckoucke*, publiée de 1782 à 1832, s'étonne « que, dans un gouvernement sage, ils *[les charlatans]* ne soient pas punis plus sévèrement, et que l'on ne prenne point de justes mesures pour en extirper une espèce aussi nuisible ».
Les médecins redoutent la concurrence des illégaux et autres charlatans, et leur lutte contre l'exercice illégal et le charlatanisme est une constante de tout le XIXe siècle.
La répression théorique est sévère, mais assez limitée en pratique. Par le décret du 15 septembre 1793, la Révolution Française ferme les universités et donc les Facultés de médecine, sur toute la surface de la République. L'exercice de la médecine devient de ce fait entièrement libre, et, par voie de conséquence, on assiste à une prolifération éhontée de charlatans. La loi du 19 ventôse an XI (10 mars 1803) relative à l'exercice de la médecine tente de redresser le tir. Cette loi est répressive, mais de façon assez modeste, puisque le délit d'exercice illégal de la médecine n'est passible que d'une amende pouvant aller jusqu'à mille francs ; en cas de récidive, toutefois, l'amende est doublée et les délinquants peuvent, en outre, être condamnés à un emprisonnement qui ne doit pas excéder six mois. Au milieu du XIXe siècle, de nombreuses voix s'élèvent pour demander « l'institution de *Conseils médicaux* » ou d'une « chambre de discipline comme celle des notaires. Qui empêcherait encore de faire comme dans l'Ordre des Avocats ? de rayer du tableau celui qui aurait encouru cette peine ».

Le professeur Paul Brouardel (1837-1906), célèbre hygiéniste et médecin légiste, incarne ce combat – au tournant des XIXe et XXe siècles – et représente un des plus ardents défenseurs du corps médical et des plus constants pourfendeurs de l'exercice illégal de la médecine et du charlatanisme. Il est à l'origine de la loi de 1892 qui durcit les sanctions contre l'exercice illégal, en augmentant les amendes et la durée de l'emprisonnement en cas de récidive et qui prévoit de plus que les médecins, associations et syndicats de médecins peuvent intenter des poursuites et se porter partie civile. Brouardel organise et préside le *Congrès pour la répression de l'exercice illégal de la médecine qui* se tient à Paris du 28 au 31 mai 1906.
Actuellement, en France, les sanctions disciplinaires appliquées aux médecins convaincus de charlatanisme par le *Conseil de l'Ordre* peuvent aller jusqu'à la radiation et donc l'interdiction définitive d'exercer la médecine. Le délit d'exercice illégal de la médecine, prévu par l'article L 378 du *Code de la santé publique* qui renvoie au *Code pénal*, est puni d'un an de prison et de quinze mille euros d'amende ; ces peines peuvent être augmentées en cas d'aggravation de l'état de santé, d'atteinte à l'intégrité corporelle ou de décès d'un malade.
L'attitude des tribunaux est variable et le laxisme est fréquent. Pendant le XIXe siècle, sauf exceptions, les tribunaux ont toujours fait preuve d'une grande mansuétude envers les charlatans. Les tribunaux de simple police ne condamnent les guérisseurs et rebouteux qu'à des amendes dérisoires, ce qui fait que les charlatans prolifèrent et que les docteurs en médecine et les officiers de santé sont très mécontents de cette concurrence illégale non punie.
Raoul Estripeault, professeur à l'école supérieure d'anthropologie, biologiste, ni médecin, ni pharmacien, découvreur d'un médicament prétendu anticancéreux, le *816*, poursuivi en 1950 pour exercice illégal de la pharmacie et de la médecine, est condamné à dix mille francs d'amende avec sursis et à verser un franc de dommages et intérêts à l'*Ordre des médecins* ; il est par contre relaxé pour exercice illégal de la pharmacie. Le journal local, *Les informations dieppoises,* relate que « dans le prétoire et en présence d'une foule considérable jusqu'à la fin des débats, les témoins, d'anciens malades soutenus par plusieurs médecins venus de diverses régions, se succèdent à la barre pour affirmer leur guérison après l'utilisation du 816 ».
Le procès du charlatan Ryke Hamer se déroule à Chambéry en mars 2000. Les responsables de *Stop au cancer* sont condamnés. Le docteur Hamer, en fuite, est également condamné. Interpellé en Espagne, il est incarcéré en septembre 2004 et condamné en 2005 par le tribunal de Chambéry à trois ans d'emprisonnement pour escroqueries et complicité d'exercice illégal de la médecine.
En 2006, le magnétiseur-gourou qui se faisait appeler *Maître Kamachi* est mis en examen et écroué à la prison du Puy-en-Velay pour avoir soutiré de l'argent à des personnes

en état de faiblesse psychologique. Il facturait 260 euros par personne des séminaires destinés à « ressentir du bienfait » qu'il organisait en Haute-Loire. Également en 2006, le docteur Martine Gardénal, chef de file de l'homéopathie en France, présidente des *Médecins Homéopathes*, est condamnée par le *Conseil de l'Ordre* à six mois d'interdiction de donner ses soins aux assurés sociaux, pour n'avoir pas traité selon les règles de l'art trois patients cancéreux. Les *Verts*, faisant valoir leur attachement au *pluralisme thérapeutique*, lui apportent leur soutien. Une femme, se disant *thérapeute bouddhiste*, prétendant guérir diverses maladies par la prière et la méditation est condamnée à trois ans de prison pour exercice illégal de la médecine et escroquerie, en raison de la mort de deux personnes, des suites de leur cancer non traité.

Tous les acupuncteurs non-médecins, même s'ils sont titulaires d'un diplôme d'acupuncture français ou étranger, tombent sous le coup de l'exercice illégal de la médecine. Les homéopathes ne font pas l'objet de poursuites judiciaires, à la condition qu'ils soient docteurs en médecine inscrits au tableau de l'*Ordre des médecins.*

En pratique, on a l'impression que lorsque des charlatans sont poursuivis, mis en examen et condamnés, c'est plus souvent au motif d'escroquerie financière ou de viols ou agressions sexuelles et pédophilie que pour leur pratique thérapeutique extra-scientifique et illégale.

– **Charlatanisme innocent**. Dans son livre *Ma vie de médecin*, paru en 1955, Charles Mayer écrit : « Un médecin devant un malade qui se confie à lui, se trouve dans une alternative que chacun résout suivant sa conscience. En mettant à part la solution de parfaite honnêteté qui consiste à mettre le malade exactement au courant de son état et des suites qu'il comporte, il existe tous les intermédiaires entre cette attitude correcte et le charlatanisme le plus éhonté. ».

Selon l'heureuse expression de Charles-Louis Cadet de Gassicourt (1769-1821), le *charlatanisme innocent*, « c'est celui qu'un praticien instruit et spirituel emploie pour donner de l'espoir et de la sécurité à un malade destiné à languir longtemps sans jamais guérir. Comment blâmer les bienfaisantes impostures d'un médecin consolateur qui, désespérant de sauver un ami, compose un roman, un système ingénieux pour séduire l'imagination du malade que la médecine condamne, et lui sauver les horreurs d'une lente agonie. Quelque mensonge qu'il fasse alors, quelque bizarres que soient les remèdes qu'il prescrit, il n'est pas vraiment charlatan ; mais il exerce la médecine morale ».

Le docteur Léon Rostan (1790-1866), médecin des hôpitaux de Paris, professeur à la faculté de médecine, pense également que les médecins qui trompent le malade « dans la louable intention de le guérir, ou au moins de le consoler [...] remplissent un de leurs devoirs les plus sacrés. » Le patient n'est toutefois pas toujours dupe et le jeune phtisique du *Roman du malade*, publié en 1911, voit dans la bonne humeur de son

médecin une attitude de professionnel et il a conscience que la moitié de sa tâche est de mentir. La bande dessinée *Bonne santé* du docteur Charles Masson (né en 1968), légèrement sulfureuse, illustre avec talent les tentatives avortées de certains médecins pour échapper aux pieux mensonges servis aux malades pour qu'ils gardent espoir.
Claude Bernard (*Voir* Bernard), fondateur de la médecine scientifique moderne (*Voir* Systèmes), s'élève contre ce charlatanisme innocent et considère comme indigne l'emploi du mensonge et de la tromperie. De fait, les effets délétères du mensonge du médecin sur le moral du malade apparaissent plus nettement au fil des décennies. Dans le poignant récit de *La mort d'Ivan Illitch*, le mot *mensonge* revient souvent sous la plume de Léon Nikolaïevitch Tostoï (1828-1910) : mensonges du médecin qui plaisante et cache à Ivan Illitch la gravité de son cas (mais à qui le patient lance « Hé quoi, tu n'auras jamais honte de mentir ? »), mensonge de ses familiers et notamment de sa femme ; le malade, lui, ne se ment pas et reste seul face à sa mort prochaine : « plus d'une fois, en les voyant jouer à leur jeu de dupes, il avait été sur le point de leur crier : « Assez de mensonges !... Vous savez que je me meurs, et je le sais autant que vous !... Cessez donc de mentir !... » Dans le roman d'Émile Zola (1840-1902), le docteur Pascal venant de faire une crise d'angine de poitrine, demande à son confrère et élève de l'ausculter. Le jeune médecin, après un moment d'hésitation, lui dit : « Eh bien ! c'est vrai, je crois qu'il y a de la sclérose » et Pascal lui répond : « Ah ! vous êtes gentil de ne pas mentir. J'ai eu peur un instant que vous ne mentiez, et cela m'aurait fait de la peine. ».
La problématique du *charlatanisme innocent* rejoint donc celle de la vérité à dire au malade, bonne ou mauvaise selon les uns ou selon les autres, notamment en cas de pronostic péjoratif, d'incident ou d'accident thérapeutique ou pour masquer une faute professionnelle d'un collègue ou d'un membre de l'équipe soignante. Les dissimulations et les mensonges – souvent par omission – des médecins peuvent être dus à l'ignorance, l'incompétence, l'incapacité à expliquer ; dans ces cas, la facilité est de demander au malade de *faire confiance*, de *se contenter de guérir*. La règle est de ne pas alarmer le patient : ne jamais parler devant lui de *tuberculose* ou de *cancer*, mais de *voile au poumon* ou de *kyste*, et, bien entendu, ne jamais parler de la mort. En bref, c'est là une posture de *paternalisme médical*, spoliant le patient de ce qui le concerne au premier chef : sa vie et sa mort.
Dans son bel article sur *Le mensonge en médecine*, le docteur Maurice Abiven (1924-2007), pionnier du mouvement des soins palliatifs et de l'accompagnement des mourants, rapporte qu'en 1963, dans ses *Conseils aux étudiants en médecine*, le Professeur Jean Hamburger (1909-1992), célèbre néphrologue initiateur des greffes rénales en France, écrit que si « la maladie est mortelle et que nous serons impuissants à en modifier le cours [...] il faut mentir dans tous les cas, sans exception aucune. [...] Le

mensonge prend place dans les moyens dont vous usez pour soutenir l'état général et la résistance physique du malade ; y manquer, comporte le risque de tuer prématurément, sans même les excuses éventuelles de l'euthanasie. » Pour Abiven, au contraire, « refuser la vérité à quelqu'un qui vous la demande, c'est se protéger soi-même contre un face-à-face éprouvant » et « cette confrontation du malade avec sa mort prochaine, risque bien de renvoyer le médecin lui-même d'une manière ou d'une autre à sa propre mort, perspective à laquelle il est peu préparé et qui est, en général, mal acceptée. Mentir, refuser de s'engager sur le chemin de la vérité, permet d'éviter une telle évocation. » Il ajoute que, pour les malades, « la vérité est moins difficile à supporter que l'angoisse dans laquelle le secret les maintenait. » En définitive, il préconise avec bon sens de s'employer « à laisser le malade venir peu à peu à sa vérité en l'accompagnant pas à pas dans cette découverte et en l'assistant activement dans les souffrances que sa maladie lui apporte. ».

Nombreux sont les patients qui se plaignent que les médecins ne leur disent rien. Tout en sachant que, même après que le médecin leur a parlé, « les patients disent qu'on ne leur a rien dit, car parfois il ne leur en reste rien ». L'enquête réalisée par l'anthropologue Sylvie Fainzang, directrice de recherche à l'*Institut National de la Santé et de la Recherche Médicale (INSERM)*, est particulièrement éclairante. Elle note que, contrairement à l'idée assez répandue chez les soignants, le fait qu'un patient ne pose pas de questions ne signifie pas qu'il ne veut rien savoir ; plusieurs patients finissent par avouer « qu'ils n'osent pas interroger le docteur – encore moins le professeur – de peur de l'indisposer ou de lui faire perdre un temps considéré comme précieux ». « De l'omission à la tromperie pure et simple en passant par l'euphémisme, les soignants piochent dans toute la gamme des mensonges, du plus léger au plus grave ». L'anthropologue montre que, bien que l'argument d'humanité, pour dédramatiser la situation, soit mis en avant, « le mensonge est un outil au service du pouvoir médical », il permet « d'éviter la contestation et de se faire obéir en plaçant le patient en situation de dépendance ». Elle note également que les médecins mentent moins aux patients issus de milieux sociaux et culturels favorisés, supposés être plus capables « d'encaisser la vérité ». Il ressort de cette enquête que beaucoup de patients, y compris les cancéreux, sont de plus en plus demandeurs d'information et préfèrent connaître la vérité.

Alexandre Jaunait, maître de conférences en sciences politiques, analyse très finement, de façon comparative, les codes de déontologie médicale des années 1947, 1955, 1979 et 1995 et met en évidence les modifications notables des devoirs des médecins versus le droit des malades. Il montre le passage d'un modèle de coopération médicale à un autre. Le code de 1947 édicte un modèle paternaliste dans lequel le médecin, en vertu de sa compétence et de sa conscience, impose ses décisions au malade, qui doit être toute confiance ; dans son aliénation, la seule liberté du patient est celle de choisir son

médecin. Ce modèle paternaliste autorise le médecin à dissimuler au malade un pronostic péjoratif. Au fur et à mesure des codes suivants, on voit ce paternalisme faire place au consentement éclairé du code de 1995, basé sur une information non édulcorée.
Une récente enquête montre que les patients demandent à être informés sur leur maladie et que, dans la majorité des cas, ils estiment l'avoir été. Rendant compte de ce travail, le quotidien *Libération* conclut que « du chemin a été parcouru. En 1951, 90 % des médecins cachaient la vérité. En 1971, la même proportion la balançait à la tête du patient, sans précaution. Aujourd'hui, l'information tend à se partager ». Dans *Nos médecins*, Hervé Hamon (né en 1946) note, à ce propos, que les médecins qu'il a interviewés « déclarent fréquemment avoir mis de l'eau dans leur vin au fil de la carrière. Jeunes, rapportent-ils, ils étaient fermement partisans de la vérité jusqu'au bout, et ce au nom du goût de la vérité et du respect du malade. Avançant en âge, ils se sentent moins à cheval sur les principes, plus pragmatiques, plus prêts à composer, jugeant que le courage est multiforme, fluctuant. »
Dans son récit autobiographique de la douloureuse expérience hospitalière qu'il fit après un grave accident de moto, le célèbre chirurgien du cancer, le docteur Rémy Salmon écrit : « on ne peut pas en vouloir au médecin d'annoncer une mauvaise nouvelle. Ce que les gens ne veulent pas, c'est qu'on leur mente ou que les explications fournies ne soient pas claires. [...] En dehors de tout aspect légal, le patient a droit à la vérité car il s'agit de sa vie. Personne n'est en droit de la lui cacher, et pour moi il est clair qu'aussi douloureuse que soit cette annonce pour lui et son entourage, il en sera toujours reconnaissant d'une certaine façon. »
En anatomie pathologique, à une époque pas très éloignée, il était de pratique courante de rédiger de faux comptes-rendus (avec registre en double, afin de ne pas se mettre en situation d'être accusé de ne pas avoir fait le diagnostic), pour éviter au patient – en règle générale un médecin – de connaître son diagnostic lorsque le pronostic était fâcheux.
Il arrive aussi que le médecin se sente tenu de mentir pour des motifs qui lui sont extérieurs. C'est, par exemple, le cas du *mensonge d'État* du docteur Claude Gübler, sommé par le Président François Mitterand de rédiger de faux bulletins de santé, pour la raison fallacieuse que son cancer de la prostate serait un secret d'État.
Aujourd'hui, l'idée que le médecin travestisse la vérité et cache au malade un diagnostic et un pronostic défavorables, est de plus en plus mal ressentie. La loi fait un devoir au médecin d'informer son patient, tout en reconnaissant trois exceptions : 1) l'urgence absolue (par exemple un patient inconscient victime d'un accident et présentant une rupture de rate qui doit être opérée en urgence), 2) l'impossibilité pour le médecin d'informer le patient (patient atteint de démence par exemple), 3) la volonté du patient d'être tenu dans l'ignorance de son diagnostic ou de son pronostic, sauf lorsque des tiers peuvent être exposés à un risque de transmission (par exemple par le virus du sida).

Les patients souhaitent, pour la majorité d'entre eux, ne plus être les spectateurs passifs de leur maladie ; ils demandent que leur médecin les informe clairement non seulement de leur situation mais aussi des difficultés qu'il rencontre dans le diagnostic ou dans le choix du traitement et qu'il les associe aux prises de décision. Pour ce faire, ils s'organisent en collectifs ou en associations de défense de leurs droits.

– **Charlatanisme médical**. « Plusieurs disent que pour estre Médecin, il faut estre un peu charlatan. » (*Dictionnaire de l'Académie Française)*, « Dans tout médecin, même les plus grands, il y a un charlatan qui sommeille.» (*Charles Mayer).* Le charlatanisme des médecins est protéiforme. Pour exercer la médecine en France, il est nécessaire d'être docteur en médecine et d'être inscrit à l'*Ordre des médecins*, dont la tâche est de contrôler l'accès à la profession et d'en réglementer l'exercice. Le docteur en médecine a le devoir de respecter le *Code de déontologie médicale*, qui stipule, entre autres dispositions, que le charlatanisme est interdit. Et pourtant...

La satire de la médecine et des médecins de Molière est encore présente à l'esprit des Français et apparaît aux yeux de beaucoup comme toujours d'actualité. *Le Médecin malgré lui*, comédie représentée pour la première fois en 1666, n'a pas cessé d'être joué depuis trois siècles et demi et a donné lieu à un Opéra-Comique de Charles Gounod (1818-1893) créé en 1858.

Le charlatanisme n'est pas seulement le fait des empiriques, illégaux et autres marchands d'orviétan, il est également pratiqué par les docteurs en médecine. Les raisons pour lesquelles un médecin devient charlatan ne changent pas au fil du temps. Au XVIIIe siècle, l'*Encyclopédie Méthodique* note : « Deux motifs puissants me paraissent déterminer les hommes à jouer d'aussi vilains rôles. Le premier est le vil intérêt et la soif de l'or. Le second est une ambition démesurée de passer pour un habile médecin, sans avoir acquis, par le travail, les qualités nécessaires. ». Ces deux motifs, fréquemment repris au XIXe siècle, restent de mise au XXe siècle, comme en atteste par exemple l'appréciation du *Collège de médecine* du Luxembourg qui insiste surtout sur le second : « les techniques de l'illusoire pratiquées par le médecin ne font souvent que confirmer son inaptitude à pratiquer une médecine scientifique correcte. A ce sujet il faut bien rappeler le nombre croissant de ce genre de praticiens qui sont déjà devenus inaptes au simple service de garde dans notre pays à force de se cantonner dans un domaine alternatif qui n'exige ni connaissances approfondies, ni capacités particulières, ni surtout une quelconque formation continue. » Dans son livre *Nos médecins* (paru en 1982), Hervé Hamon (né en 1946) brosse également un tableau peu flatteur des médecins qui se dirigent vers des thérapies non-conventionnelles : « Voulez-vous changer d'air en un tournemain ? Voulez-vous esquiver les casse-tête déontologiques ? Voulez-vous dormir paisiblement la nuit ? Voulez-vous éviter les procès, les dilemmes, le social, la technologie souveraine, la pression des familles ? Voulez-vous devenir spécialiste sans vous plier aux accablants concours de spécialité ? Voulez-vous ajouter une corde à votre arc et arrondir vos fins de mois ? Voulez-vous, enfin, que le flou, le flou du moment, soit un plus, pas un moins ? C'est au médecin que je m'adresse. Mais il connaît déjà la réponse : la médecine, "douce". »

A ces deux mobiles, valables pour tous les types de charlatanisme, il faut ajouter dans certains cas, soit un grain de folie, soit un bon degré d'illumination, de mysticisme et/ou de perversité intellectuelle, repoussant tout ce qui est rationnel pour laisser le terrain au paranormal, au surnaturel, à Dieu ou au Diable. Ce qu'écrit Claude Bernard (1813-1878), dans la deuxième moitié du XIXe siècle, reste exact aujourd'hui : « Le besoin de croire et d'être trompé qui est naturel à l'homme le porte à croire tous ceux qui lui promettent sa guérison. Telle est donc l'origine des charlatans qui ont existé de tout temps, qui reconnaissant que l'homme a un besoin impérieux d'être trompé, se sont excusés par cela même. »

Dans les dernières années du XIXe siècle, le docteur Paul Brouardel (1837-1906), professeur de médecine légale et doyen de la Faculté de médecine, donne, dans son livre publié en 1899 sur l'*Exercice de la médecine et le charlatanisme*, une description détaillée des multiples formes que peut revêtir le charlatanisme médical, ce charlatanisme en blouse blanche qui n'est pas moins condamnable que le charlatanisme en sabots des rebouteux et guérisseurs de campagne.

Certains médecins sont des forbans, dont les escroqueries ne portent que sur de l'argent, celui du patient ou celui de la sécurité sociale. C'est le cas des rares chirurgiens qui, au lieu d'ajuster leurs honoraires avec tact et mesure comme le stipule le *Code de déontologie*, demandent à leurs patients des honoraires exorbitants ou de copieux dessous-de-table parfaitement illégaux et que certaines victimes commencent à dénoncer. On peut en rapprocher la *dichotomie*, pratique illégale qui consiste à reverser au médecin qui vous adresse des clients une partie des honoraires que l'on perçoit. Pire encore, il peut s'agir de véritables entreprises criminelles qui portent scandaleusement atteinte à la vie de patients, comme cet ex-neurochirurgien de Clermont-Ferrand, condamné à plusieurs reprises pour avoir procédé sur la colonne vertébrale d'une vingtaine de patients à des interventions itératives et injustifiées qui avaient entraîné de lourdes séquelles et deux fois la mort.

Un nombre croissant de docteurs en médecine introduisent dans leur exercice une part plus ou moins importante de thérapies non-conventionnelles dont la nature pseudo-scientifique est avérée, mais dont la pratique non seulement n'est pas interdite par le *Conseil de l'Ordre*, mais est reconnue par celui-ci ; c'est le cas de l'homéopathie, de l'acupuncture, de la mésothérapie et de l'ostéopathie, mais aussi de l'hypnose et de plusieurs psychothérapies.

On pourrait aussi inclure dans le cadre du charlatanisme médical, les traitements plus ou moins dangereux (extraits thyroïdiens, anorexigènes, chirurgie esthétique, liposuccion, lipotomie, toxine botulique plus connue sous le nom de *botox*®, etc.) mis en œuvre par certains praticiens peu scrupuleux pour faire maigrir, faire disparaître la cellulite, les poches sous les yeux, les rides, etc. bref des thérapies de convenance justifiées par la pression sociale. Les accidents éventuellement occasionnés par ces pratiques blâmables peuvent avoir des conséquences dramatiques. En avril 2007, une femme meurt et plusieurs autres sont hospitalisées en réanimation pour avoir absorbé des doses faramineuses d'extraits thyroïdiens qui avaient été prescrites de façon irresponsable par un médecin et délivrées sans contrôle par un pharmacien, or on sait que, même en cas de prescription erronée ou de sous-traitance de la préparation, le pharmacien d'officine est totalement responsable des préparations qu'il délivre. Autre exemple : en juillet 2007, une jeune fille de quinze ans est hospitalisée en chirurgie pour une infection grave survenue à la suite d'une *lipotomie*, technique non éprouvée dans le traitement de la cellulite.

– **Charlatanisme médical (avenir du)**. L'avenir du charlatanisme de la santé en France passe par deux grandes voies : 1) la *démédicalisation* et l'*automédication*, qui reviennent à se passer du médecin le plus souvent possible (V*oir* automédication), 2) la *médecine intégrée*, c'est à dire l'association de la médecine officielle et des thérapies non-conventionnelles, non seulement pour les petits maux quotidiens, mais aussi dans le cas du cancer et des maladies chroniques (*Voir* Médecine intégrée).

– **Charlatans de l'immortalité**. Le mythe de l'éternelle jeunesse et le fantasme d'immortalité ont toujours habité les hommes. Ils connaissent depuis quelques années une forte recrudescence qui se traduit notamment par l'abondance de l'offre et de la demande d'élixirs de longue vie, quelle que soit leur forme. Les annonces de plus en plus pressantes – sinon oppressantes – de l'allongement de la vie, et du vieillissement de la population qu'elle entraîne, expliquent sans doute ce renouveau des tentatives de rajeunissement. On estime qu'en 2050, un Français sur trois aura plus de soixante ans et que l'espérance de vie sera de quatre-vingt-onze ans pour les femmes et de quatre-vingt-quatre ans pour les hommes. La pression du marché ne doit pas y être pour rien. Plus les vieux se sentiront jeunes, plus ils consommeront de tourisme, de croisières, de restaurants, de spectacles, de soins, de tout. La vieillesse est peut-être un naufrage, mais elle est surtout devenue un fromage. Double rackett : payer pour redevenir jeunes et payer parce que l'on est redevenu jeune !! En tout cas, *Internet* regorge – dans toutes les langues – de *cures de rejuvénation*, d'*élixirs de jouvence*, de *système complets de longévité et anti-vieillesse*, de *programmes anti-âge*, etc. On en est même venu aujourd'hui à rechercher l'immortalité trans-générationnelle *via* le clonage reproductif qui consiste à dupliquer un individu et non plus à se survivre dans la procréation d'un nouvel individu.

Pour que les entreprises charlatanesques de rajeunissement/longévité puissent exister et se développer, la condition nécessaire est qu'il y ait convergence, coïncidence entre l'offre et la demande. Alors, la vraie question qui se pose est de savoir pourquoi, comment, les promoteurs de ces entreprises en arrivent là et pourquoi, comment, les gens leur font un tel accueil et leur assurent un tel succès. Au-delà de l'alliance implicite contre la mort, quels sont les ressorts de chacune des deux parties ?

Comment des médecins et/ou des scientifiques reconnus, universitaires réputés comme Steinach (*Voir* Steinach), Filatov (*Voir* Filatov) ou Bogomoletz (*Voir* Bogomoletz), professeurs au *Collège de France* comme Brown-Séquard (*Voir* Brown-Séquard) ou Prix Nobel comme Metchnikoff (*Voir* Metchnikoff) deviennent-ils des docteurs Faust ? À quel moment s'effectue le virage et pourquoi cette dérive utopique ? Car, effectivement, le point de départ est le plus souvent scientifique, ponctuel, d'intérêt certain mais limité, et, à un moment, apparaît la dérive faustienne ou plutôt méphistophélique : comme, par exemple, de passer de l'intérêt du yaourt dans le peuplement bactérien de l'intestin au pouvoir de prolonger la vie. Les promoteurs de ces divers systèmes anti-âge se disent scientifiques et veulent être reconnus par leurs pairs, à preuve les communications dans les sociétés savantes et les congrès scientifiques aussi bien de Metchnikoff, de Brown-Séquard que de Voronoff. Les travaux de Brown-Séquard ont été publiés dans une revue médico-scientifique réputée. La thérapie par les cellules fraîches de Paul Niehans aurait été confirmée scientifiquement par les deux lauréats du *Prix Nobel* de médecine de 1960, Peter Medawar et Franck Burnet (dont les travaux portent sur l'immunité cellulaire). Le parfum de scientificité de la DHEA (*voir* DHEA) est particulièrement prégnant ; elle fait l'objet de publications dans des revues scientifiques internationales.

Pourquoi cette récurrente revendication de scientificité pour des théories et/ou des pratiques qui se situent dans un champ totalement extra-scientifique ? Le fantasme de toute-puissance de la science y est sans doute pour beaucoup et ses racines remontent au XIXe siècle et au scientisme que les progrès de la science ont engendré. On se souvient du *credo* du Docteur Pascal, sous la plume d'Emile Zola : « Je crois que l'avenir de l'humanité est dans le progrès de la raison par la science. Je crois que la poursuite de la vérité par la science est l'idéal divin que l'homme doit se proposer. Je crois que tout est illusion et vanité, en dehors du trésor des vérités lentement acquises et qui ne se perdront jamais plus. Je crois que la somme de ces vérités, augmentées toujours, finira par donner à l'homme un pouvoir incalculable, et la sérénité, sinon le bonheur… »

Alors, faut-il incriminer la psychopathologie, le goût du pouvoir, le désir de gloire, l'appât du gain, le fantasme de toute-puissance ? Les moteurs éternels (le pouvoir, la mort, le sexe, l'argent) sont-ils encore une fois à l'œuvre ? Les personnalités en cause ne sont certes pas banales : ce sont des personnalités hors du commun, hautes en couleurs, attirantes, plus souvent attachantes que repoussantes, qui ont eu des parcours assez extraordinaires, originaux, exotiques, chaotiques, rien moins que linéaires, qu'il s'agisse de marginaux ou de transfuges récupérés par les institutions scientifiques officielles. Mais sont-ce pour autant des personnalités pathologiques voire des malades mentaux (paranoïaques ou maniaco-dépressifs) ? À tout le moins, on peut imaginer qu'il s'agit d'illuminés, de personnalités fortement narcissiques et en tout cas de personnalités éminemment charismatiques. Quant au mercantilisme ? – certainement pas au début, pour la plupart, mais ensuite… ? – et, même si ce n'est pas le mobile initial des inventeurs, le risque est grand qu'ils deviennent la proie des marchands de soupe….

La loi de l'offre et de la demande est là. Il ne suffit pas qu'il y ait des charlatans, encore faut-il que le public les suive ou les précède ! Pourquoi un tel engouement, toutes classes sociales confondues, pour ces pratiques ? – La soif d'immortalité est la motivation majeure. Ce n'est pas d'aujourd'hui que les hommes aimeraient éviter la mort. La pression culturelle est insistante pour faire vivre le mythe. L'imaginaire populaire assimile la longévité et/ou l'immortalité à l'élixir de longue vie des alchimistes. Le public est saturé du mythe faustien dans lequel il baigne depuis des siècles. Sur cette irrépressible envie de ne pas mourir, se greffent toutes les raisons qui conduisent les gens à se tourner vers les thérapies non-conventionnelles : l'incroyable crédulité humaine, la quête d'un gourou, l'inépuisable besoin de merveilleux, l'habillage scientifique, l'abondance des témoignages, le battage médiatique, les prix élevés, etc.

Et bien, si les procédés que nous avons passés en revue, en tout cas les plus récents d'entre eux, n'avaient plus la faveur du public, il ne faudrait pas pour autant désespérer. Deux nouvelles pistes s'offrent à nous. 1) Le vieillissement du cerveau et le déclin des performances intellectuelles des personnes âgées qui en est la conséquence, sont dus, au moins en partie, aux lésions des cellules nerveuses provoquées par les *radicaux libres* (*Voir* Radicaux libres), produits en grande quantité par le *stress oxydatif*. Ces *radicaux libres* pourraient être neutralisés par les *anti-oxydants*, comme le sélénium (oligoélément apporté par la consommation de poissons, de fruits de mer et de viande), certaines vitamines, les flavonoïdes et les caroténoïdes, notamment le lycopène et la zéaxanthine, présents dans les fruits et légumes (en particulier pamplemousses, pastèques et tomates pour le lycopène) qui protégeraient les cellules et freineraient ainsi le processus de vieillissement du cerveau. Les processus de vieillissement du cerveau seraient significativement liés à une baisse des taux sanguins de sélénium, de lycopène et de zéaxanthine. Pour l'instant, il n'a pas encore été démontré que l'apport de ces éléments freine le déclin cérébral. 2) Aubrey de Grey (né en 1963), chercheur britannique en génétique, prétend que la science d'aujourd'hui, et encore plus celle de demain, avec ses nanotechnologies, sa robotique et ses biotechnologies de pointe, sera capable de réparer les dommages cellulaires cause du vieillissement. Il pense ainsi pouvoir allonger significativement la durée de l'existence. Ses expériences lui ont permis de faire vivre une souris pendant cinq ans, ce qui équivaut à 150 ans chez l'homme ! Prenons le temps d'attendre la suite...

– **Chastenet de Puységur**. Le marquis Armand Chastenet de Puységur (1751-1825), disciple de Franz Mesmer (1734-1815), découvre le *somnambulisme provoqué* (*Voir* Somnambulisme provoqué).

– **Chiropraxie**. Thérapie manuelle inventée en 1895 par Daniel David Palmer (1845 – 1913). Selon lui, toutes les maladies résulteraient d'un défaut d'alignement (« *subluxation* ») des vertèbres et seraient guéries par des manipulations vertébrales. L'histoire mouvementée de la *chiropraxie* montre bien – une fois de plus – que les thérapies non-conventionnelles naissent, au moins en partie, des insuffisances de la médecine conventionnelle. En effet, au XIXe siècle, les ressources de la médecine et la qualité des praticiens aux États-Unis sont médiocres. En réaction à un tel état de fait, les guérisseurs, magnétiseurs et autres charlatans prolifèrent et des thérapies alternatives naissent et prospèrent. Né au Canada, Daniel David Palmer gagne les États-Unis à l'âge de vingt ans et, après avoir exercé une série de métiers différents (apiculteur, instituteur, épicier, marchand de poissons...), il part dans l'Iowa et y ouvre, à quarante ans, un cabinet de magnétiseur. Il s'installe à Davenport, et c'est là qu'il invente la chiropraxie. Palmer raconte comment, après neuf ans d'exercice de magnétiseur, il découvre un jour, en septembre 1895, les principes de sa méthode. Ce jour-là, il reçoit la visite de Lilian Harvey, devenu totalement sourd depuis dix-sept ans, « après avoir senti quelque chose se déplacer dans son dos ». Palmer l'examine, trouve « une vertèbre déplacée » qu'il remet en place et le malade entend de nouveau. Peu après, il voit un patient souffrant de troubles cardiaques chez lequel il trouve également une « vertèbre déplacée » et qui est soulagé par sa remise en place. De ces deux cas, il déduit que toutes les maladies sont dues à la même cause, le déplacement d'une vertèbre, et qu'il suffit de la remettre en place pour les guérir. La *chiropraxie* (à partir du grec *cheir*, *main* et *praxis*, *faire*), était née. Dès 1896, Palmer fonde une école de chiropraxie, dont un des premiers diplômés est son propre fils *Bartlett Joshua*, rapidement surnommé *B.-J.* dans les milieux de la chiropraxie, qu'il entreprend de dominer au détriment de son père. Ce dernier meurt en 1913, après de nombreux démêlés avec son fils. *B.-J.* a des ambitions démesurées. En 1924, il cherche à imposer – sans succès – à tous les chiropracteurs un appareil de son invention, le *neurocalorimètre*, supposé localiser précisément le siège de la *subluxation vertébrale*. Il essaye aussi – toujours sans succès – de prôner un traitement unique (le *Hole In One*, *HIO*) pour toutes les maladies en imaginant qu'elles sont toutes dues à des perturbations des vertèbres cervicales. Palmer considère que la chiropraxie est une

science, un art et une philosophie, et que les chiropracteurs ont une obligation morale et des devoirs religieux, ce qui ne veut pas dire que la chiropraxie soit une religion. La chiropraxie met une cinquantaine d'années à être pleinement reconnue aux États-Unis, mais, petit à petit, elle arrive à obtenir le remboursement par les systèmes d'aide, à faire accréditer ses écoles par les instances officielles et donc à exister en tant que profession de santé à part entière, à côté de la médecine conventionnelle, à avoir droit de cité dans les hôpitaux, à avoir accès aux subventions et fonds de recherche auxquels postulent les professeurs d'université. Il y aurait à travers le monde environ trente mille chiropracteurs. Sous la houlette de John Mc Timoney (1914-1980), une nouvelle branche de la chiropraxie voit le jour au Royaume-Uni. Quelques centaines de praticiens se regroupent sous le nom de *Mc Timoney chiropractors*. Leurs méthodes seraient plus *holistiques* (prétendant à une plus grande globalité) que celles des chiropracteurs habituels et leurs techniques de manipulation, plus douces, s'adresseraient au corps entier.
La chiropraxie n'est pas seulement inefficace, elle est dangereuse (*Voir* Ostéopathie-chiropraxie).

– **Christ de Montfavet**. À quarante-quatre ans, Georges Roux (1903-1981), employé des postes, bien noté, se découvre le don de guérison et se proclame l'incarnation du Christ et même de Dieu. Surnommé le *Christ de Montfavet*, du nom du hameau où il habite, près d'Avignon, le gourou donne des « consultations » et crée l'*Église chrétienne universelle* dont les principes sont définis dans les trois livres qu'il écrit au début des années 1950 : *Journal d'un guérisseur*, *Paroles de guérisseur* et *Mission divine*. Il impose à ses fidèles un régime strictement végétarien et proscrit la médecine officielle, les vaccinations et les médicaments, se contentant de la prière, de la bénédiction et de l'imposition des mains comme seuls moyens de guérison. De ce fait, en 1953-1954, plusieurs personnes, dont au moins trois enfants d'adeptes, meurent faute de soins, et sont présentées par le groupe comme étant des « récompenses offertes au Christ ». Les tribunaux correctionnels condamnent les parents. Après la mort de Georges Roux en 1981, une de ses filles, Jacqueline, et son mari, René Van Gerdinge, lui succèdent à la tête du groupe qui prend le nom d'*Alliance universelle*, mais le nombre de membres a progressivement diminué : environ deux mille dans le monde dont quelques centaines en France.

– **Côlon (hydrothérapie du)**. Dans un article du *Journal of American Medicine* de 1917, le docteur John Harvey Kellogg (1852-1943), inventeur des corn-flakes et pourfendeur de la masturbation, rapporte avoir traité des milliers de malades atteints de différentes affections gastro-intestinales par l'exercice, le régime diététique et l'*hydrothérapie du côlon*. La thèse – très contestable – sur laquelle cette méthode repose est celle de l'*auto-intoxication*, c'est-à-dire de l'empoisonnement de l'organisme par les toxines réabsorbées à partir du gros intestin. L'*hydrothérapie du côlon* remplace les traditionnels lavements ou clystères, utilisés par la médecine officielle depuis l'Antiquité, mais avec des perfectionnements (*sic*) techniques. En effet, elle fait appel à un appareil à double tuyauterie qui permet l'injection douce d'eau dans le côlon et la sortie de l'eau entraînant avec elle les déchets (selles, mucus, toxines). Recommandée par ses adeptes dans de nombreuses indications dont la plus fréquente est la constipation, l'hydrothérapie du côlon est non seulement inutile, mais dangereuse si elle est fréquente (destruction de la flore microbienne normale de l'intestin, perturbations électrolytiques), mal effectuée (perforation du côlon, infections, abcès) ou pratiquée chez des personnes souffrant de pathologies intestinales, comme la maladie de Crohn, les colites ulcéreuses ou les diverticuloses coliques. Cette thérapie a donné naissance en Amérique du Nord et en Grande-Bretagne à une profession de santé spécifique, heureusement quasiment inconnue en France, les *hygiénistes du côlon*, formés dans des écoles *ad-hoc* et regroupés dans d'honorables associations professionnelles, telle l'*Association of Colonic Hydrotherapists* (*Voir* Hydrothérapie).

– **Comicothérapie**. La *comicothérapie* est basée sur la prestation devant les enfants malades d'un clown ou d'un animateur (*Voir* Fun-thérapies).

– **Communication facilitée (méthode de)**. Anne-Marie Vexiau, orthophoniste, a créé une méthode dite de *communication facilitée* ou *psychophanie*, qui permettrait « aux personnes privées de paroles (autistes, polyhandicapés, trisomiques, traumatisés crâniens, etc.) de s'exprimer en tapant à la machine avec un doigt. Un partenaire leur soutient la main ce qui favorise les échanges inconscients d'information entre les deux. Le patient se brancherait sur le cerveau de son partenaire et utiliserait son équipement moteur, sensoriel, et même psychique pour exprimer sa propre pensée ». Cette méthode, dépourvue de toute validation scientifique, peut conduire à des abus de pouvoir sur des personnes fragiles ; elle s'apparente en effet aux dangereuses *thérapies transgénérationnelles*, comme la théorie *des faux souvenirs induits*.

– **Compléments alimentaires**. Les *compléments alimentaires* ou *suppléments nutritionnels* associent – pour le plus grand bénéfice des producteurs, sinon celui des consommateurs – des hormones (testostérone, hormone de croissance, mélatonine, DHEA, progestérone, etc), des enzymes, facteurs de croissance, cytokines, anti-oxydants (vitamines C, D, A, E , sélénium), oligo-éléments, sels ou colloïdes minéraux, ainsi que des produits naturels ou supposés tels, comme le yaourt, l'huile de pépins de pamplemousse, le foie de requin, le jus de Noni hawaïen, etc. Professeur à l'*Institut Pasteur* de Paris, scientifique de renom, Prix Nobel de médecine, co-découvreur avec Robert Gallo du virus du sida, Luc Montagnier, sachant que le pape Jean-Paul II souffre de la maladie de Parkinson, lui propose un traitement à base d'extraits de papayes fermentées qui, selon lui, présenteraient des propriétés à la fois anti-oxydantes (luttant contre le *stress oxydant*) et *anti-âge*. Le Vatican indiqua que ce traitement avait eu des effets positifs. Souvent associés à différents régimes, les compléments alimentaires sont largement prescrits par des thérapeutes non-conventionnels, mais aussi par des médecins conventionnels, dans des indications variées et non reconnues, allant du cancer à la simple fatigue, en passant par l'asthme. Cela étant, tous les travaux sérieux publiés dans les grandes revues médico-scientifiques internationales montrent que ces compléments alimentaires ne servent à rien et sont même parfois dangereux. Malgré leur nombre, leur diversité, la publicité qui les entoure et l'attirance qu'ils exercent sur le public, ils n'apportent aucun bénéfice à ceux qui les utilisent. L'association de consommateurs *Consommation, Logement et Cadre de Vie* conclut que « les vertus des compléments alimentaires ne relèvent que de l'affabulation [...] En ce domaine, tout n'est que tisanes ou pilules pipeau, perlimpinpin et compagnie.» Plutôt que de consommer ces produits, la sagesse est de manger de façon équilibrée en incluant suffisamment de fruits et de légumes. Toutefois, les recherches scientifiques se poursuivent dans ce domaine. Ainsi, une enquête épidémiologique menée par l'INSERM suggère un rôle protecteur important de deux caroténoïdes, la zéaxanthine et la lutéine contenus dans les légumes verts, vis-à-vis de deux causes fréquentes de cécité, la dégénérescence maculaire liée à l'âge et la cataracte. Par ailleurs, l'association d'un stimulant du métabolisme énergétique, l'Alcar (acetyl L-carnitine) et d'un lipide à fort pouvoir anti-oxydant, l'acide lipoïque, a permis d'obtenir chez le rat des signes de rajeunissement (*Voir* Charlatans de l'immortalité). Mais du rat à l'homme, il y a du chemin !

– **Coué**. Le pharmacien Émile Coué de la Châtaigneraie (1857-1926) est l'inventeur d'une méthode d'auto-suggestion consciente qui porte son nom (*Voir* Méthode Coué).

– **Crédulité humaine**. « Credo quia absurdum » : « Je crois parce que c'est absurde » (Tertullien). Un des meilleurs témoins de l'incroyable et insondable crédulité humaine est l'ampleur de l'emprise des sectes et des religions dans le monde, dont on se souvient que les adeptes s'appellent des *croyants*. Comment ne pas croire aux miracles, alors que nous sommes baignés dans un Occident chrétien où personne ne semble surpris qu'un homme marche sur les eaux, qu'il change l'eau en vin, qu'il soit né d'une vierge, qu'il soit ressuscité et que l'on promette, à moindre frais, la vie éternelle, certes dans l'au-delà, mais tout de même ! Les croyances ont l'avantage majeur sur la science de ne pas pouvoir être contestées ; elles ne sont pas réfutables, falsifiables, au sens du philosophe

des sciences Karl Popper (1902-1994). La contradiction ne fait pas peur : en matière de santé et de longévité, les miracles teintés de scientificité sont d'autant plus appréciables. La crédulité humaine est telle que même l'absence totale de crédibilité d'une thérapie non-conventionnelle ne fait pas obstacle à la croyance, à l'adhésion !
En 1838, Lucien Dupont écrivait déjà : « on ne désabusera jamais les hommes de leur sotte crédulité. Ils donnent sans examen leur confiance à qui leur promet beaucoup, et cette amorce les attirera toujours. Que le bas-peuple qui ne saurait être que très ignorant, s'y laisse prendre, on n'en doit pas être étonné, mais que des gens éclairés, ainsi qu'on en trouve beaucoup en province, soient la dupe d'une telle fourberie, c'est ce qu'on a peine à concevoir. » et, parlant de la diffusion des almanachs et livrets des colporteurs, Lucien Dupont ajoute que c'est un « aliment à la crédulité des gens pour qui l'absurdité n'est, elle-même, qu'une des conditions du merveilleux ». Dans *Les sous-ensembles flous*, l'écrivain Jacques Laurent (1919-2000), également connu sous le pseudonyme de *Cécil Saint-Laurent*, va dans le même sens : « Nous avons inventé la raison mais nous sommes soumis au hasard donc à la déraison ; du coup nous sommes enclins à nous soumettre à l'empire de superstitions qui, parce qu'elles sont étrangères à la raison, nous semblent compatibles avec les puissances inexplicables dont nous sommes les jouets. »

– **Crénothérapie**. La *crénothérapie* est l'utilisation thérapeutique par voie interne (cure de boisson, pulvérisations, aérosols, irrigations internes) et/ou externe (bains, douches, cataplasmes et bains de boues, insufflations ou injections sous-cutanées de gaz thermal) des eaux thermales et minérales sur leur lieu d'émergence. Les cures d'eaux thermales posent un problème difficile, car elles font partie de la médecine orthodoxe et pourtant leur efficacité est contestée et leur usage se situe parfois aux marges du charlatanisme médical. Il s'agit en effet d'une approche globale, touchant autant au mode de vie, pendant les vingt et un jours que dure la cure, qu'à une action préventive ou curative sur un organe (le foie, les bronches, les articulations, la peau, etc.) ou un appareil (digestif, respiratoire, cardio-vasculaire, système nerveux, etc.), la station thermale étant un lieu privilégié de ressourcement, de récupération physiologique et psychologique. De fait, à partir du XVIIe siècle, les curistes entretiennent et développent une vie sociale destinée à pallier l'ennui, le désœuvrement et la monotonie du quotidien : réceptions, concerts, spectacles, amusements, jeux, casinos. En 1933, Joseph Anglada, auteur d'un *Traité des eaux minérales et des établissements thermaux du département des Pyrénées-orientales, écrit :* « à tout prendre, il n'est pas indispensable de savoir à quels ingrédients il faut attribuer les vertus des eaux, si ces vertus sont nettement établies par l'expérience ; si l'observation a justement précisé les cas où leur usage a été utile. » Cet avis ne fait plus autorité aujourd'hui : l'efficacité des cures thermales et l'opportunité de continuer à les laisser rembourser par l'Assurance-maladie sont fréquemment remises en cause, même si, de temps à autre, paraît un article apparemment sérieux vantant les mérites de telle ou telle station thermale. Quoi qu'il en soit, les cures thermales ont tendance à céder la place aux *thalassothérapies* avec leurs *spas* (*Sanitas Per Aqua* ou *Sports Péri-Aquatiques*) qui n'ont pas la prétention de guérir les maladies mais occupent une place avantageuse dans le cadre des cures de remise en forme non remboursées par la Sécurité sociale (*Voir* Hydrothérapie).

– **Cri primal**. Psychothérapie inventée par Arthur Janov (né en 1924), dont le livre *Le cri primal* paraît en 1970. Cette technique est basée sur le fait de revivre les scènes traumatisantes, notamment la naissance : le cri primal est le premier cri du nouveau-né (*Voir* Primalthérapie).

– **Cristallisations sensibles de Pfeiffer**. Dans les années 1930, le chimiste Ehrenfried Pfeiffer (1899-1961), disciple de Rudolf Steiner (1861-1925), assure la diffusion de sa méthode des *cristallisations sensibles*. Il s'agit de faire cristalliser sur une lame de verre une solution de chlorure de cuivre à laquelle on a mélangé un peu de sang du malade. L'observation de la disposition et de l'aspect des cristaux permettrait « un diagnostic ultra-précoce de cancer (avec des pourcentages d'exactitude pour la cristallisation atteignant 96 %, ceci sur plusieurs milliers de malades) » et même la détermination de sa localisation.» On peut en rapprocher le *S. T.P. Test* du docteur Philippe Lagarde (né en 1941), test qui consiste à examiner au microscope à contraste de phase une goutte de sang coagulé et à déduire de l'aspect du réseau de fibrine et des globules rouges qu'il renferme, la présence d'un cancer et sa localisation. Inutile de préciser la totale ineptie de ces méthodes.

– **Crudivorisme**. Le *crudivorisme*, qui consiste à ne manger que des aliments crus, possède plusieurs niveaux. Le *régime Nolfi* accepte le riz cuit, les pommes de terre et les produits laitiers. Le docteur Maximilian Bircher-Benner (1867-1939), médecin suisse, pionnier du crudivorisme au début du XIXe siècle, préconise un régime crudivoriste à 50 %, à la condition de faire au cours de l'année quelques cures à 100 %. Le docteur Schnitzer, dentiste allemand, prône une alimentation entièrement crue, à 100 %. Le crudivorisme strict est dangereux pour la santé et provoque notamment déminéralisation, amaigrissement, fatigue, hypotension, dépression, etc.

Le principe de base de l'*instinctothérapie*, secte dont le gourou-fondateur est Guy-Claude Burger (né en 1934, licencié ès physique et mathématiques, premier prix de violoncelle du Concours international d'exécution musicale de Genève), repose sur l'idée magique que sélectionner sa nourriture par son *instinct alimentaire* permettrait de prévenir et même de guérir « comme par enchantement » la plupart des maladies y compris le cancer, le diabète, l'infarctus, etc. Comme ce fameux instinct ne fonctionne que pour une alimentation *originelle*, c'est-à-dire « d'avant la découverte du feu », il ne faut choisir ses aliments que parmi les viandes et les poissons crus ainsi que les fruits et légumes non épluchés. Toute prise de médicaments est interdite ainsi que toute vaccination. Une adepte dont la petite fille, dramatiquement dénutrie, a été sauvée in extremis, est condamnée en 2002 par le tribunal correctionnel de Chaumont et, en 2003, Guy Claude Burger est condamné par la cour d'assises de l'Essonne à quinze ans de réclusion criminelle pour viols, viols aggravés et corruption de mineurs.

– **Cyberthérapie**. La *Cyberthérapie* ou *Diên Chân* ou *Réflexologie faciale* est une méthode vietnamienne de massages inventée par le docteur Bùi Quôc Châu (né en 1942). (*Voir* Réflexologie).

– **Delphinothérapie**. La *delphino-thérapie* fait son apparition aux États-Unis dans les années 1970. On prétend alors que les séances de jeu dans l'eau avec les dauphins améliorent significativement la production verbale et la mémoire des enfants autistes ou présentant un retard mental. Le *projet auti-dauphin* mené au delphinarium de Bruges, de 1992 à 1996, conclut à l'absence d'effet positif des dauphins sur l'apprentissage des enfants autistes, et les amis des bêtes se scandalisent de l'exploitation commerciale qui est faite des dauphins. Ceci étant, la *delphino-thérapie* entre dans le cadre plus vaste de la *zoothérapie* (*Voir* Zoothérapie).

– **Désenvoûtement**. Acte sorcier destiné à lever un envoûtement (*Voir* Sorcellerie).

– **DHEA**. Depuis quelques années, la *DHEA* (*DeHydroEpiAndrostérone*), soi-disant *pilule de jouvence*, est à la mode. La médiatisation est extrême et les magazines féminins en vantent à satiété les mérites. Cependant, le *Conseil de l'Ordre des médecins* demande aux médecins de ne pas prescrire de DHEA et l'*Agence française de sécurité sanitaire des produits de santé* met en garde contre les dangers potentiels de la DHEA en soulignant l'absence de preuves de son efficacité. En octobre 2006, le *New England Journal of Medicine* disqualifie la DHEA, qui n'a pas « le moindre effet sur les performances physiques ou sur la qualité de vie » des personnes âgées traitées. Ces réticences et mises en garde de la communauté scientifique et des corps constitués officiels stimulent plus qu'ils ne freinent. Ils délivrent en effet un parfum de scandale et d'interdit. Ils sont interprétés comme autant d'atteintes à la liberté, de persécutions et de chasses aux sorcières et – contrairement à l'effet attendu – ils attirent en réaction la sympathie et le soutien du public et la tentation de transgresser l'interdit.

– **Diagnostic du cancer**. Les médecines non-conventionnelles proposent de nombreuses méthodes *alternatives* de diagnostic du cancer, dont aucune n'a fait la preuve scientifique d'une quelconque efficacité. Plusieurs sont tout à fait anecdotiques, comme la *kinésiologie appliquée*, la *graphologie*, *l'analyse des cheveux*, le *test de cristallisation d'herbes* ou encore le *test de dépistage d'Ernest Villequez*. D'autres, sinon plus sérieuses, sont du moins plus connues, comme la *radiesthésie*, l'*iridologie*, la méthode des *cristallisations sensibles de Pfeiffer* (*Voir* Cristallisations sensibles de Pfeiffer), les *tests sanguins de Wilhelm Reich* (*Voir* Reich).

– **Dien Chan**. Réflexologie faciale inventée par le médecin vietnamien Bùi Quôc Châu (né en 1942) (*Voir* Réflexologie).

– **Don**. Le *don*, qui est au cœur des médecines populaires, est censé conférer à celui qui le possède le pouvoir de guérir. C'est un pouvoir mystérieux, magique, que certains considèrent comme venant de Dieu. *Les hommes du Don*, comme les appelle Dominique Camus, ce sont tous les *rebouteux, rhabilleurs, panseurs de secrets, leveurs de maux, leveurs de coups de soleil, passeurs de feu, magnétiseurs* et autres *guérisseurs* et *devins-guérisseurs*. Les *sourciers* et *radiesthésistes*, les *voyant(e)s* ainsi que les *sorciers* sont également concernés.
Le *don* est surtout l'apanage de gens simples et modestes, qui, après l'avoir reçu, ne changent pas de statut social et économique et restent ce qu'ils étaient auparavant : paysan, maréchal-ferrant, charpentier, meunier, ouvrier, employé, etc. Celui qui exerce le *don* ne doit pas recevoir d'argent, mais il peut accepter des cadeaux, pour lui ou sa famille, *dons* en retour. L'exercice du *don* cohabite souvent avec des pratiques de type superstitieux ou religieux, tant chez le guérisseur (signes de croix, prières, incantations, litanies,...) que chez ses patients (prières, jeûnes, neuvaines, pèlerinages,...).
La possession du *don* provient soit d'une transmission héréditaire au sein d'une même famille (de père en fils, de mère en fille, de grand-mère à petite-fille, etc.), soit d'une révélation (auto-révélation ou révélation par la famille ou par d'autres guérisseurs), soit encore d'une initiation auprès d'un guérisseur. Ces trois variétés de passage du *don*, qui toutes se font sans paiement, peuvent être intriquées. L'histoire de la famille Bellon et celle du don d'*en Roch* illustrent bien la transmission familiale du don.
Après avoir échoué à entrer chez les Trappistes et chez les Chartreux, Benoît Joseph Labre (1748-1783) se fait pèlerin, pénitent et mendiant itinérant. Par esprit de mortification, il est vêtu de loques, ne se lave pas et est plein de poux, au point que, canonisé en 1881, on le surnomme le *Saint Pouilleux*. Revenant de Saint-Jacques de Compostelle en 1774, alors que grelottant de froid sous la neige à quelques kilomètres d'Artigues dans le Var, toutes les portes lui restent fermées, il est accueilli et hébergé par les *Bellon*. En s'en allant, pour remercier, il dit au père : « Je te confère le don de guérir. Ce don passera

à l'aîné de tes descendants mâles jusqu'à la septième génération. » Dès lors, de père en fils, les Bellon font merveille comme rebouteux. Le sixième descendant, Étienne Bellon (1912-1959), cumule le *don* de rebouteux avec le diplôme de docteur en médecine et pratique l'ostéopathie à Aix-en-Provence, avec un très grand succès. Étienne Bellon n'a pas d'enfants et, comme la prophétie du Saint l'annonçait, le don s'éteint avec lui en 1959. Son nom est donné à une rue d'Aix.
Dans les Pyrénées-Orientales, à Ille-sur-Tet et dans le bourg voisin de Saint-Michel de Llotes, les Roch sont une famille de rebouteux qui exercent leur don depuis plus d'un siècle. Une de leurs recettes les plus réputées est *l'estopada*, sorte d'ancêtre des plâtres, faite d'étoupe, de blanc d'œuf battu et de poudre de racines de consoude séchées enveloppées dans un linge blanc et une bande Velpeau. Deux membres de la famille Roch possèdent encore aujourd'hui le don, régulièrement transmis de génération en génération depuis son origine qui aurait été la récompense donnée par Dieu « à un homme qui avait reconstitué un crucifix brisé en plusieurs morceaux ».
Les capacités de *guérissage* (terme utilisé par les *guérisseurs* pour désigner leur pratique) que procure le *don* sont très étendues, comme en témoigne les propos suivants d'une magnétiseuse : « Mes résultats prouvent l'efficacité de mon travail. En pratiquant mon don ancestral par magnétisme, j'ai traité les cas les plus désespérés. Je tiens ce don de ma grand-mère originaire du Périgord, et, comme elle, mets ma formidable puissance au service des autres. Là où tout a échoué, je réalise des miracles, même si vous pensez que c'est sans solution. Avec moi, tout espoir est permis, que ce soit pour les zonas, l'arthrose, les vertiges, les ulcères, la sinusite, les migraines, les hémorroïdes, le stress, l'herpès, l'asthme, l'eczéma, les insomnies et bien d'autres maux pour lesquels on ne peut plus rien, j'ai des résultats spectaculaires et j'ai déjà soulagé de nombreuses personnalités. »

– **Druides guérisseurs**. Sortes de chamans à la mode de Bretagne (*Voir* Chamanisme, Hypnose).

– **Écrouelles**. Ganglions tuberculeux du cou, appelés aussi *scrofules*, les écrouelles étaient supposées être guéries par le *toucher* des rois (*Voir* Rois thaumaturges).

– **Effet Hawthorne**. George Elton Mayo (1880-1949), professeur à la *Harvard Business School*, mène, entre 1924 et 1930, une série d'études sur la productivité des travailleurs de l'usine Hawthorne de la *Western Electric Company*, en fonction de la qualité de l'éclairage des ateliers. Alors que l'on pouvait penser que la productivité serait meilleure dans les ateliers dont l'éclairage avait été amélioré, on constate que la productivité croît dans les mêmes proportions dans les ateliers dont l'éclairage n'est pas modifié. La conclusion est que le seul fait de participer à une expérience dont le déroulement est observé avec attention est valorisant et motivant pour les sujets testés. Cet *effet Hawthorne* se retrouve chez les malades dans les études visant à démontrer l'activité d'un médicament : le seul fait de faire l'objet d'une attention particulière donne une motivation supplémentaire pour guérir et modifie donc le résultat de l'étude. On peut rapprocher de cet *effet Hawthorne*, l'*effet Pygmalion* observé chez des élèves dont les résultats scolaires s'améliorent du seul fait que l'enseignant attend davantage d'eux.

– **Efficacité des traitements (évaluation de l')**. Pour évaluer valablement l'efficacité réelle d'un traitement de médecine conventionnelle, il faut tenir compte de plusieurs facteurs, dont les principaux sont l'histoire naturelle de la maladie, l'effet placebo, l'effet Hawthorne, le phénomène de régression vers la moyenne, le paradoxe de Simpson et le phénomène de Will Rogers. (*Voir* Effet Hawthorne, Placebo, Régression vers la moyenne, Simpson (paradoxe de), Will Rogers (phénomène de).
En l'absence de tout traitement, la maladie est susceptible de s'améliorer, de disparaître, de se stabiliser, de progresser. Il n'est donc pas facile de distinguer l'évolution naturelle de la maladie de l'effet, positif, négatif ou nul, du traitement. On connaît des cas indiscutables de régression spontanée de cancers. Prenons l'exemple d'une maladie douloureuse dont l'évolution spontanée se fait vers la guérison en quinze jours. Le premier traitement anti-douleur A mis en œuvre est inefficace. Au bout de cinq jours, il est changé contre un deuxième traitement B qui s'avère également inefficace et auquel au dixième jour on substitue un traitement C qui se montre efficace en cinq jours. Si A était de l'aspirine, B de l'acupuncture et C de l'homéopathie, le patient conclura – à tort, évidement – que l'homéopathie a été efficace et que l'aspirine et l'acupuncture ne l'avaient pas été. Et pourtant, la cessation des douleurs n'était due dans ce cas qu'à la guérison spontanée de la maladie.

– **Église de scientologie**. L'*église de scientologie*, fondée par l'américain Lafayette Ronald Hubbard (dit Ron Hubbard) (1911-1986), auteur de science-fiction, est une secte puissante, très riche, extraordinairement avide de pouvoir, très hiérarchisée, qui cherche à se faire passer pour une religion. Moyennant finances, elle aide ses adeptes à obtenir une réussite sociale, matérielle et professionnelle. Sur le plan médical, elle impose de s'abstenir de médicaments, particulièrement des psychotropes, et rejette toute la psychiatrie, qu'elle remplace par la doctrine scientologique. La *dianétique* serait la nouvelle science de la santé mentale, assurant guérison, bonheur, épanouissement mental et développement personnel (*Voir* Sectes).
En 2009, à Paris, des responsables de l'Eglise de scientologie ont été traduits en correctionnelle pour escroquerie en bande organisée et exercice illégal de la pharmacie. La

parquet a requis la dissolution de la secte et de fortes amendes. Une modification de la loi, passée inaperçue, n'a pas permis la dissolution.

– **Empiriques**. Synonymes de rebouteux, guérisseurs et autres charlatans (Voir Charlatans, Charlatanisme).

– **Enfants Indigo**. Dans la mouvance du *New Age*, ce sont des enfants possédant des capacités supérieures et un pouvoir surnaturel (*Voir* Enfants victimes, Thérapie par les anges).

– **Enfants victimes**. Ce sont spécialement les enfants qui représentent une cible privilégiée et une proie de plus en plus facile pour les sectes. Particulièrement vulnérables, ils en deviennent facilement les victimes – plusieurs milliers en France, voire plusieurs dizaines de milliers –.
La plupart des sectes visent à détruire la famille, à briser le lien naturel de l'enfant avec ses parents et à le remplacer par une filiation spirituelle avec le groupe, l'enfant devenant, par exemple dans la secte *Moon*, l'enfant du gourou et de sa femme. Le lien social est également distendu ou même totalement rompu, aboutissant à un véritable enfermement social. La scolarité peut ne se faire qu'à l'intérieur de la secte, au détriment de l'acquisition des connaissances et de l'esprit critique, comme dans le mouvement *Eccovie,* secte dont le gourou Joseph Maltais rejette la civilisation et exige de ses membres qu'ils renoncent à toute socialisation afin de vivre au plus proche de la nature, qu'ils ne se lavent pas, qu'ils fassent leurs déjections par terre et qu'ils refusent les soins médicaux. Le gourou se prétend médecin et prône comme méthode de guérison un végétalisme strict et des jeûnes de sept jours. Il a violé plusieurs adolescents et plusieurs membres de la secte sont morts faute de soins.
Dans la secte de l'*Ange Albert* (*Voir* Ange Albert, secte de l') la maladie, punition divine, ne doit pas être soignée, même chez les enfants. Les seuls traitements que le médecin de la secte prescrit sont des lavements et de l'eau de Melickshaff (eau polluée) ou des injections d'un mélange de jus de choucroute et de sang. On ne sera pas surpris d'apprendre qu'une vingtaine de personnes sont mortes de ces « thérapies » (sic).
Même quand ils sont scolarisés à l'extérieur, comme chez les *témoins de Jéhovah*, les enfants ne doivent participer ni aux sports, ni aux jeux, ni aux activités culturelles et sociales. Leur intégrité physique est également en jeu : punitions corporelles, mauvais traitements, perturbations des rythmes biologiques, jeûnes imposés, privations, régimes alimentaires déséquilibrés, carencés ou notoirement insuffisants, peuvent entraîner des retards de croissance, du rachitisme, une fatigue extrême. Dans plusieurs sectes, l'inceste et la pédophilie sont autorisés voire encouragés. La maltraitance n'est pas seulement

physique et sexuelle, elle est aussi psychologique entraînant un développement psycho-affectif perturbé. Manipulé, immergé au sein des idéologies sectaires, l'enfant voit la construction de sa personnalité gravement compromise. Même si l'on réussit à extraire ces enfants de l'emprise sectaire, ils conservent habituellement de lourdes séquelles, surtout psychiques. On n'insistera jamais assez sur l'importance des préjudices physiques, sexuels, psychiques, moraux et affectifs dont souffriront ces enfants, victimes d'un gourou et de ses adeptes ainsi que souvent de leurs propres parents. La société dispose d'outils juridiques qui permettent théoriquement la protection des mineurs aux prises avec une secte et la prévention, mais, dans la pratique, ces dispositions ont du mal à être appliquées autant qu'il le faudrait, surtout lorsque les deux parents sont adeptes de la secte.

Des centaines d'enfants sont morts par suite de défaut de soins, d'absence de vaccinations – déconseillées voire interdites par de nombreuses sectes – et de traitement médical adapté, de malnutrition, de maltraitances. Le petit Kérywan, âgé de seize mois, et pesant six kilos, est mort de malnutrition et défaut de soins, au nom de l'idéologie de la *kinésiologie*. Appliquée à la santé, la discipline prétend soigner pêle-mêle les angoisses, les troubles sexuels, l'obésité ou les lombalgies « en utilisant des tests musculaires pour accéder à la mémoire du corps et désamorcer le stress qu'il a mémorisé ». La doctrine de cette dangereuse secte exige que l'on soit végétalien et donc que l'on ne mange jamais de viande, de poisson, d'œufs ou de fromage. La cour d'assises de Quimper, en juin 2005, a condamné les parents, apprentis gourous locaux de la secte, reconnus coupables de la mort par malnutrition et absence de soins de leur fils Kérywan, à cinq ans de prison dont huit mois fermes couverts par la détention provisoire. Les deux parents sont également soumis à une obligation de soins dans le cadre d'une période de mise à l'épreuve de trois ans.

Le *mouvement raëlien* s'est tristement illustré par sa mystification relative au clonage humain, qu'il prétendait en décembre 2002 avoir réalisé dans le cadre de la société *Clonaid* dirigée par sa présidente Brigitte Boisselier et dont il n'a évidemment jamais pu apporter la preuve. Il réinvestit le terrain médiatique en lançant *Clitoraid* qui prétend construire au Burkina-Faso un *«hôpital du plaisir »,* consacré à la réparation chirurgicale des mutilations sexuelles des femmes excisées.

Les sectes appartenant aux mouvements *New Age* s'intéressent de près aux enfants. Les *enfants indigo*, dont l'*aura* est colorée en bleu indigo, auraient une intensité spirituelle exceptionnelle et des capacités surnaturelles, c'est sur eux que reposeraient l'avenir de la planète. Cette doctrine, propagée par le *mouvement Kryeon*, étend le concept d'*enfant indigo* aux enfants hyperactifs, aux autistes et aux enfants ayant de graves difficultés psychologiques, et les prive d'une approche médicale et psychologique normale.

– **Envoûtement**. Acte sorcier consistant à soumettre à des traitements sauvages (piqures d'épingle, coups, etc.) une figurine de cire de la personne à envoûter, dans le but de lui nuire (*Voir* Sorcellerie).

– **Equinothérapie**. Méthode supposée améliorer les enfants handicapés ou autistes par l'équitation (*Voir* Zoothérapie).

– **Erickson.** Milton Erickson (1902-1980) est un psychiatre et psychologue américain qui a mis au point une technique particulière d'hypnose (l'hypnose ericksonienne), actuellement très utilisée par les hypnothérapeutes (*Voir* Hypnose ericksonienne).

– **Erreurs médicales.** « L'erreur est humaine ». Aucun professionnel de santé, médecin, infirmière ou autre, n'est à l'abri de l'erreur (Voir Accidents thérapeutiques). L'erreur doit être distinguée de la faute. Pour éviter qu'elles se reproduisent, les erreurs ne doivent pas être dissimulées mais analysées pour en trouver l'explication. L'erreur reconnue révèle souvent un dysfonctionnement du système, ou la méconnaissance d'une règle de bonne pratique.

– **Espoir**. L'espoir est ancré dans les profondeurs du cœur de l'homme. Quand tout est perdu que reste-t-il ? – l'espoir. Espoir d'aller mieux, de guérir malgré les dires des médecins, espoir de s'en sortir, de ne pas souffrir, de survivre, de ne pas mourir. Qui n'a pas dit à un proche gravement malade : « ne te désespère pas, garde espoir » ? « Sans espoir ! Laisse donc : c'est quand les médecins n'en ont plus, que cela va toujours à merveille. » Est-ce le rôle des médecins d'entretenir cet espoir ? Est-ce l'affaire personnelle de chacun d'entre nous de trouver la façon qui nous convient le mieux pour ne pas perdre espoir : le soutien des proches (famille, amis), la religion (espoir d'une vie éternelle au Paradis), les psychothérapies, les ressources magiques et supranaturelles au premier rang desquelles les thérapies non conventionnelles.
La *Grande Encyclopédie* de Diderot et d'Alembert note : « Nous croyons facilement ce que nous souhaitons. Le désir de vivre est une passion si naturelle et si forte, qu'il ne faut pas s'étonner que ceux qui dans la santé n'ont que peu ou point de foi dans l'habileté d'un empyrique (*sic*) à secrets, s'adressent cependant à ce faux Médecin dans les maladies graves et sérieuses, de même que ceux qui se noyent (*sic*), s'accrochent à la moindre petite branche. Ils se flattent d'en recevoir du secours, toutes les fois que les hommes habiles n'ont pas eu l'effronterie de leur en promettre un certain. [...] Quoique l'impudence et le babil soient d'une ressource infinie, il faut encore à la charlatanerie quelque disposition intérieure du malade qui en prépare le succès : mais l'espérance d'une prompte santé d'un côté, celle d'une bonne somme d'argent

de l'autre, forment une liaison et une correspondance assurée. [...].» Pour Sébastien-Roch Nicolas de Chamfort (1740-1794) : « L'espérance n'est qu'un charlatan qui nous trompe sans cesse ».

– **Essiac**. Mélange d'herbes supposé guérir le cancer, inventé par l'infirmière canadienne Rene Caisse (*Voir* Phytothérapie).

– **Étiopathie**. Thérapie manuelle dérivée de l'ostéopathie et de la chiropraxie, inventée par Christian Trédaniel en 1963.

– **Evidence-Based-Medicine**. Le terme anglo-saxon d'*Evidence-Based-Medicine* peut se traduire en français par *médecine basée sur des faits prouvés*. Elle repose sur l'utilisation exclusive des données fournies par les essais cliniques contrôlés randomisés et les méta-analyses (*Voir* Médecine conventionnelle, les dérives scientifisantes de la).

– **Exercice illégal de la médecine**. Exercice de la médecine par une personne dépourvue du diplôme réglementaire de docteur en médecine ou par un docteur en médecine radié de l'Ordre des médecins (*Voir* Charlatanisme, définition du).

– **Exorcisme**. Pratique religieuse ou magique consistant à délivrer une personne du démon ou de l'esprit malfaisant supposé la posséder (*Voir* Sorcellerie).

– **Expressions populaires en médecine.** L'*Histoire des expressions populaires relatives à l'anatomie, à la physiologie et à la médecine,* qu'Édouard Brissaud (1852-1909), professeur d'histoire de la médecine à la faculté de médecine de Paris, publie en 1888 est un véritable petit chef d'œuvre. Dans son *Avertissement,* il insiste sur l'importance des termes populaires dans le langage médical et met en garde les étudiants contre la tentation de mépriser ces expressions sous le fallacieux prétexte qu'elles ne seraient pas scientifiques. Bien qu'il s'en défende, Brissaud fait preuve, dans cet ouvrage, d'une vaste culture et d'une érudition poussée, basée sur de très nombreuses lectures, mais aussi sur un solide bon sens, une grande finesse d'esprit et une bonne dose d'humour. A propos de la chlorose, qui serait « le fait de l'amour non satisfait », Brissaud ne fait pas l'économie d'une pincée d'anticléricalisme bon-enfant : il évoque « la chlorose si fréquente des religieuses cloitrées » et cite deux vers de Jean-Baptiste Louis Gresset (1709-1777) : « Désir de fille est un feu qui dévore / Désir de nonne est cent fois pire encore » [7]. Tout en dénonçant les charlatans de tout poil, Brissaud lance également quelques piques ironiques sur la médecine : « il ne faut pas se dissimuler que la médecine est demeurée longtemps l'humble servante de l'empirisme. Et ne l'est-elle pas toujours un peu ? ».

– **Fangothérapie**. Thérapie consistant en applications de boues marines (vases, sédiments) sur la peau.

– **Filatov**. Les principaux travaux de Vladimir Petrovitch Filatov (1875-1956), médecin ophtalmologiste soviétique, portent sur les greffes de cornée et les greffes de peau. Mais sa renommée provient surtout de l'utilisation anti-âge du placenta humain qu'il préconise, en crème, implants ou en injections. La solution de *Placentafil*, injectable par voie sous-cutanée ou intra-musculaire, a cessé d'être commercialisée en 1992 après suspension de son autorisation de mise sur le marché.

– **Filiations**. Dans les médecines parallèles, les filiations familiales sont fréquentes. Le *don* des rebouteux (*Voir* Don) est souvent héréditaire. Les successions se font de père en fils : BJ succède à son père Daniel David Palmer (*Voir* Chiropraxie) ou de mari à femme (*Voir* Antoinisme). L'affaire du *Christ de Montfavet* est familiale : la femme, la belle-sœur, la fille et le gendre du gourou lui sont associés (*Voir* Christ de Montfavet). La famille Raspail (*Voir* Médecine-Raspail) est emblématique à ce titre. Raspail crée sa propre maison d'édition et c'est son fils Benjamin, artiste peintre et graveur, qui s'en occupe. Sans être pharmacien, son fils Émile, ingénieur chimiste sorti de l'École Centrale, ouvre à Paris la *Pharmacie complémentaire de la méthode Raspail.* Les rééditions successives du *Manuel Annuaire de la Santé* sont effectuées par son fils Xavier, médecin. Son fils Camille, également médecin, exerce selon la méthode de son père.
Des filiations trans-générationnelles permettent également d'établir de véritables lignées au sein des thérapies. Ainsi, l'acupuncture millénaire donne naissance à l'auriculothérapie de Nogier et à une multitude de *punctures* ; l'holo-énergétique développée par André Segundy et Claude Piro procède également de l'auriculomédecine. Au baquet de Mesmer, font suite le somnanbulisme de Puységur, l'hypnotisme de Braid, l'hypnose eriksonienne, la sophrologie, l'anthroposophie. La chiropraxie chausse les bottes de l'ostéopathie, etc.

– **Freud**. Sigmund Freud (1856-1939) est le médecin neurologue autrichien fondateur de la psychanalyse (*Voir* Psychanalyse).

– **Fun-Thérapies**. Sous le vocable amusant de *Fun therapies*, on regroupe un certain nombre de thérapies plus ou moins fantaisistes, amusantes, ludiques et le plus souvent inoffensives, apparues dans la mouvance du *New Age* et des *Pop-thérapies*. L'*art-thérapie* est fondée sur l'idée qu'une activité créatrice est thérapeutique et que cette énergie créatrice peut faire partie du processus de guérison. On met à la disposition des patients le matériel permettant de dessiner, de peindre, de sculpter en les engageant à mettre en œuvre un projet artistique autonome. L'expression libérée des sentiments et des émotions est censée permettre l'apaisement du stress, de l'anxiété, de la douleur et donner ainsi un meilleur confort au patient, notamment aux cancéreux et aux malades mentaux. Il est certain que cette thérapie n'a pas d'effets indésirables. Dans la *musico-thérapie*, le patient, le musico-thérapeute et la musique sont unis dans une relation triangulaire spécifique permettant la participation active et créative du patient, sa relaxation et la réduction du stress. On peut encore citer la *thérapie par la danse* ou par l'exposition à des *lumières de couleur*. La *magico-thérapie* consiste à faire faire par le médecin soignant des tours de magie dans le but d'aider les enfants à diminuer leur appréhension des soins médicaux et à établir avec leur médecin une relation de confiance et de complicité. La *comico-thérapie* est basée sur la prestation devant les enfants malades d'un clown ou d'un animateur. On y rattache parfois un certain nombre de psychothérapies plus ou moins éphémères, plus ou moins farfelues (*Voir* Psychothérapies).

– **Gagathérapies**. Terme désobligeant, utilisé par quelques adversaires inconditionnels des médecines parallèles pour désigner les thérapies non-conventionnelles farfelues.

– **Gardner**. Gérald Gardner (1884-1964) est le promoteur de la *Wicca*, mouvement spirituel ésotérique, du genre *New Age* (*Voir* Nouveaux mouvements religieux, Wiccans).

– **Gemmothérapie**. Branche de la phytothérapie, basée sur l'utilisation de tissus végétaux embryonnaires (bourgeons, jeunes pousses, chatons, etc.) issus de diverses plantes médicinales (*Voir* Phytothérapie).

– **Géomancie**. Art divinatoire chinois (*feng shui*) fondé sur l'observation de pierres ou d'objets jetés ou disposés sur une surface plane.

– **Gourelle**. Le terme de *gourelle*, surtout utilisé en Belgique et au Québec, s'applique à une femme *gourou*.

– **Gourou**. Chef charismatique, maître spirituel, maître à penser, directeur de conscience, mentor. Les rebouteux, magnétiseurs et autres guérisseurs et fondateurs de sectes sont rapidement considérés par ceux qui les consultent comme des personnalités supérieures, éventuellement doués de pouvoirs surnaturels, qui deviennent des gourous (ou gurus). Peu de thérapies non-conventionnelles échappent à cet effet gourou. Dans certains cas, un grand nom de la science est placé au fronton de tel ou tel système qu'il a découvert ou inventé. On fait alors tout de suite confiance, on adhère, on croit, parce que c'est dit du haut d'une chaire de la faculté ou mieux encore du Collège de France, par un docteur célèbre, un professeur réputé, un académicien connu, un Prix Nobel au-dessus de tout soupçon, bref une personnalité charismatique, universellement respectée, porteuse de nombreuses décorations françaises et étrangères, bardée de titres ronflants. Le problème pour le public n'est pas de juger ce qui est dit, mais de le reconnaître pour crédible et pour vrai à partir du moment où l'on sait d'où c'est dit et qui le dit. Le culte de la personnalité a sa place dans cette affaire.

– **Guérisons miraculeuses**. Dans la religion chrétienne, les *guérisons miraculeuses* commencent avec le Christ, mais, par la suite, la Vierge Marie (*Voir* Lourdes), de multiples Saints et les Rois de France et d'Angleterre bénéficient de ce pouvoir thaumaturgique (*Voir* Rois thaumaturges). La Bible fait état de nombreuses guérisons miraculeuses opérées par Jésus. Ainsi, dans l'*Évangile selon Saint-Marc* : « Jésus entra dans une synagogue ; il y avait là un homme dont la main était paralysée. [...], il dit à l'homme : « Étends la main. » Il l'étendit, et sa main redevint normale. » ou dans l'*Évangile selon Saint-Matthieu* : « [...] un centurion de l'armée romaine vint à lui et le supplia : « Seigneur, mon serviteur est au lit, chez moi, paralysé, et il souffre terriblement. ». [...] Et Jésus dit au centurion : « Rentre chez toi, que tout se passe pour toi selon ta foi. » Et le serviteur fut guéri à cette heure même. » Il est bien évident que la Bible n'est pas écrite par un historien et que la réalité de ces guérisons miraculeuses n'est aucunement attestée. Les sources sont au cœur des miracles. Dans toutes les provinces françaises, les « bonnes fontaines » guérissent de divers maux, notamment de maladies de la peau, de rhumatismes, de stérilité, etc. (*Voir* Hydrothérapie, Sources miraculeuses).
En 1661, Antoine Denante est miraculeusement guéri d'une hernie à *Notre-Dame de l'Imergue* qui devient, sous le nom de *Notre-Dame de Lumières*, un lieu célèbre de pèlerinage, où, pendant plus de deux siècles, la *Vierge des Lumières* réalise plusieurs centaines de guérisons miraculeuses.
Il existe également des médailles miraculeuses (*Voir* Médailles miraculeuses).

– **Guérissage**. Terme générique utilisés par les guérisseurs pour désigner leurs procédés à visée thérapeutique.

– **Guérisseurs**. Terme générique recouvrant tous les tradi-praticiens et les non-médecins, praticiens de thérapies non-conventionnelles.

– **Hagiothérapie**. L'*hagiothérapie* repose sur l'idée que certains Saints sont doués d'un pouvoir thaumaturgique et que l'on peut les invoquer pour qu'ils intercèdent auprès de Dieu pour guérir telle ou telle maladie. L'invocation se fait habituellement dans le cadre d'un pèlerinage, d'une neuvaine, sur le lieu où sont conservés des restes ou des reliques du Saint, souvent à proximité d'une source ou d'une fontaine miraculeuse (*Voir* Sources miraculeuses). Cette façon de faire a duré depuis le Moyen Âge jusqu'au XIXe siècle. Les *Saints thaumaturges* sont *spécialisés* ; ainsi, par exemple, Sainte-Apolline est invoquée contre les maux de dents, Saint-Blaise de Sébaste contre les affections de la gorge, Saint-Égide contre la folie, Saint-Georges contre les maladies de peau, Sainte-Marguerite d'Antioche contre les maux de rein et pour les accouchements, etc.

– **Hahnemann**. Le médecin allemand Samuel Hahnemann (1755-1843) est l'inventeur de l'homéopathie (*Voir* Homéopathie).

– **Héliothérapie**. L'exposition au soleil (*héliothérapie*) ou à son succédané que sont les rayons ultra-violets fait partie des recommandations de la médecine et de l'hygiène officielles. Ses bienfaits sont connus, notamment dans la prévention du rachitisme par manque de vitamine D. La *photothérapie* ou *luxthérapie* (par la lumière) est utilisée dans le traitement de certaines dépressions et de certaines jaunisses du nouveau-né (hyperbilirubinémies néonatales) ainsi que dans celui de plusieurs maladies de peau comme le psoriasis (puvathérapie avec des rayons ultra-violets A). Ses effets néfastes sont également connus : coups de soleil, coups de chaleur et surtout augmentation du risque de cancers noirs de la peau (mélanomes malins).

– **Holistique**. *Holos* en grec, signifie *Tout*. Pour les médecines qui se disent ou se veulent *holistiques*, l'homme est un *tout*, le physique ne peut pas être séparé du mental, « *Tout est dans Tout* », et réciproquement ! L'annonce d'une pratique *holistique*, visant à prendre en charge globalement la personne – corps et âme – et non pas seulement un organe ou un autre, est très séductrice. Elle est une des pierres angulaires des thérapies non-conventionnelles. Elle est d'autant plus attirante que la médecine officielle est devenue hyper-spécialisée et que le malade, éclaté entre de multiples praticiens dévolus chacun à un organe ou à un système, ne s'y retrouve plus. Tandis que là, il ne s'agit pas de traiter ses artères, son foie, son cœur ou son cerveau, mais de revitaliser la personne dans sa globalité, physique, mentale, sexuelle, de faire d'un vieux un jeune, d'un malade un être bien-portant. Le mythe de la thériaque, de la panacée universelle, capable de guérir tous les maux à la fois est vivace.
Le philosophe Jean-Jacques Wunenburger (né en 1946) note avec justesse : « Une médecine se déshumanise facilement, et elle s'expose alors à une défiance, un ressentiment, une rancœur qui justifient aisément des recherches de thérapies alternatives qui revalorisent souvent la dimension humaniste, signe qu'elles prétendent compenser le déficit relationnel de la médecine pragmatique. ». On relèvera avec intérêt, à ce propos, l'information récemment relayée dans la grande presse concernant la recherche de

nouveaux traitements de la maladie d'Alzheimer. Une « nouvelle » méthode, baptisée « humanitude », consiste à modifier le regard que l'on porte sur ces malades : au lieu de se contenter d'effectuer leur toilette et leurs soins de façon quasi-mécanique, on préconise de se donner le temps de les regarder et de leur parler. Le quotidien *Le Parisien* note que « ça marche. L'« humanitude » arrive à faire ce que des années de traitements médicamenteux n'ont pas réussi. Des yeux qui s'ouvrent, un corps qui reprend vie ». On voit tout l'intérêt qu'il y a à recouvrir de mots savants des évidences familières à tout être un tant soit peu sensé !

– **Holo-énergétique**. L'*holo-énergétique*, inventée en 1985 par André Segundy et Claude Piro à partir de l'auriculomédecine de Nogier, se donne un masque pseudo-scientifique et use d'un jargon assez étonnant dont voici un exemple : « La méthode holo-énergétique est une méthode biophysique de recentrage de la personne étouffée par son personnage [...] Ce recentrage [....] déclenche un travail de décodage des mémoires toxiques enkystées dans le corps physique ou les corps subtils, qui va digérer ce qui n'a été que géré. La résonance entre les filtres pigmentaires et les pigments cellulaires qui ont permis l'évolution de la Vie et de la Pensée est amplifiée par le système vasculaire qui agit comme caisse de résonance. Cette résonance court-circuite l'information sensorielle réflexe neuro-ectodermique. [...] La dénomination actuelle d'holo-énergétique indique que l'être humain est un holon et pas seulement un hologramme. » Comprenne qui pourra !

– **Homéopathie**. Dans les dernières années du XVIIIe siècle, Samuel Hanhemann (1755-1843) a la révélation de l'homéopathie. Les principes sur lesquels repose ce système sont au nombre de quatre. 1) Le *principe de similitude* (ou loi des semblables) est résumé par la phrase latine *similia similibus curantur* (*les semblables guérissent les semblables*), qui traduit le fait que les remèdes doivent reproduire chez l'homme sain des symptômes analogues à ceux de l'affection pour laquelle ils sont habituellement prescrits ; c'est le cas du quinquina, dont Hahnemann avait observé sur lui-même l'effet. 2) Le *principe d'infinésimalité* correspond à l'utilisation de dilutions élevées : comme le malade est souvent hypersensible et que les effets indésirables des médicaments sont trop importants, le produit est dilué jusqu'à des hauteurs « inconcevablement élevées », allant de 1 CH (*Centésimale Hahnemanienne*) à 30 CH. 3) Le *principe de dynamisation* impose que, pendant la préparation du médicament, le flacon soit secoué (*succussions*) à chaque dilution autant de fois que de niveaux de dilution. 4) Le *principe de personnalisation* traduit la volonté holistique de cette médecine, marquée par le fait que ce n'est pas la maladie que l'on traite mais le patient que l'on soigne, que le patient est envisagé dans sa globalité et que les notions de terrain et de modalités réactionnelles propres à chaque sujet sont reconnues comme fondamentales.

Les médicaments homéopathiques se présentent sous deux formes, les granules et les doses-globules. La diffusion et le succès de l'homéopathie sont rapides. L'*Organon de l'art de guérir*, le livre de référence, publié en 1810 par Hahnemann, est traduit en français en 1832. Les partisans et les détracteurs s'opposent depuis le début du XIXe siècle. En 1862, le professeur Armand Trousseau (1801-1867), pense que l'homéopathie est en train de disparaître, que « l'engouement est passé, et qu'il n'y a plus de courage à entrer dans une lutte facile contre un ennemi désarmé par le ridicule et par l'insuccès ».
L'histoire a fait mentir Trousseau : l'homéopathie est toujours bien vivante. La France est le premier marché mondial de l'homéopathie. 40 % des Français ont, une fois au moins dans leur vie, été traités par l'homéopathie. Il n'en reste pas moins que les homéopathes pratiquent une médecine sans aucune base scientifique, une pseudo-science qui a sa place de plein droit dans le cadre du charlatanisme médical.

– **Homéopathie (accidents de l')**. Il faut reconnaître à l'homéopathie qu'en contrepartie de son inefficacité, en dehors de l'effet placebo, elle a l'avantage de montrer une innocuité à peu près sans faille. Ses deux seuls vrais dangers, mais ils ne sont pas mineurs, sont de retarder, voire d'empêcher, un traitement efficace d'une maladie grave et de favoriser une dérive sectaire chez ses adeptes (*Voir* Sectes).

– **Homéopathie (diplômes)**. Depuis plusieurs années, il existe en France des diplômes universitaires ou inter-universitaires d'homéopathie, destinés aux docteurs en médecine, aux pharmaciens, aux chirurgiens-dentistes, aux sages-Femmes et aux vétérinaires.

– **Homéopathie (efficacité de l')**. Les tentatives visant à démontrer l'efficacité de l'homéopathie sont nombreuses, car des intérêts économiques s'associent aux intérêts idéologiques. Ainsi, plusieurs travaux montrent que, dans certaines pathologies, l'homéopathie serait aussi efficace que les traitements conventionnels, par exemple dans les affections des voies respiratoires, notamment allergiques. Mais les publications allant dans le sens opposé sont nombreuses. Une étude contrôlée, en double aveugle, montre que l'*arnica 30 CH* en granules homéopathiques (censé réduire les conséquences locales, notamment l'œdème, d'un traumatisme opératoire chirurgical) n'a aucun avantage par rapport au placebo. Même conclusion pour *Oscillococcinum*, dans la prévention de la grippe, ainsi que pour le traitement des maux de tête chroniques ou des verrues.
Les partisans de l'homéopathie ont cru définitivement triompher en 1988 lors de l'affaire de la *mémoire de l'eau*, qui a suscité des débats passionnés. En effet, le docteur Jacques Benveniste (1935-2004), ancien interne en médecine des hôpitaux de Paris, directeur de recherches à l'INSERM, se rend célèbre en 1988 en publiant dans la prestigieuse revue scientifique américaine *Nature* un article montrant l'efficacité de hautes dilutions

homéopathiques d'un sérum anti-immunoglobuline sur la disparition des grains contenus dans les globules blancs basophiles. Le journal *Le Monde* du 29 juin 1988 titre « Une découverte française pourrait bouleverser les fondements de la physique : la mémoire de l'eau. » Le chercheur prétendait en effet avoir démontré expérimentalement que l'eau était capable de conserver le souvenir de la structure moléculaire d'une substance diluée à un point tel qu'aucune molécule de la substance en question ne restait présente. Malheureusement, plusieurs expertises ont démontré que ses expériences n'étaient pas rigoureuses, qu'elles n'étaient pas scientifiquement crédibles et qu'elles n'étaient aucunement reproductibles. La revue *Nature* a été obligée de publier un démenti formel, mais Benveniste ne désarma pas et les laboratoires homéopathiques Boiron (son sponsor) continuèrent à entretenir la fable. Le mal était fait !
Au total, même si certains estiment encore utiles de nouvelles évaluations de l'homéopathie, un bon nombre de travaux sont compatibles avec l'idée que l'homéopathie fait partie des thérapies illusoires et que son éventuelle action clinique relève uniquement de l'effet placebo. C'est, en tout cas, la conclusion du mémorable article publié le 27 août 2005 dans la célèbre revue médicale anglaise *Lancet* par un groupe de chercheurs suisses et britanniques après étude comparative de cent-dix essais cliniques portant sur des traitements homéopathiques par rapport à des traitements conventionnels. L'article de Ben Goldacre, paru dans la livraison du 17 novembre 2007 du *Lancet*, confirme ces données. Commentant cet article, le *Figaro* du 23 novembre 2007, rappelle l'inefficacité des médicaments homéopathiques, mais ajoute qu'ils peuvent – au cours d'affections bénignes guérissant spontanément – représenter « un moindre mal [...] par rapport à un médicament présentant des complications potentielles ».
Ainsi, on attend toujours, et on attendra sans doute longtemps, une démonstration sérieuse d'un effet autre que placebo de l'homéopathie.

– **Hoxsey**. Harry Hoxsey (1901-1974) est le promoteur d'un mélange d'herbes inventé par son arrière-grand-père. Cette mixture, supposée guérir le cancer, est inefficace et toxique (*Voir* Phytothérapie).

– **Hubbard**. L'auteur de science-fiction américain Lafayette Ronald Hubbard (dit Ron Hubbard) (1911-1986) est le fondateur de la puissante secte baptisée *Eglise de scientologie* (*Voir* Église de scientologie).

– **Hydrothérapie**. L'usage de l'eau en thérapeutique (hydrothérapie) est connu depuis des millénaires. Les *sanctuaires de l'eau*, ou sanctuaires des sources, représentent l'un des hauts lieux où s'exerçait la médecine dans la Gaule de l'Antiquité tardive. Ils témoignent du culte gaulois des eaux et traduisent le paganisme local. La médecine pratiquée dans ces sanctuaires de l'eau faisait appel à des herbes, des remèdes de lézard et de sang de colombe, des ablutions et diverses amulettes (*Voir* Sources miraculeuses). Voltaire a écrit : « Dumoulin [...] a dit en mourant qu'il laissait deux grands médecins après lui la diète, et l'eau de la rivière. ».

Au XIXe siècle, un jeune paysan illettré, Vincent Priessnitz (1799-1851), commence à *soigner* dès l'âge de quinze ans. Sa croyance dans l'effet thérapeutique de l'eau lui vient de l'observation d'un cerf blessé qui guérit en trempant sa cuisse lésée dans l'eau froide, puis de la rencontre avec un guérisseur qui utilise des compresses d'eau froide et des formules magiques. Priessnitz laisse de côté la magie et retient les compresses d'eau froide. L'affluence de patients le conduit à édifier en 1822 en Moravie (actuelle République Tchèque) un établissement thermal qui attire des milliers de curistes présentant des pathologies variées dont certaines considérées comme incurables. La thérapie par l'eau froide (compresses et enveloppements) est associée à un régime sain, à l'exercice physique et à de longues marches dans la montagne, à l'air frais. Sa réputation est telle que de nombreux établissements thermaux se créent en Europe sur le modèle de celui de Priessnitz.

L'abbé Sebastian Kneipp (1821-1897) encadre et rationalise l'usage thérapeutique de l'eau et individualise plus de cent-vingt formes d'utilisation de l'eau dans le but de maintenir et d'améliorer la santé. Il déclare que « s'il existe pour moi un seul remède, ce sera l'eau ». L'hydrothérapie peut ainsi se pratiquer en applications externes (bains complets ou localisés, notamment bains de pieds, enveloppements, compresses, affusions, frictions, douches écossaises, marche dans la rosée ou dans la neige) ou internes (boissons, inhalations, gargarismes, lavements). L'eau froide est préférée à l'eau chaude. Ces différents procédés sont censés améliorer la circulation sanguine, revitaliser, stimuler le système immunitaire, favoriser la digestion et le sommeil, relaxer, améliorer notre capacité d'adaptation pour mieux résister aux maladies, endurcir l'organisme afin de prévenir la maladie.

N'oublions pas, toutefois, que l'hydrothérapie et les bains (la balnéothérapie) ne sont pas l'apanage des médecines non-conventionnelles et qu'ils font partie intégrante de la médecine officielle du XIXe siècle. Dans la septième édition (1862) de son *Traité de thérapeutique*, le professeur Armand Trousseau (1801-1867) considère même que l'hydrothérapie (qu'il nomme souvent *hydriatrie*) « est une des conquêtes thérapeutiques les plus sérieuses du dix-neuvième siècle. » (*Voir* Crénothérapie).

L'usage du *plasma de Quinton* a été très à la mode dans la première moitié du XXe siècle (*Voir* Quinton). Enfin, une forme bien particulière d'hydrothérapie est l'*hydrothérapie du côlon*, lancée par le docteur Kellogg en 1917 (*Voir* Côlon, hydrothérapie du).

– **Hypnose**. Par de multiples procédés, dont l'un des plus anciens est de demander au sujet de regarder fixement le bout de son nez, les hypnothérapeutes induisent chez leurs patients un état de conscience particulier, appelé *état hypnotique* ou *transe hypnotique*, caractérisé par une susceptibilité accrue à l'influence de l'hypnothérapeute et parfois par l'apparition d'un somnambulisme provoqué. Cet état de conscience obtenu par suggestion, voire autosuggestion, détermine une hypersuggestibilité qui est mise à profit par le thérapeute. Comme l'écrit le psychologue américain Milton Erickson (1902-1980), « l'hypnose est un moyen de communiquer au malade des idées et une compréhension de lui-même de telle manière qu'il sera particulièrement réceptif aux idées présentées. Il y trouvera des raisons pour explorer ses aptitudes, pour maîtriser ses réponses psychiques et physiologiques, et sa conduite. » L'hypnose est utilisée, aussi bien chez l'enfant que chez l'adulte ou le vieillard, comme psychothérapie chez les névrosés, anxieux ou phobiques, pour faciliter la pratique des soins dentaires chez l'enfant, dans le cadre des soins palliatifs, ou comme substitut ou complément de l'anesthésie générale pour des interventions chirurgicales. De grands chirurgiens parisiens de la première moitié du XIXe siècle affirment avoir expérimenté avec succès l'anesthésie obtenue par l'hypnose.

Certains rapprochent de l'hypnose, le *chamanisme* qu'ils considèrent comme une *transe hypnotique profonde*. Le *chaman* est à la fois médecin, prêtre, magicien, et surtout, c'est un spécialiste de la transe. Ces *conduites de transe*, ou états de conscience modifiés, sont répandues chez de nombreux peuples, sur l'ensemble du globe, et sont très diverses. Elles sont induites par des rituels codifiés qui diffèrent d'une ethnie à l'autre et ont pour objectif d'établir le contact avec le monde invisible des esprits afin d'obtenir leur aide dans la gestion des affaires humaines.

Le *néo-chamanisme* représente l'appropriation par les occidentaux des traditions chamaniques. Les *druides guérisseurs* sont des sortes de chamans guérisseurs à la mode de Bretagne. Enfin, on voit se développer en France depuis peu un *chamanisme commercial* bâti sur l'organisation de sessions, de séminaires, de voyages et de cycles de formation aux « thérapies vibratoires, aux techniques et applications des sciences de la conscience. »

– **Hypnose ericksonienne.** Mise au point – comme son nom l'indique – par Milton Erickson (1902-1980), elle est actuellement très utilisée par les hypnothérapeutes. L'hypnose ericksonienne se singularise par le fait que, d'une part, le patient n'est pas passif mais au contraire participe à sa mise en condition hypnotique, et que, d'autre part, au lieu de suggestions directes, le thérapeute se sert de métaphores ou de récits destinés à ce que l'inconscient du patient choisisse lui-même la solution à son problème.

– **Hypnotisme**. Sur l'incitation du magnétiseur franco-suisse Charles Lafontaine (1803-1892), le chirurgien anglais James Braid (1795-1860) provoque le *sommeil nerveux* en remplaçant les passes magnétiques par le fait de demander au sujet de fixer attentivement un objet brillant et fonde l'*hypnotisme* ou *neurohypnologie*, ce qui le conduit à nier l'existence de tout pouvoir mystérieux et de tout *fluide magnétique*. L'abbé Faria (1755-1819), personnage du *Monte Cristo* d'Alexandre Dumas (1802-1870), hypnotiseur avant la lettre, agit par la suggestion verbale : après avoir appliqué brièvement ses mains sur la tête et les épaules du sujet, il lui ordonne de dormir. Le Professeur Jean-Martin Charcot (1825-1893), illustre neurologue de la Salpêtrière, le père du célèbre Commandant Jean-Baptiste Charcot (1867-1936), décrit les trois états de l'hypnotisme : la *catalepsie, la léthargie et le somnambulisme* et considère comme des hystériques tous les sujets susceptibles d'hypnotisme.

L'aventure du docteur Victor Burq (1822-1884) illustre les rapports qui peuvent s'établir entre un *Hors-la-science* et un éminent représentant de la médecine scientifique et officielle. La *métalloscopie* et la *métallothérapie* de Burq font appel au *fluide neurique* et à des armatures de cuivre pour le traitement du somnambulisme, de l'hystérie et du choléra. Le Professeur Charcot expérimente le burquisme dans son service hospitalier de la Salpêtrière et prend la défense de Burq.

Pour le professeur Hippolyte Bernheim (1840-1919), de Nancy, témoin des expériences du docteur Auguste Liébault (1823-1904), tout est dans la suggestion : « les passes, la fixation des yeux ou d'un objet brillant, l'attouchement ne sont nullement nécessaires, *la parole seule suffit* ».

– **Illich**. Dans ses ouvrages, le philosophe autrichien Ivan Illich (1926-2002) critique violemment toutes les institutions, notamment la médecine dans *sa Némésis médicale,* publiée en 1975. « Dans les pays développés, l'obsession de la santé parfaite est devenue un facteur pathogène prédominant. Le système médical, dans un monde imprégné de l'idéal instrumental de la science, crée sans cesse de nouveaux besoins de soins. Mais plus grande est l'offre de santé, plus les gens répondent qu'ils ont des problèmes, des besoins, des maladies. Chacun exige que le progrès mette fin aux souffrances du corps, maintienne le plus longtemps possible la fraîcheur de la jeunesse, et prolonge la vie à l'infini. Ni vieillesse, ni douleur, ni mort. Oubliant ainsi qu'un tel dégoût de l'art de souffrir est la négation même de la condition humaine. » (Ivan Illich, Un facteur pathogène prédominant, l'obsession de la santé parfaite, *Le Monde diplomatique*, mars 1999).

– **Imagerie**. Cette technique est préconisée par le cancérologue américain Carl Simonton comme traitement complémentaire du cancer. Dans la *visualisation*, on impose au patient de se représenter des images précises positives ou négatives de sa maladie et de son traitement. Dans l'*imagerie mentale*, on fait émerger des images à partir de l'inconscient du sujet, à la façon de ce qui se passe dans les rêves.

– **Immortalité (la quête de l')**. De la nuit des temps à nos jours, la sagesse populaire participe à la quête de l'immortalité. L'affaire n'est pas récente. Il en est déjà question dans le *papyrus Smith*, vieux de plus de quatre mille ans. Le *shunamitisme*, classique aux temps bibliques, prône le *souffle des jeunes filles*. Jusqu'au XIIe siècle, les principaux ingrédients des mixtures supposées faire rajeunir sont l'or, le sang humain, la chair de momie, la viande de vipère. Le pape Innocent VIII (1432-1492), au XVe siècle, aurait, pour rajeunir, bu le sang de jeunes enfants. Le lait de femme est également conseillé : au mieux trouver une jeune vierge pleine de santé et téter son sein au moment de la pleine lune. Gustave Flaubert (1821-1880) raconte qu' « il y avait autrefois en médecine un remède que l'on employait pour les rois en décrépitude, ils prenaient des bains de sang d'enfant. Beaucoup d'hommes encore pour se rajeunir s'immolent quelque cœur vierge afin de récréer leur vieillesse et de réchauffer leurs membres froids, et on appelle ces gens-là des âmes tendres qui ne peuvent pas se passer d'affection. »

Aux grandes entreprises ésotériques ou pseudo-scientifiques, s'opposent les recettes de grand-mère, également très présentes sur *Internet*. Elles sont populaires, anonymes, plus ou moins teintées de sorcellerie, en général peu coûteuses, et ceux qui les prônent sont rarement tout à fait dupes. Une des idées populaires les plus répandues concerne l'usage de l'ail. Dans la région de Jinshan (province du Shandong), où les chinois sont de grands cultivateurs et consommateurs d'ail, il y aurait sept fois plus de centenaires que dans les autres régions de Chine. Le secret du doyen des Thionvillois, c'est de croquer de l'ail chaque matin.

De tout temps, la sagesse populaire recommande la modération, l'économie de ses forces, l'absence d'excès en tous genres, comme gages de santé, de bonheur et de longévité. Le secret de la longévité serait dans une vie saine, naturelle, dépourvue d'excès : l'alimentation doit être équilibrée, la vie doit être calme et sereine, il ne faut ni trop ni trop peu manger, dormir, faire du sport, faire l'amour, etc. Qu'a dit d'autre Jeanne Calment (1875-1997), avant de mourir sous le feu des médias, à l'âge de cent-vingt-deux ans ?

La consommation de viande diminuerait la durée de vie : Noé ne mangeait pas de viande et ensuite, au fur et à mesure que la viande a pris plus de place dans l'alimentation humaine, la durée de vie des patriarches de la *Genèse* s'est raccourcie de génération en génération.

Le lien étroit entre vieillesse et mort est attesté depuis longtemps. Il est de notoriété publique que plus on avance en âge, plus le moment de la mort se rapproche et que, dans les pays industrialisés, il y a aujourd'hui plus de vieux que de jeunes qui meurent. Par ailleurs, la longévité humaine augmente régulièrement depuis un siècle et demi et certains chercheurs laissent planer l'idée qu'elle pourrait continuer à augmenter jusqu'à cent-dix ans dans quelques années, puis cent-vingt ans et – pourquoi pas – sans limite.

Le lien également très étroit entre vieillesse et puissance sexuelle amoindrie est du domaine public.
A partir du XIXe siècle, le devant de la scène est occupé par la science montante et triomphante. Les médecins, les physiologistes, les chimistes prennent la place des alchimistes. Ce qui ne veut pas dire que les préoccupations ésotériques et que les procédés magiques plus ou moins abracadabrantesques (religieux, sectaires, alchimiques ou venant de tous autres occultismes) disparaissent complètement. Dans de nombreux cas, la pseudo-science fait bon ménage avec le surnaturel, le magique, le divin ou le satanique.
Le postulat de base de la plupart de ces entreprises qui se veulent scientifiques réside dans la croyance que le secret de la jeunesse et de la longévité réside dans les testicules. La virilité, symbolisée par les testicules, s'amenuise, s'appauvrit et disparaît chez le vieillard. Il faut donc substituer aux testicules défaillants des testicules vigoureux ou leur équivalent, susceptibles de les suppléer, et ainsi on retrouvera une jeunesse éternelle. Cette idée n'est pas tombée du ciel. De nombreuses recettes ancestrales plus ou moins populaires ouvraient la voie, comme la *soupe de testicules de taureau*, spécialité encore appréciée dans certains restaurants espagnols ou le couscous aux testicules de mouton dans la cuisine du Maghreb. De même, répondant à la *théorie des signatures*, les *orchidées* – dont le nom fait référence à la forme de leurs bulbes (*orchis* signifiant *testicule* en grec) – sont censées redonner aux vieillards la vigueur sexuelle de la jeunesse.
D'autres tentatives se fondent sur le mythe d'une Nature bienfaisante. Il s'agit de suivre la nature, et même de la renforcer. Elles partent de l'alimentation, de la diététique, du régime et de ce qu'il doit apporter comme éléments vitalisants, fortifiants. Ces méthodes aboutissent à la récupération pseudo-scientifique et à l'exploitation le plus souvent mercantile des *suppléments nutritionnels* ou *compléments alimentaires*, très en vogue aux USA et omniprésents sur *Internet.* Anna Aslan (1897-1988), médecin roumain, lance dans les années 1950 le *Gérovital H3*, qui n'est rien d'autre que de la *procaïne*, l'anesthésique local bien connu. Alors que ce produit prétend traiter beaucoup de maladies et empêcher le vieillissement et que bien des célébrités y aient goûté, la preuve a été apportée de sa totale inefficacité ainsi que de la possibilité d'accidents, notamment de réactions d'hypersensibilité (*Voir* Charlatans de l'immortalité, DHEA).

– **Imposition des mains**. L'imposition des mains consiste à tenir les mains étendues sur une personne, sans la toucher ; cette pratique, religieuse au départ, fait partie de nombreux systèmes de guérison. Les recouvrements (et ou les emprunts) d'une doctrine à l'autre sont fréquents : depuis Jésus-Christ et les rois thaumaturges (« toucheurs »), l'imposition des mains perdure et se retrouve chez les magnétiseurs, dans le *Reiki*, dans le *Toucher thérapeutique* ainsi que chez nombre de guérisseurs et de tradipraticiens (*Voir* Rois thaumaturges, Toucher thérapeutique).

– **Inédie**. L'inédie est une dangereuse secte dirigée par l'australienne Ellen Greve prétendant que pour ne pas tomber malade, il faut ne se nourrir que d'air et de lumière (*Voir* Respirianisme).

– **Information du public**. L'information des enfants devrait commencer dès l'école et se poursuivre au collège et au lycée, notamment à l'occasion des cours de sciences de la vie et de la nature et d'éventuels cours d'éducation civique. Si le rôle des établissements d'enseignement est important, il ne doit pas occulter le rôle primordial de la famille et principalement des parents sur lequel insistait, dès 1983, le Rapport Vivien. Le relais devrait être ensuite assuré par les médias, mais dans l'ensemble, c'est plutôt l'inverse qui se passe. La presse écrite est saturée de thérapies non-conventionnelles, de même que la radio et la télévision.
Dans le domaine de l'information médicale du public, il est clair qu'*Internet* a détrôné les dictionnaires médicaux, la radio, la télévision, même s'il reste un bon public pour les nombreux magazines portant sur la santé. Les Français sont très friands de consulter sur *Internet* pour leur santé. En dehors de quelques sites professionnels pour lesquels l'accès est conditionné à une inscription sélective et à des mots de passe, la majorité des sites Internet relatifs à la médecine et plus généralement à la santé sont accessibles à n'importe qui, sans restriction. Les sites *Internet* promotionnels ou sympathisants des thérapies non-conventionnelles sont infiniment plus nombreux que les sites rationnels avec lesquels ils sont mélangés et parfois difficiles à identifier, compte tenu de l'ingéniosité déployée par les tenants de certaines thérapies pour se faire passer pour des sites scientifiques ou officiels. Or ces sites, venant du monde entier, sont extraordinairement nombreux, souvent en anglais, mais aussi en français et leur contenu n'est que de façon exceptionnelle soumis à validation par des instances professionnelles incontestables. L'internaute est donc confronté à une quantité phénoménale de données, d'articles, de conseils, d'avis, de témoignages, de publicités, d'informations, souvent péremptoires et contradictoires, livrées pêle-mêle, et devant lesquelles il ne dispose que de sa propre perspicacité pour faire le tri entre le bon grain et l'ivraie. L'attention doit également être attirée vers les nombreux médicaments ou produits de bien-être, anti-âge, anti-cancer, que l'on peut commander directement en ligne dans tous les pays du monde et dont la qualité, l'efficacité et l'innocuité sont loin d'être garanties. Il y a donc là, dans cette explosion de la cybermédecine et de la e-santé un réel danger. Le médecin et psychanalyste Norbert Bensaïd (1922-1994) souligne la difficulté de bien informer : « Une vraie, une honnête information médicale n'est certes pas une mince affaire. Allez donc expliquer au grand public ce que le médecin moyen n'a le plus souvent ni compris ni même appris. Allez donc raisonner quelqu'un qui tremble de tous ses membres, que la maladie effraie et que la mort terrorise. Pris dans ses espoirs et ses terreurs, celui qu'on

informe n'entend jamais que ce qu'il veut et peut entendre. Le plus souvent, c'est peine perdue que de vouloir lui faire entendre raison. [...] Il semble donc plus logique d'éduquer et de former que d'informer. »

Dans l'ensemble, la sympathie nette des médias pour les thérapies non-conventionnelles ne contamine pas leur opinion vis-à-vis des sectes, dont les exactions criminelles sont en règle dénoncées violemment. Parmi les plus documentés des sites de mise en garde, outre celui de la *Mission Interministérielle de Vigilance et de Lutte contre les Dérives sectaires* (www.miviludes.gouv.fr), on peut citer :

http://charlatans.free.fr/sectes&sante.shtml

http://www.quackwatch.com/ (en langue anglaise) très riche et bien documenté.

http://www.allerg.qc.ca/quackwatchfrancais.html, version en langue française du précédent.

http://www.prevensectes.com/home.htm, orienté sur la prévention des dérives sectaires.

http://www.blogparanormal.com/?p=38

http://www.sceptiques.qc.ca/ressources/dictionnaire

http://www.info-sectes.org/index.htm,

Il faut également rappeler l'existence du *Centre de documentation, d'éducation et d'action contre les manipulations mentales* fondé en 1981 à l'initiative de l'écrivain français Roger Ikor (1912-1986) dont le plus jeune fils avait été victime d'une secte, et de l'*Union des Associations de Défense de la Famille et des Individus.*

– **Instinctothérapie**. L'*instinctothérapie* est la doctrine d'une dangereuse secte prétendant que toutes les maladies peuvent guérir si l'on ne mange que des viandes et des poissons crus ainsi que des fruits et légumes non épluchés. Toute prise de médicaments est interdite ainsi que toute vaccination (*Voir* Crudivorisme).

– **Invitation à la Vie Intense**. Après avoir été gérante d'une boutique de remaillage-stoppage, Yvonne Trubert, née en Bretagne en 1932, s'installe comme voyante à Paris. Dans les années 1980 , le groupe de prière catholique qu'elle anime prend un tel développement qu'elle l'institutionnalise en le baptisant *Initiation à la Vie Intense*, ou plus rapidement *IVI*, et qu'elle publie sa doctrine en 1985 dans un livre intitulé *Homme nouveau – Nouvelle médecine*. Yvonne Trubert, pensant avoir reçu le don de guérison, se croit investie d'une mission divine et se prétend le porte-parole du Christ et la réincarnation de la Vierge Marie. Imbibé de catholicisme, d'hindouisme, d'occultisme, de magnétisme, ce mouvement qui dit viser au développement spirituel et harmonieux de l'être humain, entend soulager la souffrance physique de tous les hommes, mais refuse la médecine officielle. C'est en effet par des séances d'« harmonisation » que, grâce à l'imposition des mains et à la prière, toutes les maladies guériront. Philippe Trubert, le fils de la fondatrice, organise pèlerinages et visites de sanctuaires dans son agence de voyages située sur les Champs-Elysées. Ce mouvement, né en France, se répand dans de nombreux pays, mais il semble que le nombre des adeptes aille en diminuant.

– **Iridologie**. Inventée par le médecin hongrois Ignatz von Peczely (1826-1911), l'iridologie est fondée sur la croyance que l'inspection précise de l'iris (le cercle coloré qui entoure la pupille de l'œil) permettrait de diagnostiquer l'état de santé et/ou la maladie d'une personne. A l'image de ce qui est avancé pour le pavillon de l'oreille, la face, la paume des mains et la plante des pieds, l'iris est supposé – sans plus de preuve – être également le siège d'une sorte de *cartographie*, assurant la représentation point par point des différentes régions et organes du corps. L'*iridoscopie* consiste à inspecter l'iris de façon détaillée, en explorant, au besoin à l'aide de photographies agrandies et traitées par informatique, sa couleur, sa texture, ses reliefs, la localisation et la forme d'éventuelles taches ou modifications localisées.

– **Iscador**. Extrait de gui, préconisé par la médecine anthroposophique dans le traitement du cancer (*Voir* Médecine anthroposophique).

– **Jacquier**. L'ingénieur chimiste René Jacquier (1911-2010), mis sur la piste par la coqueluche de ses filles, maladie pour laquelle on préconisait comme traitement un voyage en avion, invente, dans les années qui suivent la fin de la Seconde Guerre Mondiale, le concept de l'*Oxygénation Bio-Catalytique* et l'appareil *Bol d'Air* qui en procède. Pour lui, la vitalité qu'apporte cet appareil facilite une guérison naturelle, optimise l'action des médicaments et lutte contre les effets secondaires de certains traitements comme les chimiothérapies anticancéreuses.

– **Janov**. Arthur Janov, psychologue américain né en 1924, est l'inventeur de la méthode supposée psychothérapique du *Cri primal* (*Voir* Primalthérapie).

– **Jeûne**. Dans l'espoir de se sentir mieux physiquement et mentalement, des milliers de Français font des stages de jeûne ou de jeûne et randonnée, jeûne et *trekking*. *Désintoxication*, *purification*, *épuration*, *drainage*, *régénération* (de notre corps), *réparation*, *rénovation*, *renouvellement*, *revitalisation*, *élimination* (des toxines, des poisons organiques, par les voies pulmonaire, cutanée, fécale et urinaire), *décrassage*, *nettoyage* (surtout du tractus gastro-intestinal par des laxatifs et purgatifs – sulfate de soude, huile de ricin, bourdaine, séné, aloès –, des douches rectales et des lavements abondants), *désénervation* (mentale et nerveuse), sont les maîtres-mots des thuriféraires du jeûne. La *méthode Guelpa* (1913), du nom de son promoteur le docteur Guillaume Guelpa

(1850-1930), est très en vogue en Europe occidentale dans la première moitié du XXe siècle. Pour le naturopathe Pierre-Valentin Marchesseau (1911-1994), le jeûne, en cures périodiques de deux à trois jours, doit toujours s'accompagner d'un bon sommeil, de repos physique et mental, de silence, de solitude, d'air pur, de gymnastique, d'exercice physique, d'une hygiène corporelle soigneuse, et il doit exclure l'alcool, le vin, la bière, le cidre, le thé, le café et le tabac. Marchesseau distingue le jeûne humide (absorption d'eau, sans aucun aliment solide), sec (ni aliment solide, ni boisson) ou mixte. Il prétend que le jeûne permet de « drainer sa lymphe, porteuse de colles (viscosités non solubles) et ouvrir les émonctoires spécialisés (foie, vésicule et intestin), tout en dérivant les surcharges amassées sur les "émonctoires à colles", que sont les muqueuses des poumons, de la gorge, de la face ou du vagin. »
Le jeûne ne consiste pas seulement à s'abstenir de nourriture ; il est censé ouvrir la voie à une vie supérieure, plus pure, éloignée de la matérialité, plus spirituelle et plus morale, débouchant sur « le parfait bonheur ». Le jeûne ne prétend pas traiter telle ou telle maladie, il les traite toutes – sauf les cancers et les maladies graves – au nom de l'unité morbide, humorale. C'est en stimulant la *force vitale*, énergie qui fonctionne aux *biotons* ou *grains de vie*, que le jeûne agit pour « ramener l'ordre dans l'organisme » et « guérir un corps malade ».
Inutile de dire que ces divers procédés de jeûne sont beaucoup plus dangereux qu'utiles.

– **Jugeurs d'eau**. Comme l'attestent des tablettes vieilles de six mille ans, l'examen des urines faisait partie des médecines les plus anciennes. Les *jugeurs d'eau,* ou *jugeurs d'urines*, perpétuent au Moyen Âge cette tradition et se retrouvent encore au sein des guérisseurs au XIXe siècle. Charles-Louis Cadet de Gassicourt (1769-1821), au début du XIXe siècle, parle d'un de ces *médecins d'urine*, un *uromancien* « tout à la fois médecin, chirurgien, apothicaire, il consulte, opère, et médicamente, sans rien connaître aux urines qui lui fournissent les seules indications sur lesquelles il se prononce. »

– **Kardec**. Allan Kardec – pseudonyme d'Hippolyte Léon Denizard Rivail (1804-1869) est l'auteur du livre fondateur du spiritisme, *Le Livre des Esprits,* publié en 1857 (*Voir* Spiritisme).

– **Kelley**. Le dentiste américain William Donald Kelley (1925-2005) met au point dans les années 1960 un traitement supposé anti-cancéreux comprenant des régimes et des suppléments vitaminiques et enzymatiques. Il imagine un *typage métabolique*, *un index d'évaluation du métabolisme protéinique*, un *index de malignité Kelley*, un *statut métabolique* à partir desquels il personnalise les traitements. Interdit d'exercice en 1976, Kelley fonde à Dallas l'*International Health Institute* qui continue à promouvoir sa méthode.

Le docteur Nicholas Gonzales, de New York, exploite la *méthode Kelley* et utilise des enzymes pancréatiques, des régimes avec suppléments vitaminiques et y associe des lavements de café pour *détoxifier* l'organisme. Aucune efficacité n'a pu être démontrée.

– **Kellogg**. Le chirurgien américain John Harvey Kellogg (1852-1943), adventiste du 7e jour, et son frère se sont rendus célèbres par l'invention des *corn-flakes* (galettes de céréales) pour traiter la masturbation ! Kellogg a aussi lancé une forme bien particulière d'hydrothérapie l'*hydrothérapie du côlon* (*Voir* Hydrothérapie, Masturbation).

– **Kinésiologie**. La kinésiologie prétend soigner pêle-mêle les angoisses, les troubles sexuels, l'obésité ou les lombalgies «en utilisant des tests musculaires pour accéder à la mémoire du corps et désamorcer le stress qu'il a mémorisé». Cette dangereuse pratique a fait plusieurs victimes (*Voir* Enfants victimes).

– **Kneipp**. L'abbé Sebastian Kneipp (1821-1897) est le promoteur de la *naturopathie*. Sa méthode associe l'hydrothérapie (guérison par l'eau), la phytothérapie, l'activité physique, une alimentation rationnelle et une vie saine et équilibrée(*Voir* Naturopathie).

– **Knock**. *Le docteur Knock ou le triomphe de la médecine*, célèbre pièce de théâtre de Jules Romains (1885-1972), créée en 1923, met en scène le docteur Parpalaid, modeste médecin de campagne sans histoires et le docteur Knock qui vient prendre sa suite et fait rapidement comprendre aux habitants de cette tranquille bourgade que « les gens bien portants sont des malades qui s'ignorent ». Il institutionnalise une sorte de terrorisme médical que tous les habitants respectent et admirent. La pièce montre l'étendue de la crédulité humaine.

– **Kousmine**. Le docteur Catherine Kousmine (1904-1992) est l'inventeur d'un régime prétendu actif contre le cancer (*Voir* Régimes « anti-cancer »).

– **Lakhovski**. Dans les années 1920, Georges Lakhovski (1869-1942), ingénieur russe émigré en France, invente le *Radio-Cellulo-Oscillateur*. Cette machine prétendue thérapeutique, basée sur l'usage de vibrations électromagnétiques, utilise des courants à hautes fréquences. Elle est testée à l'hôpital de la Salpêtrière, dans le service de chirurgie du professeur Antonin Gosset (1872-1944), grâce à Arsène d'Arsonval (1851-1940), professeur au Collège de France. Utilisée dans différents pays, la machine aurait donné satisfaction dans le traitement des cancers. Quelques années plus tard, Lakhovski invente une nouvelle machine, l'*Oscillateur à Ondes Multiples*, basée sur le principe que la maladie est due à un défaut d' « oscillation cellulaire » et que sa machine permettrait aux cellules de capter les vibrations qui leur manquent et de retrouver ainsi leur vibration naturelle. La mort de Lakhovski en 1942 met fin à l'entreprise.

– **Libre choix thérapeutique**. Dans de multiples tribunes, françaises et européennes, de nombreuses voix, notamment celle du *Mouvement International pour le Libre Choix Thérapeutique*, qui milite depuis 1960, s'élèvent pour revendiquer le droit pour les médecins de prescrire ce qu'ils veulent et celui des malades de décider eux-mêmes du traitement qu'ils entendent suivre. La relation entre le malade et son médecin serait profondément modifiée, le malade devenant un acteur de sa santé, reprenant le contrôle de son corps et décidant lui-même de ce qui est bon pour lui. Dans ce cas, le rôle de l'État se réduirait à informer le plus objectivement possible les consommateurs et non pas comme actuellement à leur interdire telle ou telle thérapie ou à ne laisser rembourser par l'Assurance maladie que telle ou telle autre. Les écologistes (*les Verts)*, au nom du droit de chacun à la liberté de choisir la médecine qui lui convient, militent en faveur des thérapies non-conventionnelles et obtiennent des avancées dans ce sens, notamment au niveau des instances européennes. Rappelons que pour choisir librement, rien ne vaut d'être bien informé, bien documenté (*Voir* Information du public).

– **Lithothérapie**. Médecine par les pierres, la lithothérapie prétend se servir de l'énergie naturelle des minéraux pour rééquilibrer et *ré-harmoniser* l'organisme. Dans son livre sur la *lithothérapie scientifique*, Robert Blanchard, né en 1926, docteur en philosophie des sciences, – qui dit s'être lui-même guéri par les pierres – expose les origines de la lithothérapie et son évolution à partir d'une *science occulte* très anciennement pratiquée par les chamans de l'Inde, vers ce qu'il considère être « une science médicale complète ». A travers les canaux ioniques qui transpercent sa membrane, chaque cellule pourrait recevoir les ondes de la pierre qui viendraient « normer » les ondes perturbées d'une cellule vivante. La lithothérapie « applique à un organe malade une pierre dont l'action électromagnétique ou vibratoire vise à harmoniser l'énergie d'un organe, lui-même doté d'une longueur d'onde propre. » A chaque mal correspondrait sa pierre, chacune transmettant sa *trace chimique* à l'organe par vibration. Ainsi, pour l'adénome de la prostate, la *stibine* et l'*hémimophite* ou pour les insomnies, la *labradorite*. Une des plus médiatiques est la *pierre du soleil* ; en pendentif, bracelet ou collier, elle est censée apporter la bonne humeur, purifier le sang, faciliter la télépathie, atténuer les crises d'asthme, fortifier les artères coronaires, renforcer l'estomac, diminuer la douleur des crises de goutte, renforcer l'énergie des reins, réactiver la sexualité, etc. On croit rêver !
Certains lithothérapeutes placent les pierres sur des points d'acupuncture. Est-ce utile de souligner la totale inefficacité de cette soi-disant *médecine par les pierres* ?

Le docteur Jean-Pierre Maschi (né en 1928), ancien externe des hôpitaux de Paris, exerce la médecine générale et a l'intuition, en 1965, que la prolifération des appareils électriques entraîne une nouvelle forme de pollution qu'il appelle *pollution électromagnétique*. Le traitement qu'il met au point associe des conseils d'hygiène à l'application de minéraux au niveau de la colonne vertébrale. La publicité qui se fait autour de son procédé conduit le *Conseil de l'Ordre des médecins* à décider sa radiation à vie, ce qui ne l'empêche pas de continuer à exercer, ce pour quoi il est condamné à plusieurs reprises pour exercice illégal de la médecine.

– **Livingston**. Docteur en médecine, Virginia Livingston (1906-1990) croit identifier un microbe qu'elle nomme *Progenitor cryptocides*, mais dont personne d'autre ne reconnaît l'existence. Elle le considère comme la cause de tous les cancers. Elle fabrique, pour chaque malade, un vaccin supposé produire des anticorps dirigés contre son *Progenitor cryptocides*. Son traitement associe à ce vaccin, un régime végétarien, des vitamines et autres suppléments nutritionnels, des enzymes digestives, des antibiotiques, des médications antiparasitaires, des lavements, un soutien psychologique, de la relaxation et de l'imagerie guidée. Dangereuse fumisterie !

– **Lourdes**. Comment parler des guérisons miraculeuses dues à la Vierge Marie sans envisager plus longuement le sanctuaire paradigmatique de Lourdes ? La première vision de la jeune Bernadette Soubirous (1844-1879) a lieu dans la grotte de Massabielle à Lourdes, le 11 février 1858, et consiste en une apparition qui sera ultérieurement identifiée à la Vierge Marie. L'apparition du 25 mars 1858 déclare en effet qu'elle est l'*Immaculée Conception*, confirmant ainsi le dogme proclamé par Rome quatre ans auparavant. Les premières guérisons se produisent pendant la période (1858-1862) des apparitions de *Notre-Dame* à Bernadette, après usage de l'eau de la Grotte, « en lotion ou en boisson ». Après la bénédiction de la statue de la Grotte, les guérisons (dont celle de Bernadette Soubirous, dans la nuit du 28 avril 1862) se poursuivent lors de pèlerinages individuels ou paroissiaux. Les *Missionnaires de l'Immaculée Conception de Garaison* s'installent dans la crypte de Lourdes. Une ligne de chemin de fer est ouverte en 1866. Le *Pèlerinage National*, qui viendra tous les ans à Lourdes au mois d'août, est institué en 1874, année où est fondé, à proximité des Sanctuaires, l'*Hôpital Notre-Dame des Douleurs* de Lourdes. Au fil des ans, les malades affluent (213 000 pèlerins en 1884) et le nombre des *guérisons* augmente. Une seconde piscine est construite en 1879. La *Procession Eucharistique* est instituée et de nouvelles piscines sont ouvertes. Rapidement, un contrôle médical apparaît nécessaire pour déterminer avec certitude le *caractère miraculeux* ou *surnaturel* des guérisons : la *clinique de Lourdes*, qui deviendra le *Bureau des Constatations Médicales*,

est fondée dans ce but. A la demande du pape Pie X (1835-1914), les guérisons font l'objet d'un procès canonique régulier. En 1947, un *Comité Médical National* (qui deviendra international en 1954) est créé avec pour mission de confirmer l'avis du *Bureau Médical.* Au total, sur les quelques six mille guérisons signalées de 1858 à 1993, seules soixante-cinq d'entre elles seront proclamées miraculeuses. Le 9 novembre 2005, une Italienne, Anna Santaniello (1911-2006), guérie en 1952 d'une maladie cardiaque consécutive à un rhumatisme articulaire aigu, devient la soixante-septième miraculée de l'histoire de Lourdes. Lourdes, qui recevait quatre-cent-mille pèlerins en 1908, en accueille actuellement environ cinq millions par an.
Dans son *Lourdes,* paru en 1894, un an après *Le docteur Pascal,* dernier tome de la magistrale série des *Rougon-Macquart,* Émile Zola (1840-1902) soutient la thèse défendue par le professeur Jean-Martin Charcot (1825-1893), qui, dans son article de 1893 sur la *Faith Healing* (*La foi qui guérit*), considère que les miraculé(e)s sont des hystériques : « En résumé, je crois que, pour qu'elle trouve à s'exercer, il faut à la *faith-healing* des sujets spéciaux et des maladies spéciales, de celles qui sont justiciables de l'influence que l'esprit possède sur le corps. Les hystériques présentent un état mental éminemment favorable au développement de la *faith-healing,* car ils sont suggestibles au premier chef, soit que la suggestion s'exerce par des influences extérieures, soit surtout qu'ils puisent en eux-mêmes les éléments si puissants de l'autosuggestion. Chez ces individus, hommes ou femmes, l'influence de l'esprit sur le corps est assez efficace pour produire la guérison de maladies que l'ignorance, où on était il n'y a pas longtemps encore, de leur nature véritable faisait considérer comme incurables ». La conclusion de la thèse de médecine de Thérèse Valot, soutenue et publiée en 1955, confirme cette opinion : après une analyse détaillée des dossiers des miracles, « aucune maladie n'ayant fait sa preuve, histologique ou bactériologique, n'est guérie subitement à Lourdes. [*Seuls*] certains désordres organiques dits psychosomatiques au support physico-chimique mal connu (ex : verrues, fistules, ulcères de l'estomac…) peuvent être supprimés ».

– **Macrobiotique**. Ce système philosophique et religieux intégrant un régime alimentaire spécial a été inventé par le japonais George Oshawa (1893-1966). Il vise à intégrer des éléments de la médecine traditionnelle asiatique et du bouddhisme à certains aspects de la médecine occidentale et de la pensée chrétienne.

– **Magico-thérapie**. Destinée à aider les enfants à diminuer leur appréhension des soins médicaux et à établir avec leur médecin une relation de confiance et de complicité, la *magico-thérapie* consiste à faire faire par le médecin soignant des tours de magie (*Voir* Fun-thérapies).

– **Magie**. La magie est l'art de produire des effets merveilleux, en invoquant le pouvoir de forces surnaturelles (à bien distinguer du sens d'illusionnisme, de prestidigitation, où les effets surprenants pour la raison ont pourtant une explication rationnelle tenue secrète par le magicien).

– **Magie blanche**. Pratiques magiques ayant pour but de faire le bien.

– **Magie noire**. Pratiques magiques ayant pour but de nuire à une personne, en usant de rituels sataniques.

– **Magnétiseurs**. Thérapeutes non-conventionnels pratiquant l'*imposition des mains* ou des *passes magnétiques*.

– **Magnétisme animal**. Méthode de traitement inventée par Franz Anton Mesmer (1734-1815) et basée sur le *fluide magnétique*. Fils du Grand Veneur du Prince-Archevêque de Constance, Mesmer fait ses études de médecine à Vienne. Son *pouvoir magnétique* lui est « révélé » pendant la nuit de Noël 1765. Dans sa thèse de médecine, il entend démontrer l'influence des corps célestes sur les hommes et déterminer les maladies qui proviennent de l'influence des astres ainsi que la manière de les traiter. Mesmer soigne plusieurs personnalités viennoises grâce à son *fluide magnétique*. Installé à Paris de 1778 à 1793, il met en œuvre le magnétisme dans sa demeure. Le décor est planté : au centre d'une pièce trône le fameux *baquet* de Messmer, récipient circulaire autour duquel peuvent facilement s'asseoir une vingtaine de personnes ; des tiges métalliques sortent du baquet et leur extrémité externe peut s'appliquer sur différentes parties du corps des patients pour leur transmettre le *fluide vital* ; du baquet sort également une corde qui rejoint un malade et de là les relie les uns aux autres. Mesmer, sans avoir besoin de toucher les patients, dirige le *fluide* par des mouvements des mains ou des yeux. Certaines personnes entrent alors en crise et Messmer les traite dans la *chambre à crises*. Mesmer fonde la *Société de l'Harmonie universelle*, à laquelle adhèrent entre autres Georges Cabanis (1757-1808), Claude Berthollet (1748-1822) et le marquis Gilbert du Motier de La Fayette (1757-1834). Tout tourne en effet autour de l'*harmonie* : la maladie est due à la rupture de l'harmonie du fluide dans le corps et la guérison s'obtient en rétablissant la répartition et l'écoulement harmonieux du fluide, grâce aux passes magnétiques et au fluide harmonieux du magnétiseur.
Son succès mondain et ses retombées financières ne suffisent pas à Mesmer. Il cherche la reconnaissance scientifique et l'approbation officielle de sa découverte. Malheureusement pour lui, son *Mémoire sur la découverte du magnétisme animal* paru en 1779, est réfuté par la Faculté de Médecine : « J'aurai, messieurs, rempli la tâche que je me suis imposée

(…) si j'ai démontré le ridicule, le faux de ses principes, l'absurdité, l'impossibilité, la fausseté des cures qu'il vous présente à examiner […] ». Même échec cinq ans plus tard, quand les deux commissions de scientifiques et de médecins nommées par le Roi concluent « que l'imagination sans magnétisme produit des convulsions ; que le magnétisme sans l'imagination ne produit rien ; que rien ne prouve l'existence du fluide magnétique animal ; que ce fluide sans existence est par conséquent sans utilité ; que les violents effets observés appartiennent à l'attouchement et à l'imagination mise en action ; que les attouchements et l'action répétée de l'imagination pour produire des crises peuvent être nuisibles ; que le spectacle des crises est dangereux pour l'initiation et que par conséquent tout traitement public où les moyens du magnétisme seront employés ne peut avoir à la longue que des effets funestes. » Seul Antoine Laurent de Jussieu (1748-1836), dans un rapport séparé, se montre relativement moins sévère en mettant l'accent sur la nécessité de publier les moyens employés et leurs résultats : « […] Tout médecin peut suivre les méthodes qu'il croit avantageuses pour le traitement des maladies, mais sous la condition de publier ses moyens lorsqu'ils sont nouveaux ou opposés à la pratique ordinaire. Ceux qui ont établi, propagé ou suivi le traitement appelé magnétique, et qui se proposent de le continuer, sont donc obligés d'exposer leurs découvertes et leurs observations ; et l'on doit proscrire tout traitement de ce genre, dont les procédés ne seront pas connus par une prompte publication ».
Bien que le succès du magnétisme ne faiblisse pas pour autant, Mesmer se tourne vers l'occultisme, l'ésotérisme et l'alchimie. De retour en Autriche, il passe ses nuits face à son athanor et à ses cornues pour perfectionner les étapes de l'*œuvre au noir*, à la recherche de la *pierre philosophale* et de l'*élixir de longue vie*.

– **Maladies nosocomiales.** Les maladies nosocomiales, celles que l'on attrape à l'hôpital en plus de celle pour laquelle on est venu se faire soigner, sont un véritable fléau contre lequel la lutte a commencé, notamment grâce à la création au sein des hôpitaux de *Comités de Lutte contre les Infections Nosocomiales*, mais qui est loin d'être achevée. Il s'agit surtout d'infections dues à des germes souvent résistants aux antibiotiques, comme certains staphylocoques. On estime qu'en 2006, un sur vingt des patients hospitalisés a été touché par une infection nosocomiale, le plus souvent une infection urinaire ou respiratoire. L'affaire de la *Clinique du Sport* a fait grand bruit en 1997, lorsqu'ont été révélés plusieurs dizaines de cas de contamination d'opérés par un microbe proche de celui de la tuberculose, le *Mycobacterium Xenopi*, présent dans l'eau utilisée pour le nettoyage des instruments chirurgicaux. Ainsi, se sont développées, notamment au niveau de la colonne vertébrale, des infections osseuses graves, chroniques et invalidantes, particulièrement résistantes aux antibiotiques. Un autre des exemples les plus médiatisés est celui des cas de *légionnellose* observés en 2001 à l'*Hôpital Georges Pompidou* à Paris, à peine ouvert. Depuis le début de l'année 2006, une infection nosocomiale provoquée par une redoutable bactérie, *Clostridum difficile*, a atteint quatre-cent-trente-six malades, dont vingt-trois sont morts, dans trente-neuf établissements de soins du Nord-Pas-de-Calais.

– **Maladies sérieuses ou graves**. Si quelqu'un souffre d'une pathologie, un cancer par exemple, qui met en jeu le pronostic fonctionnel ou vital, si contre cette affection la médecine officielle possède des armes éprouvées et efficaces, médicamenteuses (antibiotiques, corticoïdes, anti-inflammatoires non stéroïdiens, chimiothérapies, etc.), chirurgicales ou radiothérapiques, alors là, il est criminel de ne mettre en œuvre que de potentiellement dangereuses mais surtout inefficaces thérapies alternatives, car c'est une véritable perte de chance de guérison qui serait ainsi délibérément organisée. En revanche, certaines médecines douces bien choisies – pour leur innocuité et leur efficacité, y compris en tant que placebos – peuvent apporter au patient un mieux-être qui n'est pas à négliger. C'est ce qui a conduit de nombreux cancérologues à promouvoir la *médecine intégrée* (*Voir* Médecine intégrée).

– **Manipulations vertébrales**. Sous un nom ou au autre (« *ajustements* »), les *manipulations vertébrales* sont la ressource thérapeutique essentielle des ostéopathes (*Voir* Ostéopathie) comme des chiropracteurs (*Voir* Chiropraxie), mais aussi des vertébrothérapeutes de la médecine officielle.

– **Manner**. Proposée à la fin des années 1970 par Harold Manner (mort en 1988), docteur ès sciences, non médecin, professeur de biologie dans des universités américaines réputées, sa *thérapie métabolique* associe de l'amygdaline, de l'enzyme Wobe-Mugos et de la vitamine A. Sa toxicité et son inefficacité ont été démontrées par l'*American Cancer Society*.

– **Marabouts**. Personnes d'origine africaine et de confession musulmane supposées posséder un don de divination et éventuellement de *guérissage*. Bien que très minoritaires en France, les *marabouts* africains – que l'on pourrait qualifier de *voyants-guérisseurs* – sont la preuve que la religion chrétienne n'a pas le monopole des intercessions divines et que l'*Islam* ne reste pas étranger à ces pratiques. La présence de marabouts africains en France est le propre des villes et notamment de Paris, où leur nombre a considérablement augmenté à partir des années 1960. Ils viennent majoritairement du Sénégal et de Guinée ; les Maliens et Gambiens sont moins nombreux et les Mauritaniens sont l'exception. Ils s'occupent prioritairement de l'amour, de la chance, de l'argent, du travail, mais ils s'intéressent également aux problèmes de santé. Ils utilisent de nombreux procédés divinatoires et mêlent dans leur pratique thérapeutique l'usage de plantes, de bains, de prières, d'incantations, de versets du Coran, d'amulettes, de talismans et autres *gri-gri*.

– **Massage**. Manipulation des muscles et des tissus sous-cutanés destinée à rétablir leur fonction et à procurer relaxation et bien-être. Les *massages*, dont il existe de multiples modalités (suédois, orientaux, shiatsu, taï, etc.), sont très utiles s'ils ne prétendent pas à un autre but que la relaxation, le bien-être, la réduction du stress et de l'anxiété, bref l'amélioration de la qualité de vie et non la guérison de toutes les maladies.

– **Masturbation**. Aux XVIIIe et XIXe siècles, la plupart des ouvrages de vulgarisation médicale (*Voir* Popularisation médicale) font le procès de la masturbation. Ainsi, le docteur Jules Rengade (1841-1915) en 1881, ne manque pas une occasion de distiller un « salutaire effroi » à propos de l'onanisme, dont il brosse un tableau hallucinant : « Blême, haletant, le misérable s'essouffle à provoquer des spasmes voluptueux dont il ne ressent plus que la fatigue, et rapidement, alors, ses yeux cernés, éteints, s'enfoncent dans les orbites, les lèvres pendent, le nez s'effile, la face, décharnée, rappelle la physionomie du singe, la tête penche, honteuse, le dos se voûte, les membres s'amaigrissent, et ces premiers phénomènes de profond épuisement sont fatalement suivis, à courte échéance, des graves accidents de la phtisie, de l'épilepsie, de l'hystérie, de l'imbécillité, de la folie, de la consomption dorsale. »
A l'opposé, en 1896, dans sa *Lettre sur l'infirmité du conventionnel Couthon*, le professeur Édouard Brissaud (1852-1909) dédramatise avec humour la masturbation : « Un autre abus, celui des plaisirs solitaires qu'on avoue moins volontiers (car la victoire est par trop facile) passait encore au siècle dernier pour capable de produire la paralysie, la goutte et toutes les infirmités dont on menace les petits garçons. Sans doute l'excès en tout est un défaut et le proverbe conseille sagement de ne pas abuser des meilleures choses. Mais où commence l'abus ? Ceci soit dit, au reste, sans chercher à absoudre Couthon d'un "péché" tellement répandu qu'il est presque une fonction de l'adolescence. »
En 1906, le chirurgien américain John Harvey Kellogg (1852-1943) et son frère inventent les *corn-flakes* (galettes de céréales) pour traiter la masturbation ! Kellog, adventiste du 7e jour, prône la médecine holistique, les régimes végétariens, les lavements d'eau et de yaourt, l'exercice physique, les bains de soleil et surtout il est hostile à toute sexualité et par dessus tout à la masturbation, source à ses yeux de tous les maux ou presque. Pour lutter contre ce fléau, il propose la circoncision, la cautérisation du clitoris, l'attachement des mains, la mise sous cage des organes génitaux externes, les chocs électriques et… le régime alimentaire, notamment des corn-flakes au petit déjeuner ! Outre ses idées sur la nutrition et la masturbation, Kellogg défend des thèses eugénistes et racistes.

– **Médailles miraculeuses**. En 1830, lors de ses apparitions à sœur Catherine Labouré (1806-1876), novice des *Filles de la Charité*, la *Vierge Marie* lui demande de faire frapper des médailles. Au moment de l'épidémie parisienne de choléra de 1832, les *Filles de la Charité* distribuent ces *médailles miraculeuses* et les guérisons se multiplient. Des centaines de millions de médailles vont être frappées. L'affluence que connaît encore aujourd'hui la chapelle des *Filles de la Charité*, au 140 de la rue du Bac à Paris, ainsi que le nombre des *ex-voto* qui tapissent ses murs, témoignent de l'impact et de la pérennité des *médailles miraculeuses* (*Voir* Guérisons miraculeuses).

– **Médecine anthroposophique**. Fils d'un employé des chemins de fer autrichiens, Rudolf Steiner (1861-1925) est un philosophe amateur et autodidacte, très marqué par l'œuvre de Johann Wolfgang von Goethe (1749-1832). Il soutient une thèse de doctorat en philosophie qui devient ultérieurement une de ses œuvres majeures, *Wahrheit und Wissenschaft* (*Vérité et science*). En 1913, Steiner fonde la *Société anthroposophique* dont la doctrine vise à recréer l'harmonie entre l'homme et l'univers, et à développer un programme de réforme spirituelle touchant aussi bien la religion que l'art, la politique, l'économie, l'agriculture, l'éducation et la médecine. Sa pédagogie, mise en œuvre dans les *écoles Steiner*, très appréciée par certains, fait en revanche l'objet de sérieuses critiques notamment au regard de l'anthropologie métaphysique, ésotérique, magique, irrationnelle, et finalement dangereuse, qui la sous-tend.
La médecine de Steiner, imprégnée de son idéologie cosmique, est tournée vers l'homéopathie et la *thérapeutique naturelle*. Au-delà des problèmes somatiques, elle prétend prendre en compte les dimensions psychiques et spirituelles du patient. A des médicaments issus des trois règnes, minéral, animal et végétal (notamment les extraits de gui, thérapeutique-phare de la médecine anthroposophique), les traitements anthroposophiques associent de l'art-thérapie, des massages ou effleurages rythmiques, des applications externes (compresses, cataplasmes et bains avec des plantes et des huiles essentielles), des entretiens avec le patient et des exercices de développement personnel. La déplorable *médecine anthroposophique*, fortement structurée en particulier dans des instituts médico-pédagogiques, soutenue dans les instances européennes par le parti écologiste des *Verts*, est malheureusement très appréciée dans de nombreux pays notamment en Europe.

– **Médecine ayurvédique**. La *médecine ayurvédique* est une très ancienne médecine traditionnelle indienne. Selon la mythologie indienne, l'*ayurveda* est la médecine des dieux qui l'auraient révélée à quelques élus comme moyen de cheminer vers le bonheur et l'harmonie. (*Voir* Ayurveda).

– **Médecine conventionnelle.** On appelle médecine conventionnelle, la médecine officielle, académique, celle des docteurs « normaux ». Les limites, les excès, les erreurs et les risques de la médecine conventionnelle sont toutefois une des causes majeures du recours aux thérapies non-conventionnelles. C'est, en effet, dans les carences et les erreurs – on pourrait dire dans les creux – de la médecine officielle que s'installent les médecines alternatives. La sous-médicalisation des campagnes a fait, dans le passé, le lit des médecines populaires et des charlatans de tout poil, rebouteurs, renoueurs, rhabilleurs, etc. Inversement, la surmédicalisation de la vie (*Voir* Surmédicalisation), la sophistication et la parcellisation de la médecine scientifique actuelle, avec les effets indésirables qui en découlent, la dureté de la médecine conventionnelle, sont des facteurs de l'engouement actuel pour les thérapies non-conventionnelles (*Voir* Accidents thérapeutiques, Maladies nosocomiales, Médecine conventionnelle [la dureté de la], Médecine conventionnelle [les dérives à prétention scientifique de la], Médecine conventionnelle [les limites de la], Scandales de santé publique).

– **Médecine conventionnelle (la dureté de la).** La dureté de la médecine scientifique, surtout hospitalière, a été dénoncée bien des fois et depuis longtemps, en particulier par Raspail (*Voir* Médecine-Raspail). Plus près de nous, le docteur Rémy Salmon, chirurgien parisien réputé, fait le récit de son expérience de patient hospitalisé après un grave accident de moto. Il découvre la dureté du monde hospitalier et la solitude du malade. Dans le compte-rendu qu'il en fait, *Le Nouvel Observateur* note : « allongé 8 heures par jour, le cou emprisonné dans une minerve, ce grand sportif fait l'apprentissage de l'attente, de l'inquiétude, de la douleur surtout, avec les nuits blanches à espérer la piqure d'antalgique salvatrice. [...] Malgré ses 27 ans de métier, c'est une surprise ».
L'acharnement thérapeutique chez des patients dont l'issue fatale est certaine à court terme est également un des aspects délétères de la dureté de la médecine officielle.

– **Médecine conventionnelle (les dérives à prétention scientifique de la).** L'exemple le plus criant des dérives à prétention scientifique de la médecine officielle est celui de l'*Evidence-Based Medicine* (*EBM*). Née à la fin des années 1980, au Canada, l'*EBM* est une *médecine basée sur des faits prouvés.* Elle repose sur l'utilisation exclusive des données actuelles de la recherche clinique, fournies notamment par les essais cliniques contrôlés randomisés et les méta-analyses, dans la prise en charge personnalisée de chaque patient. L'expérience personnelle, les conseils des maîtres ou les avis d'experts ne sont plus les fondements de la décision médicale. L'*EBM* connaît une diffusion très importante à travers le monde, y compris en France et l'*EBM-Journal* a maintenant une édition française. Un de ses détracteurs les plus acharnés conclut l'article qu'il lui consacre par des mots assassins : « L'EBM marque le triomphe de la technoscience, une science antidémocratique sans conscience qui peut ruiner l'âme, passée sous la coupe de l'industrie et du privé, du profit qui légitime toutes les idéologies pragmatiques. L'EBM est une imposture [...]. » Plus sobrement, le docteur Jean-François Foncin démontre que l'*EBM*, confondant niveau de preuve et probabilité, ne se situe pas dans le champ scientifique.

– **Médecine conventionnelle (les excès et les dangers de la)**. « Tous les docteurs un peu célèbres / Ont au moins un cabriolet / Payé par les pompes funèbres. / On doit beaucoup à leur secours ; / Pourrait-on, sans leur faire injure, / Les voir à pied, eux qui font tous les jours / Partir tant de gens en voiture. » (Le charlatanisme, comédie-vaudeville de 1825, par Scribe et Mazères).

Les partisans des thérapies non-conventionnelles mettent en avant le fait que, paradoxalement, la médecine officielle serait infiniment plus dangereuse et que les progrès de la médecine s'accompagnent d'une augmentation des risques d'accident. Sous le terme pudique d'événements indésirables liés aux soins on regroupe les accidents thérapeutiques, la iatrogénèse, notamment les infections nosocomiales (celles contractées à l'hôpital), les conséquences redoutées de la radiothérapie et de la chimiothérapie dans les cancers, les effets adverses des médicaments, les accidents d'anesthésie, etc. Il ne saurait être question de nier ces redoutables accidents. Il importe toutefois de bien souligner deux données essentielles : 1) en médecine officielle, le risque zéro n'existe pas plus qu'avec les thérapies non-conventionnelles; le chiffrage statistique des principaux accidents existe, tout le monde peut y avoir accès et il est de bonne règle que le praticien donne ces indications au patient avant la mise en œuvre de tel ou tel moyen thérapeutique, 2) en regard du risque, indéniable, il faut mettre l'efficacité et le bénéfice que le patient est susceptible d'en retirer (Voir Accidents thérapeutiques, Maladies nosocomiales).

Ce qui compte en définitive – bien qu'il ne s'agisse que de données statistiques et qu'en aucun cas on ne puisse prédire ce qu'il adviendra pour tel ou tel patient – c'est le rapport bénéfice/risques, le service médical rendu. En médecine officielle bien conduite, c'est d'une concertation entre le ou les médecins et le patient et sa famille que doit sortir le consentement éclairé du malade. La loi du 4 mars 2002 relative aux droits des malades et à la qualité du système de santé a clarifié la situation, tant des professionnels de santé que des patients, en cernant mieux la responsabilité de chacun.

– **Médecine conventionnelle (les limites de la)**. La médecine officielle a ses limites. Pendant des siècles, impuissante ou quasi-impuissante, elle ne dispose que de la saignée, des sangsues, des purgations et vomitifs ainsi que d'un peu d'opium. Ses moyens thérapeutiques se développent très progressivement et ne prennent vraiment de l'ampleur

qu'au XIXe siècle, avec la vaccination jennérienne (contre la variole), l'anesthésie générale (au milieu du XIXe siècle), les vaccins et sérums pasteuriens, l'aspirine à la fin du siècle, puis au XXe siècle avec les sulfamides, les antibiotiques, les corticoïdes, etc.
Actuellement, on s'aperçoit de plus en plus souvent que certains médicaments sont totalement inefficaces ou ont une efficacité très modeste – on dit que le service médical rendu est insuffisant –. Il en est ainsi de nombreux fortifiants, veino-toniques ou autres médicaments pour la circulation ou encore des produits supposés aider à arrêter de fumer. Il faut aussi tenir compte des limites concernant la pertinence des diagnostics. Ainsi, chaque année, quatre-vingt-dix mille personnes font l'objet au Royaume-Uni d'un diagnostic erroné d'épilepsie. Les limites de l'échographie obstétricale et les erreurs de diagnostic qui en procèdent ont eu un grand retentissement médiatique.

– **Médecine énergétique**. Thérapie farfelue qui prétend concilier les acquis de la physique quantique et l'expérience ancestrale des médecines orientales (*Voir* Médecine quantique).

– **Médecine intégrée**. Sous le vocable de *médecine intégrée* (*Integrative Medicine*), on désigne le rapprochement et l'intrication, l'intégration, de théories et de pratiques de la médecine dominante (scientifique, occidentale, officielle) et de certaines thérapies non-conventionnelles ou thérapies traditionnelles. Il est possible de distinguer trois niveaux d'intégration des deux médecines : individuel, inter-individuel et institutionnel.
Au niveau individuel, d'assez nombreux médecins pratiquent à la fois la médecine officielle et une ou plusieurs thérapies non-conventionnelles admises par l'*Ordre des médecins*, comme, par exemple, l'homéopathie, l'acupuncture, l'ostéopathie-chiropraxie, la mésothérapie, l'hypnose ou la psychanalyse. Réciproquement, de nombreux patients mangent aussi aux deux râteliers et recourent aussi bien à leur médecin de famille qu'à un magnétiseur, un hypno-thérapeute, un acupuncteur ou un rebouteux.
Au niveau inter-individuel , on pense généralement qu'il y a un antagonisme fondamental, quasi-viscéral, entre les médecins de la médecine scientifique officielle et les guérisseurs et autres tradi-praticiens, antagonisme qui ne repose pas que sur des différends idéologiques, mais aussi sur une concurrence considérée comme abusive et déloyale. C'est globalement vrai, mais ce n'est pas toujours le cas et l'on connaît des docteurs en médecine qui adressent des patients au rebouteux du village ou des chiropracteurs qui en envoient à un cancérologue. Dans sa thèse de doctorat en ethnologie soutenue en 2001, Clémentine Raineau analyse avec talent les relations qui se nouent, et qui débouchent parfois sur de véritables collaborations, entre les médecins de campagne et les guérisseurs de village, charmeurs de secrets, rebouteux et autres magnétiseurs, « à Bocaire, petit bourg montagnard situé dans les Combrailles auvergnates, en bordure

du Limousin » qu'elle a élu pour son travail. Elle montre ainsi que, contrairement à l'idée reçue d'un antagonisme fondamental entre médecins et guérisseurs, il n'est pas rare que les médecins envoient certains de leurs malades chez le guérisseur. Pratique plus douteuse, à la marge de dérives sectaires, certains médecins, impliqués dans les médecines parallèles, fonctionnent dans une sorte de réseau plus ou moins occulte à l'intérieur duquel les praticiens s'envoient les uns aux autres des malades.

Au plan international, l'institutionnalisation de la *médecine intégrée* est déjà bien avancée, principalement dans le champ de la cancérologie et de l'hématologie, avec ses revues, ses sociétés savantes, ses congrès, ses chaires universitaires, ses centres médicaux privés et hospitaliers. La première revue scientifique dans ce champ est *Integrative Cancer Therapies* (*ICT*), qui paraît quatre fois par an depuis l'année 2000. Son éditeur en chef est un médecin du Collège de Médecine de l'Université d'Illinois à Chicago. Les contributeurs sont des cancérologues réputés, des chercheurs, des infirmières et d'autres professionnels de santé. Ils publient des travaux portant sur le diagnostic et la prise en charge intégrée des patients en oncologie ainsi que des recherches, en particulier de biologie moléculaire. La *Society for Integrative Oncology* (*SIO*) est une organisation internationale regroupant les professionnels du domaine de la *cancérologie intégrée*, qui permet des présentations et discussions scientifiques. La première *Conférence internationale* de cette société s'est tenue en novembre 2004 et a attiré plus de six cents participants de quatre continents, la septième Conférence a lieu en novembre 2010. Des *chaires de médecine intégrée* sont fondées au Québec, en 2002 à l'Université Laval, en 2005 à l'Université de Sherbrooke, en 2007 à l'Université de Montréal. Enfin, de plus en plus de *centres médicaux* développent l'intégration de la médecine conventionnelle et des thérapies complémentaires et/ou alternatives, lorsqu'ils pensent que ces dernières ont fait la preuve scientifique de leur innocuité et de leur efficacité, ce qui est loin d'être souvent le cas. Ainsi de nombreux Centres se sont ouverts aux USA, notamment au très réputé *Memorial Sloan-Kettering Cancer Center*, à la Mayo Clinic, à Harvard, ainsi qu'au Québec, au Royaume-Uni, en Europe.

Qu'on s'en réjouisse ou qu'on le déplore, la reconnaissance en France des thérapies non-conventionnelles et leur intégration à la médecine officielle est inéluctable, tant sont nombreux les intérêts divers, économiques, politiques, idéologiques, psychologiques, fantasmatiques, etc., qui convergent dans ce sens. Déjà, on voit les grands Centres anti-cancéreux parisiens, comme l'*Institut Curie* ou l'*Institut Gustave Roussy*, ouvrir leurs portes à des pratiques parallèles, comme l'auriculothérapie, à titre complémentaire des traitements conventionnels.

En Amérique du Nord, certaines compagnies d'assurances commencent à prendre en charge les médecines non-conventionnelles. En France, l'Assurance-maladie rembourse l'acupuncture, l'homéopathie, la mésothérapie et diverses psychothérapies.

Dans son talentueux ouvrage sur *Imaginaires et rationalité des médecines alternatives*, le philosophe Jean-Jacques Wunenburger (né en 1946) explore les tenants et les aboutissants de la *médecine dominante* et des *médecines alternatives*. Il en arrive à la conclusion qu'il faut intégrer les deux médecines et appelle à une alliance entre l'imaginaire et la rationalité : « A l'heure du bilan et des perspectives, il devient de plus en plus difficile de plaider pour une médecine unique et monolithique et de rejeter toutes les alternatives. L'une a été emportée par ses réussites rapides, techniques, les autres ont tiré profit de tous les laissés-pour-compte des échecs de la médecine officielle et se sont appuyées sur la tradition syncrétique. A l'image de la pluralité des rationalités, il convient donc de plaider pour des médecines moins parallèles que croisées. » C'est également l'avis de l'écrivain Louise Lambrichs (née en 1952), qui se place sur une position éthique pour défendre une médecine qu'elle qualifie de « partagée » : « Que la technique médicale officielle soit aujourd'hui, dans bien des cas, la plus efficace, n'autorise pas à exclure les autres, souvent capables, en contrepoint, d'apporter une aide complémentaire efficace. La politique de l'exclusive, fondée sur une querelle de pouvoir, pénalise le malade, ce qui, d'un point de vue éthique, est insoutenable. [...] L'éthique médicale commande que les médecins soient mieux informés des techniques parallèles et puissent, le cas échéant, passer le relais, sans avoir pour cela l'impression de déchoir. »

– **Médecine nouvelle**. La *Médecine nouvelle* inventée par le médecin allemand Ryke Geerd Hamer (né en 1935) est une variante particulièrement mortifère de la *psychogénéalogie*. Elle est fondée sur l'idée nocive que les maladies viendraient des secrets et des drames d'une histoire familiale susceptible de remonter à plusieurs générations. Il faut donc *déprogrammer* le patient (*Voir* Psychogénéalogie).

– **Médecine par le vin**. Vieille médecine populaire de traitement par le vin (*Voir* Œnothérapie).

– **Médecine populaire**. La *médecine populaire* est difficile à définir. Au sens strict, il s'agit d'une médecine *pour le peuple* et *par le peuple*. Elle s'oppose donc à la *médecine savante*, médecine *pour les profanes* et *par les docteurs* de la Faculté. Les allers-retours entre la médecine populaire et la médecine savante sont toutefois nombreux. La médecine populaire est largement « contaminée » par la médecine *savante ;* en effet, notamment par le canal de la vulgarisation, la médecine populaire s'enrichit progressivement et à retardement de ce qui composait la médecine savante quelques décennies ou quelques siècles auparavant. La plupart des médecines populaires empruntent les savoir-faire et les traitements de la médecine officielle des siècles précédents, en faisant appel notamment aux drogues issues des trois règnes, animal, végétal et minéral. Certaines thérapies non-conventionnelles exploitent un seul des trois règnes, comme la phytothérapie ou la lithothérapie. Réciproquement, la médecine savante, officielle, orthodoxe, tire elle-même un certain nombre de ses racines des médecines populaires et peut bénéficier de certaines recettes populaires, notamment par l'extraction des principes actifs de certaines plantes (belladone, digitale, valériane, pervenche, etc).

Le philosophe Jean-Jacques Wunenburger (né en 1946) fait remarquer qu'« à la limite, c'est bien la médecine scientifique qui devrait être qualifiée d'alternative à une médecine traditionnelle, ancestrale, populaire, largement répandue par le monde, longtemps transmise par les coutumes, la voie orale, dans les familles (d'où le qualificatif condescendant de "remèdes de grand-mère"), et qui fleurira toujours sur les marges de la médecine savante, [qui] a pris tardivement [sa] relève dans l'échelle des valeurs de la culture. »

Le terme de *médecine vernaculaire,* équivalent de la *folk-medicine* américaine, traduirait sans doute bien l'origine, le développement et l'ancrage de cette médecine *indigène* dans la tradition populaire, mais il n'est pas d'usage courant. On parle aussi de *médecine domestique* ou *familiale.* En fait, bien qu'il soit devenu parfois ambigu (car de nombreux adeptes des médecines parallèles qualifient la médecine *scientifique* de médecine *conventionnelle* ou *traditionnelle*), le terme de *médecine traditionnelle* est fréquemment utilisé comme synonyme de *médecine populaire,* comme c'est le cas en Chine, où *médecine traditionnelle* s'oppose à *médecine moderne, occidentale* ou *scientifique.*

Au cœur de cette médecine vernaculaire, s'inscrivent les *tradipraticiens* (*Voir* tradipraticiens). Leurs moyens thérapeutiques font appel aux manipulations, à l'imposition des mains, à la pharmacopée médiévale, principalement aux plantes médicinales, mais aussi à la religion ainsi qu'à la superstition et au merveilleux dont s'entourent les remèdes secrets. Les correspondances entre l'homme, la nature et le cosmos (analogies entre le microcosme et le macrocosme) constituent une des valeurs-clefs de la médecine populaire et se concrétisent dans la *théorie des signatures* (*Voir* Théorie des signatures). Une autre caractéristique majeure des médecines populaires est l'adhérence au passé : ce qui est ancien est jugé bon, un remède qui a résisté à plusieurs siècles est censé avoir fait la preuve de son efficacité. Bien que leur degré de popularité soit élevé et qu'ils aient la faveur d'un abondant public, les systèmes médicaux non-conventionnels, comme l'acupuncture, l'homéopathie, l'ostéopathie ou la chiropraxie, relèvent plutôt de la médecine savante car ils miment la science, se réclament d'elle et n'ont de cesse d'être reconnus par la communauté scientifique. Pourtant, il n'est pas toujours simple d'inscrire telle théorie ou pratique dans telle catégorie, d'autant que les mélanges de genre ne sont pas rares.

Il est également opportun de considérer que la littérature de vulgarisation médicale entre dans le champ de la médecine populaire ; d'ailleurs, *vulgarisation,* au sens étymologique, veut dire « *popularisation* ». Les relations entre la médecine populaire, les thérapies non-conventionnelles, la vulgarisation médicale et le charlatanisme sont des sujets brûlants, complexes et spécifiques d'une réalité sociale et culturelle historiquement datée et géographiquement située. Les différents statuts attribués à ces médecines sont déterminés en fonction de leur appartenance aux trois champs qui se recoupent sans être exclusifs, à savoir celui de la science, celui du droit et celui de la morale. Les concepts qui déterminent ces catégories sont fluctuants et en constante évolution, la médecine scientifique étant définie comme celle qui est reconnue par la communauté scientifique à un moment donné ; actuellement, les critères de scientificité sont ceux définis par Claude Bernard (1813-1878) dans son *Introduction à l'étude de la médecine expérimentale* (1865).

– **Médecine populaire (en Alsace aux XVII-XVIIIe siècles)**. Dans sa thèse de doctorat d'Etat (1994), Jean-Michel Boehler donne une analyse talentueuse des rapports entre les paysans et la maladie dans les campagnes alsaciennes des XVII-XVIIIe siècles. Il souligne une vraie difficulté : la nosologie moderne n'étant pas encore constituée, les maladies n'ont pas de noms ou des noms qui n'éclairent guère, comme les *fièvres*, les *pestes*, le *flux de sang*, la *consomption*, la *phtisie* ou encore les *points*. En face de ces maux, dont on ne peut pas savoir vraiment à quoi ils correspondent de nos jours, quels secours les gens des campagnes trouvent-ils ? – rarement un médecin qui palpe le pouls, inspecte les urines, corrige le dérèglement des humeurs par des saignées et des purges à la Molière, et qui coûte cher ; – plus souvent, le chirurgien-barbier qui a tendance à dépasser sa mission en opérant au dessus de ses compétences ; et habituellement un empirique, guérisseur, rebouteux, sorcier ou tout autre charlatan. C'est alors le règne du recours aux produits de la Nature : végétaux (tisanes à base de sureau, d'absinthe, de laurier, de sauge, de romarin, de genièvre, de verveine, de millepertuis, etc), animaux (lait de vache, eau d'orge, testicules de verrat, limaces rouges ou grenouilles bouillies à l'eau), minéraux (comme les *boules ferrugineuses* des Chartreux de Molsheim « qui, trempées dans l'eau, ce qui leur donne une couleur ambrée, sont susceptibles de stopper les dysenteries, de guérir les obstructions du foie, [...] les inflammations du gosier ou de la langue »). A ces remèdes *naturels* , se mêlent des pratiques et des formules magiques et/ou religieuses diverses, comme par exemple, contre le *mauvais ver* : « Ver ou vermisseau, que tu habites la moelle ou l'os, / Que tu te couches et ne reviennes jamais à la vie. / Au nom du Père... » Bien entendu, ces diverses façons de lutter contre la maladie n'excluent pas le recours à Dieu par la prière, les pèlerinages, l'invocation de Saints-guérisseurs.

– **Médecine populaire (dans les Flandres)**. Les campagnes regorgent de barreurs, leveurs de maux, passeurs ou coupeurs de feu, rebouteurs (ou rebouteux), sorciers, mages (ou maiges), devins, marabouts, guérisseurs ou bailleuls. Au-delà du fonds commun à toutes les médecines populaires, chaque région possède ses propres particularismes.

Ainsi, dans les Flandres, la médecine populaire associe les plantes, semblables à celles que l'on trouve dans toutes les médecines populaires (en tisanes, onguents, etc) et des pratiques magiques et/ou religieuses (prières, gestes et remèdes mystérieux) propres à cette région. Le guérisseur flamand, le *guérit-tout*, ne doit pas se contenter d'assortir sa pratique de quelques prières récitées, il doit « lire le mal en bas » c'est-à-dire lire la prière « comme s'il s'agissait d'un acte liturgique. » En voici deux exemples, tirés de l'ouvrage de Bernard Coussée sur les légendes et croyances en Flandre :
« Pour le mal de dents guérir [...] Prenez un nouveau clou qui n'a jamais servi; que le malade touche toutes ses dents mauvaises avec la pointe du clou. Écrivez le mot *Machabeus* sur une poutre, une solive ou un montant de bois : enfoncez le clou au milieu du mot et récitez 5 Pater et 5 Ave. Ainsi vous guérirez sans faute le mal de dents, quand c'est un vrai mal de dents. »
« Je te supplie, ô colique ! pour le choc terrible que les Juifs firent éprouver au corps de Jésus-Christ lorsqu'ils dressèrent la croix et par celui qu'ils lui firent éprouver en descendant la croix dans le trou creusé dans le roc pour sauver nos âmes, de quitter le corps de N... et de lui rendre la santé. Je t'en supplie aussi, ô, colique, par les souffrances endurées par le bienheureux Érasme quand les bourreaux lui arrachèrent les boyaux avec un crochet de fer. Ainsi soit-il. Je prie Dieu et la Sainte-Vierge et Saint-Jean et Saint Nicodème que cette personne soit soulagée du mal de ventre, coliques, vents, borborygmes et autres incommodités et je prie avec instance qu'elle soit délivrée, comme le Christ fut détaché et délivré. Amen. Dites un Pater noster et un Ave Maria. »
Une autre pratique de médecine populaire flamande consiste à « attacher le mal ». Il s'agit d'attacher, de lier, à la grille d'une chapelle ou d'une église un linge appartenant au malade, pour faire baisser la fièvre. « La fièvre fait de nous des captifs, elle nous entrave et c'est pourquoi il faut annuler ce lien par un autre lien. » Bien d'autres maux, comme les verrues, les maux de gorge, les hernies, les rhumatismes, les saignements de nez,... sont aussi susceptibles d'être traités par des liens, des ligatures, des nœuds. Ce *rite des ligatures* se rattache à des pratiques de sorcellerie : on connaît le *nœud de sorcières*, que l'on place au-dessus de la porte de sa maison, car pendant qu'elles sont occupées à essayer de le dénouer, les sorcières n'ont pas la possibilité de mettre en œuvre des maléfices.

– **Médecine populaire (en Lorraine)**. En Lorraine, les devins-guérisseurs ont leurs propres recettes, leurs incantations, leurs façons de faire, dépeintes en détail dans *La médecine populaire en Lorraine* (2001) de Jean-Paul Claudel.

– **Médecine populaire (en Picardie)**. Dans certaines régions, en Picardie par exemple, on parle de gens plus ou moins doués, comme ce maréchal ferrant pour les coliques des enfants : « il posait le gosse à ventre découvert sur l'enclume et le maréchal faisait semblant de lui frapper trois fois avec sa grosse masse de fer pour faire disparaître le mal et souvent ça marchait. Il ne lui bandait pas les yeux. ».

– **Médecine quantique**. Thérapie farfelue qui prétend concilier les acquis de la physique quantique et l'expérience ancestrale des médecines orientales ; elle est basée sur l'utilisation d'infimes doses de radiations électromagnétiques ou *quantas d'énergie*.

– **Médecine-Raspail**. Système de médecine inventé par Raspail au XIXe siècle, basé sur le rôle quasi-exclusif des parasites comme cause des maladies et sur un traitement hygiéno-diététique associé au camphre sous toutes ses formes.
François-Vincent Raspail (1794-1878), qui n'était pas médecin, pourfend les *docteurs de papier* et la morgue de la Faculté. Devant le succès croissant de ses consultations gratuites, il décide de mettre son système par écrit, ainsi : « il sera facile à chacun de se soigner lui-même. [...] Ce livre [...] a pour objet [...] de mettre chacun à même de devenir dans l'occasion et à peu de frais *son propre médecin* ». Il défend la médecine populaire et l'automédication: « La bonne médecine sur ce point, ce sont les bonnes femmes qui la font. Elles sauvent leurs enfants, la médecine savante les tue. Honneur au préjugé et à la routine ». L'historien Francis Démier a bien montré que, dès le début des années 1830, le schéma de l'autonomie de l'individu qui est au cœur de la démarche médicale de Raspail, est le rouage essentiel du projet politique qu'il oppose au courant révolutionnaire : « Occupons nous de donner le bien être au peuple et de l'instruction. Appelons le à gérer lui-même ses intérêts. » Ne serait-ce que par les suppressions qu'il préconise dans l'arsenal inefficace, agressif et dangereux de la médecine officielle de l'époque (saignées, sangsues, diète, cautères, vésicatoires, sels de plomb, sels de mercure, etc.), le *système-Raspail* est bienfaisant. Ne serait-ce que par les conseils d'hygiène qu'il prodigue, alors que l'asepsie, l'antisepsie et même la simple propreté ne sont pas encore apparues au rang des valeurs de la science médicale, le *système-Raspail* est bénéfique.
La médecine-Raspail, qui a été extrêmement populaire en France pendant près d'un siècle, est tellement exemplaire qu'elle mérite d'être disséquée de près. Raspail a fait l'objet de polémiques passionnées. Monstre sacré devenu monument historique, il se réduit dans beaucoup de mémoires à une station de métro et un boulevard parisiens. En fait, il y a trois personnages en un seul. 1) Homme politique, républicain démocrate, déiste anticlérical acharné, réformateur social, révolutionnaire de 1830, persécuté, poursuivi pour ses activités politiques et pour exercice illégal de la médecine, il est emprisonné pendant dix ans, exilé pendant deux ans. Raspail proclame la République à l'Hôtel de ville de Paris le 25 février 1848, candidat des républicains socialistes aux élections présidentielles du 10 décembre 1848, il obtient trente-sept mille voix contre cinq millions à Louis-Napoléon ; élu député, il siège à l'extrême-gauche et préside la Chambre des

députés en tant que doyen d'âge. 2) Savant, chimiste, botaniste, zoologiste, Raspail est considéré comme l'inventeur de l'histochimie et le précurseur de la théorie cellulaire. 3) Médecin des pauvres, bienfaiteur du peuple, Raspail est le génial inventeur de la Médecine-Raspail, de la pathologie animée (toutes les maladies sont dues à des parasites, surtout des vers), du régime hygiénique et du camphre (mis à toutes les sauces) pour les uns, un dangereux charlatan paranoïaque pour les autres. À de multiples reprises, Raspail se réclame de la science et lui fait acte d'allégeance. Il affirme que la science n'a que faire du « merveilleux ». Il n'empêche qu'à quelques exceptions près, l'ensemble du corps médical français, pour des motifs qui ne sont probablement pas tous d'ordre scientifique, taxe plus ou moins ouvertement Raspail de charlatanisme.

– **Médecine traditionnelle chinoise**. Ensemble ancestral de pratiques thérapeutiques basées sur la *ré-équilibration* du *Qi* en *Yin* et *Yang* et comprenant de l'acupuncture (*Voir* Acupuncture), de la *moxibustion* (*Voir* Moxibustion), de la phytothérapie (*Voir* phytothérapie), des exercices physiques, de la méditation et des massages.

– **Médecines douces**. Synonyme de médecines parallèles et de thérapies non-conventionnelles.

– **Médecines parallèles**. Terme de moins en moins utilisé pour désigner les thérapies non-conventionnelles.

– **Médias**. La réception des médecines non-conventionnelles dans les journaux, dans les médias, dans la population, est considérable (Voir Information du public). Même si elle donne lieu à des controverses, à des polémiques, à des plaisanteries et à des exploitations plus ou moins comiques, cette mise en avant par les médias fait de la publicité aux thérapies parallèles. L'exemple de la DHEA (Voir DHEA) est particulièrement démonstratif. Le mensuel Sciences et Vie, dans son numéro de juillet 2001, y consacre un dossier de six pages. L'exergue, savant dosage de pseudo-objectivité et d'affirmations gratuites, délivre sa dose de mystère et d'espoir : « Pilule miracle pour les uns, pilule mirage pour les autres, la DHEA suscite beaucoup d'espoir chez les personnes âgées. Elle assouplit la peau, renforce les os et rétablit la libido féminine. Pourtant, l'hormone anti-vieillissement est loin d'avoir livré tous ses secrets. »
Les dessins humoristiques de la presse d'aujourd'hui prennent largement en pâture le couple tendance DHEA-Viagra : le dessin de Pessin dans le Monde du 12 juillet 2001 représente une femme âgée disant à son mari : « Depuis que je prends de la DHEA, j'ai envie que tu prennes du Viagra ». Mais, finalement, être brocardé dans la presse fait plus de publicité que de torts. Rien n'est pire que le silence des médias…

– **Méditation transcendantale**. Mouvement sectaire qui préconise, de façon unique et simpliste, de se concentrer sur un mot et de le répéter mentalement pendant une quinzaine de minutes matin et soir, jusqu'à produire une altération de l'état de conscience.

– **Médium**. Personne qui s'autoproclame capable de communiquer avec le monde des esprits dans l'au-delà (*Voir* Spiritisme).

– **Mélange des genres**. En réalité, les frontières sont poreuses entre les différents types de thérapies. Les magnétiseurs sont le plus souvent également des radiesthésistes. Il n'est pas rare que des homéopathes soient également acupuncteurs ! A l'instar des *devins-guérisseurs* de Lorraine, la plupart des praticiens de médecine populaire font appel à des incantations mi-religieuses mi-magiques et/ou à des signes de croix et diverses prières qui accompagnent les manœuvres du rebouteux, les passes du magnétiseur ou les remèdes de bonne femme. De multiples thérapies psychiques mélangent des données psychologiques plus ou moins fondées à des invocations spirituelles du domaine du sacré, du divin. Les sectes ont en général un soubassement qui se veut spiritualiste et incorporent dans leurs principes et leurs pratiques des simulacres de religiosité. Et enfin, les médecins qui trempent dans l'homéopathie, l'acupuncture ou l'hypnose ont souvent un pied dans la médecine scientifique officielle et ne redoutent pas de jouer sur les deux tableaux.

– **Mémoire de l'eau**. Dans un article publié en 1988 dans la prestigieuse revue américaine *Nature*, le chercheur français Jacques Benveniste (1935-2004) a prétendu avoir démontré expérimentalement que l'eau était capable de conserver le souvenir de la structure moléculaire d'une substance diluée à un point tel qu'aucune molécule de la substance en question ne restait présente. La preuve a été apportée qu'il s'agissait du résultat d'expériences dénuées de toute rigueur scientifique. *Voir* Homéopathie (efficacité de l').

– **Méridiens**. Voies de circulation de l'énergie dans l'acupuncture (*Voir* Acupuncture).

– **Merveilleux**. Contrairement à la médecine savante officielle, froidement scientifique et rationnelle, les thérapies non-conventionnelles ont en commun l'aura chaleureuse du merveilleux et du surnaturel, l'attrait de l'irrationnel, du magique et de l'incompréhensible, ainsi que le parfum du mystère, du secret, et c'est ce qui les rend beaucoup plus « populaires » « Je guéris la fièvre avec la quina (sic), sans savoir comment, c'est merveilleux ! Je n'y comprends rien et j'en suis bien content ; car, si je comprenais, où serait le merveilleux ? » écrit Claude Bernard pour se moquer des médecins non-scientifiques.

Peut-être s'agit-il d'un retour du religieux refoulé – sous la forme d'un substitut relevant du merveilleux, du magique et du surnaturel, une sorte d'ersatz de Dieu ?

– **Mesmer**. Franz Anton Mesmer (1734-1815) est un médecin autrichien inventeur du magnétisme animal et des méthodes supposées thérapeutiques basées sur un hypothétique *fluide magnétique*. (*Voir* Magnétisme animal).

– **Mésothérapie**. Inventée dans les années 1950 par le docteur Michel Pistor (1924-2003), la mésothérapie, consiste en multiples micro-injections intra-dermiques de divers produits actifs, le plus souvent dans des pathologies rhumatologiques ou à visée esthétique. Alors qu'il n'existe pas de preuve scientifique de son intérêt, les dangers de cette médecine dite douce sont sous-estimés. En avril 2007, à Paris, quatorze personnes développent des centaines d'abcès sur les membres inférieurs, les hanches et le ventre, à la suite de séances de mésothérapie anti-cellulite effectuées chez un médecin généraliste. Il semble que la cause en soit une contamination du pistolet-injecteur qui était nettoyé à l'eau et au savon alors que les canalisations d'eau du cabinet médical étaient infectées par de dangereuses mycobactéries atypiques.

– **Mességué**. Maurice Mességué (né en 1921) est, en France, l'un des plus connus parmi les promoteurs de la phytothérapie (*Voir* Phytothérapie).

– **Métallothérapie**. Système thérapeutique utilisant des plaques, bracelets ou colliers métalliques, inventé par le docteur Victor Burq (1823-1884).

– **Metchnikoff**. Né en Russie, Élie Metchnikoff (1845-1916) fait des études de sciences naturelles à Kharkov et en Allemagne, puis est nommé professeur de zoologie et directeur de l'*Institut de Bactériologie* d'Odessa. Il vient alors à Paris et prend la direction d'un laboratoire de recherche à l'*Institut Pasteur*, dont il devient en 1904 le sous-directeur. Metchnikoff est un grand scientifique : ses travaux d'immunologie cellulaire, notamment la découverte de la phagocytose et du rôle des macrophages dans l'élimination des agents infectieux, lui valent en 1908 l'attribution du *Prix Nobel de physiologie et de médecine* qu'il partage avec le biologiste allemand Paul Ehrlich (1854-1915). Metchnikoff est le créateur des termes *gérontologie*, pour l'étude scientifique de la vieillesse, et *thanatologie*, pour l'étude scientifique de la mort.
Le piquant de la carrière de Metchnikoff est l'intérêt quasi-délirant qu'il va porter au yaourt et à ses supposés effets sur la longévité. Le yaourt – ou yoghourt –, est connu depuis des temps immémoriaux en Asie mineure, au Proche-Orient et dans les Balkans. Il semble être arrivé en France par l'intermédiaire du *Grand Turc* Soliman

le Magnifique (1495-1566), qui aurait soulagé le roi François Ier (1494-1547) de ses douleurs gastriques grâce à ce laitage fermenté. Ce n'est toutefois qu'au début du XIXe siècle que sa consommation va devenir fréquente en France, à la suite des travaux de Metchnikoff. Regardant au microscope quelques grammes de yaourt, il y décèle une intense activité bactérienne. Il en isole un bacille capable de produire de grandes quantités d'acide lactique et qu'il appelle *Bacillus bulgaricus* car le yaourt qu'il vient d'analyser provient d'une région de Bulgarie réputée pour la longévité de ses habitants. Notons également que *yaourt* en bulgare signifierait *longévité.* Metchnikoff soutient que la vieillesse est une maladie chronique essentiellement due à l'action néfaste de microbes normalement présents dans le gros intestin. Pour accroître la longévité, il évacue avec humour la solution qui consisterait à extirper chirurgicalement le côlon et préfère modifier la flore intestinale en introduisant des microbes producteurs d'acide lactique, ce qui aurait pour effet de détruire les mauvais microbes sources de putréfaction. Il signale que ces bacilles lactiques se trouvent dans le yaourt, ce qui rend compte de la grande longévité des habitants de la région de Bulgarie où on en consomme de grandes quantités.

Ces propos tenus lors d'une conférence donnée en 1904 par Metchnikoff font grand bruit. Les talents de manager d'Isaac Carasso (1874-1939), médecin juif séfarade d'origine espagnole vivant à Salonique, où le yaourt se vend à la louche dans la rue, le conduisent à s'intéresser à la production jusque là artisanale du yaourt et, de fil en aiguille, de Salonique en Espagne et d'Espagne à Paris, grâce aux ferments lactiques commandés à l'*Institut Pasteur*, il convertit sa production artisanale de yaourts en une vaste entreprise industrielle qu'il nomme *Danon*, diminutif espagnol du prénom de son fils Daniel (né en1906), qui d'ailleurs lui succèdera et se retrouvera à la fin de la Seconde Guerre Mondiale à la tête du vaste empire international des yaourts *Danone*. Ceci étant, malgré quelques travaux disparates, en particulier chez la souris, l'effet favorable du yaourt sur la longévité n'a jamais pu être scientifiquement prouvée. En revanche, les retombées thérapeutiques de la théorie de Metchnikoff ont été durables, comme en témoigne le *Lactéol*®, spécialité pharmaceutique non soumise à prescription médicale, dont la substance active est *lactobacillus acidophilus*, et que des générations de mères ont donné à leurs enfants avec la soupe de carottes pour une diarrhée, afin de « restaurer la flore intestinale ». On pourrait en rapprocher la prescription systématique avec les traitements antibiotiques d'*Ultra-levure*® supposée réduire les effets intestinaux indésirables des antibiotiques, mais on dont sait maintenant que l'efficacité est mal établie et le service médical rendu insuffisant.

– **Méthode Coué**. C'est au contact du professeur nancéen Hippolyte Bernheim (1840-1919) et de Ambroise-Auguste Liébault (1823-1904), que le pharmacien Émile Coué

de la Châtaigneraie (1857-1926) invente sa méthode d'auto-suggestion consciente. Le procédé est simple : « Tous les matins au réveil, et tous les soirs, aussitôt au lit, fermer les yeux et, *sans chercher à fixer son attention,* sur ce que l'on dit, prononcer avec les lèvres, assez haut pour *entendre* ses propres paroles et en comptant sur une ficelle munie de vingt nœuds, la phrase suivante : *« Tous les jours, à tous points de vue, je vais de mieux en mieux.* ». Les mots *« à tous points de vue »* s'adressant à tout, il est inutile de se faire des autosuggestions *particulières.* Faire cette auto-suggestion d'une façon *simple,* aussi *enfantine,* aussi *machinale* que possible, par conséquent *sans le moindre effort.* En un mot, la formule doit être répétée sur le ton employé pour réciter des litanies. ».
Coué considère que sa méthode, en nous donnant la maîtrise de nous-mêmes, nous permet d'écarter toutes les maladies tant physiques que morales et de « vivre relativement heureux, quelles que soient les conditions dans lesquelles nous puissions nous trouver. ». Il donne des conférences dans le monde entier et sa méthode s'implante et se développe notamment aux États-Unis où il obtient un franc succès et est surnommé *le marchand de bonheur.*
Actuellement, l'expression *méthode Coué* est passée dans le domaine public. On peut, par ailleurs, considérer Coué comme l'inventeur du *placebo*, il a en effet mis sur le marché des flacons d'eau distillée aromatisée qu'il prescrivait à ses malades en tant que préparations magistrales en leur recommandant de respecter strictement la dose prescrite.

– **Méthode ECHO**. La *méthode ECHO* du docteur Jean-Charles Crombez, se rapproche de la dangereuse *Médecine Nouvelle* de Hamer, dans la mesure où elle prétend que toutes les maladies, même les plus graves, et notamment la sclérose en plaques, sont dues à un conflit psychologique et qu'un *décodage biologique* suffit à les guérir (*Voir* Psychogénéalogie).

– **Miracle**. Fait que la raison humaine ne peut expliquer et que l'on suppose d'origine surnaturelle, divine le plus souvent.

– **Moxibustion**. Application localisée de chaleur sur la peau, le plus souvent au niveau des points d'acupuncture, en y enflammant de petits cônes d'armoise ou en chauffant les aiguilles d'acupuncture par différents procédés.

– **Musicothérapie**. La *musicothérapie* est une variété de *Fun-thérapie* utilisant la musique pour réduire le stress et permettre une bonne relaxation du patient (*Voir* Fun-thérapies).

– **Mystagogue**. Initiateur aux mystères sacrés (de la religion, de la magie, de l'occultisme, etc).

– **Naessens**. Gaston Naessens (1924-2004) est l'inventeur d'un microscope, qu'il nomme *somatoscope*, grâce auquel il décrit les *somatides,* qu'il considère comme des microorganismes responsables de l'apparition du cancer et qui ne sont en réalité que des produits de désintégration des globules rouges. Il invente des médicaments anti-cancer dont l'efficacité s'avère nulle : le *GN-24*, l'*Anablast* et le *714 X* (*Voir* Thérapies anti-cancer).

– **Naprapathie**. Médecine manuelle dérivée de la chiropraxie et inventée par le docteur Oakley Smith en 1907.

– **Nature (le mythe de la)**. Dans son recueil de poèmes *Les Regrets*, Joachim du Bellay (1522-1560) écrit : « Ô marâtre nature (et marâtre es-tu bien, / De ne m'avoir plus sage ou plus heureux fait naître), / Pourquoi ne m'as-tu fait de moi-même le maître, / Pour suivre ma raison et vivre du tout mien ? ».
Le mythe d'une *Nature bienfaisante*, belle et bonne, est très ancien, mais il demeure vivace. Au ve siècle avant Jésus-Christ, la médecine hippocratique, rationnelle, rejette les croyances irrationnelles magiques et religieuses et affirme que la maladie n'a pas de sens. La médecine sacrée devient alors une médecine profane. Les causes des maladies ne sont plus sacrées, mais naturelles : l'influence des saisons, du climat, du sol et des eaux prend la place de celle des Dieux. Quant à la thérapeutique hippocratique, elle préconise d'aider la nature, de ne pas la contrarier. Pierre-Martin de la Martinière (1634-1676), médecin au XVIIe siècle, « est très proche de l'idée d'une nature providentielle, disposée selon le regard de l'homme pour lui être bénéfique : c'est en observant la façon dont les animaux, d'instinct, se soignent que l'on découvre la propriété de certains éléments de la nature. »
L'idée que les maladies guérissent naturellement (*Vis medicatrix naturae)*, que les produits naturels sont sains, que ce qui n'est pas naturel, ce qui est artificiel, est nocif, malfaisant, nuisible, reste une idée très répandue. On oublie trop souvent que les maladies sont des phénomènes naturels et non surnaturels, que les épidémies de peste, de variole, de choléra, de grippe A(H1N1) ou de chikungunya ne sont pas envoyés par les Dieux pour punir les hommes, mais sont le fruit de la Nature, de même que les éruptions volcaniques, les tremblements de terre, les raz-de-marée, les tsunamis, les cyclones et autres ouragans dévastateurs, le soleil et les mélanomes, les herbes toxiques et les champignons vénéneux, les animaux féroces, les puces, les tiques et les poux, vecteurs de multiples maladies. La *grippe espagnole* a fait en quelques mois plus de morts que la *Grande Guerre* en quatre ans. Même la mort est un phénomène tout ce qu'il y a de plus naturel. Bref, n'en déplaise à Jean-Jacques Rousseau (1712-1778), la Nature est hostile, difficile à dompter et le combat de l'Homme contre la Nature n'est pas gagné.

Il n'empêche, la Nature est une source d'inspiration considérable pour la création de thérapies non-conventionnelles. Interviennent ici tous les produits dits naturels, d'origine végétale (*Voir* Phytothérapie), minérale (*Voir* Lithothérapie) ou animale (*Voir* Apithérapie), et, bien sûr, les quatre éléments traditionnels : l'air, la terre, l'eau et le feu ainsi que le nu, le cru (*Voir* Crudivorisme), etc. Par extension, peuvent entrer dans ce cadre des thérapies, comme l'acupuncture ou l'homéopathie, qui ne font pas appel à des molécules chimiques de synthèse, donc artificielles. A la Nature, s'oppose en effet l'artificiel (au sens étymologique : *créé par l'art*, par la technique, donc par l'homme). A cette philosophie de la Nature se rattachent la valorisation de l'hygiène corporelle et mentale (*mens sana in corpore sano : un esprit sain dans un corps sain*), de l'exercice physique, de la gymnastique et du sport, ainsi que des pratiques comme le végétarianisme, le crudivorisme, les cures de jeûne, le nudisme. Les naturopathes et naturothérapeutes sont les praticiens qui prônent ces méthodes (*Voir* Naturopathie).
Parmi les clients des médecines douces, ceux qui sont particulièrement attachés à la Nature appartiennent fréquemment – comme le fait judicieusement remarquer le psychiatre Jean-Marie Abgrall (né en 1950) – à « un groupe « post-soixante-huitard », qui a opté pour une écologie radicale. Pour lui, la chimie symbolise la malfaisance des temps modernes et la nature s'apparente à la pureté absolue.»

– **Naturisme**. Le naturisme, appelé autrefois *gymnosophie*, est né en France à la fin du XIXe siècle, sous l'influence d'Elisée Reclus (*Voir* Naturopathie).

– **Naturopathie**. Pour le guérisseur Arnold Rikli (1823-1906), « L'eau est bonne, l'air est meilleur, mais la lumière est ce qu'il y a de mieux. ».
La *médecine naturopathique* ou *naturopathie*, souvent pratiquée par des non-médecins, est un système fondé sur l'idée que la guérison surviendra d'elle-même, par le pouvoir curatif de la Nature (*Voir* Nature), à condition de prendre soin de n'utiliser que des moyens thérapeutiques naturels, comme l'exercice, les régimes, les suppléments nutritionnels, les herbes médicinales, les manipulations, les massages, l'homéopathie, l'acupuncture, et en bannissant l'usage de toute drogue ou intervention médicale technologiquement avancée. Les naturopathes, censés s'occuper du malade dans sa globalité (prétention *holistique*) et privilégier la règle hippocratique du *Primum non nocere* (*d'abord ne pas nuire*), utilisent pour le diagnostic les moyens de la médecine conventionnelle.
D'abord initiée en Allemagne, avec en particulier Vincent Priessnitz (1799-1852) et l'abbé Sebastian Kneipp (1821-1897), la naturopathie acquiert son nom et se développe aux États-Unis grâce à Benedict Lust (1872-1945). Docteur en médecine, le russe Alexandre Salmanoff (1875-1964), après avoir été le médecin de Lénine, émigre en France en 1922 et y crée une méthode complète de médecine naturelle qui n'aura pas beaucoup d'audience.

En effet, en France, les leaders de la *méthode naturelle* sont le lieutenant de vaisseau Georges Hébert (1875-1957) dans le champ sportif et, dans le domaine médical, le biologiste Pierre-Valentin Marchesseau (1911-1994), fondateur de la *naturopathie orthodoxe*, et Paul Carton (1875-1947). En France, sous l'influence notamment du grand géographe et penseur anarchiste Élisée Reclus (1830-1905), lui-même nudiste et végétarien, le naturisme se développe à la fin du XIXe siècle-début du XXe dans les communautés anarchistes. Arouna Ouédraogo a consacré de très intéressants travaux de recherche au végétarisme et au docteur Paul Carton. Ancien interne des hôpitaux de Paris, médecin-assistant à l'Hospice de Brévannes, Paul Carton est le fondateur d'une *médecine naturelle* d'inspiration hippocratique mettant en exergue la notion de *terrain*. Pour lui, les maladies sont dues à l'affaiblissement du système immunitaire par une hygiène défectueuse et de mauvaises habitudes de vie. La prévention et la guérison des maladies sont basées sur une vie saine conforme aux lois de la nature, c'est-à-dire qu'il faut supprimer l'alcool, la viande et le sucre dans l'alimentation, remplacer le pain blanc (industriel, dévitalisé) par le pain bis ou le pain complet beaucoup plus sain, le *vrai pain de France*, faire de l'exercice physique, croire en Dieu, avoir une bonne hygiène et rester chaste pour garder son énergie physique et mentale. Il estime que la médecine orthodoxe, ses médicaments et ses vaccinations, ont souvent plus d'effets secondaires néfastes que d'actions bénéfiques et que les opérations chirurgicales doivent être évitées autant que faire se peut. Sa médecine veut être une approche personnalisée globale du malade, y compris sur le plan spirituel et religieux. Contrairement à beaucoup d'autres naturopathes, Carton rejette le *nudisme*, qu'il considère comme une pratique impudique et moralement dégradante. Il fonde la *Société Naturiste Française* et la *Revue Naturiste*. Il s'intéresse à la graphologie, à l'astrologie, aux sciences occultes, à la physiognomonie et publie de très nombreux ouvrages d'hygiène, de médecine naturiste, de cuisine, de jardinage ainsi qu'une biographie de Léon Bloy (1846-1917), écrivain catholique farouchement antimatérialiste. Carton repousse le matérialisme scientifique et le marxisme et partage les positions royalistes, nationalistes, racistes et eugéniques. Le *végétarisme naturiste cartonien* a eu un impact considérable en France entre les deux guerres de 14-18 et de 39-45.

– **Nécromancie**. Science occulte faisant appel aux morts pour prédire l'avenir.

– **Néochamanisme**. Appropriation par les Occidentaux des traditions et des pratiques chamaniques.

– **New-Age (Nouvel-Âge)**. Terme générique désignant des mouvements mystiques et spiritualistes, visant à l'avènement de l'âge du Verseau, âge de justice et de paix dans le monde (*Voir* Nouveaux mouvements religieux).

– **Niehans**. Paul Niehans (1882-1971), docteur en médecine de nationalité suisse, invente la *thérapie cellulaire* aux cellules fraîches. Sa première injection a lieu en 1931. Les organes et glandes utilisées dans un but de rajeunissement incluent le cerveau, l'hypophyse, la thyroïde, les surrénales, le thymus, le foie, les reins, le pancréas, la rate, le cœur, les ovaires, les testicules et la parotide. De nombreuses cliniques se spécialisent dans la thérapie cellulaire, surtout en Suisse, mais pas seulement. Des personnalités célèbres y ont recours, parmi lesquelles on cite Winston Churchill (1874-1965), le pape Pie XII (1876-1958), Pablo Picasso (1881-1973), le Président Eisenhower (1890-1969), Aristote Onassis (1906-1975), l'empereur Hirohito (1901-1989). Niehans a été membre de l'*Académie des Sciences Pontificales*. Après avoir travaillé plusieurs années avec Niehans, le Docteur Alfred Pfister (1910-1990) découvre que les embryons d'animaux, notamment de moutons, seraient les meilleurs fournisseurs de cellules fraîches et crée en 1952 la *Cellvital cellular therapy*. Ces dangereuses fumisteries sont à l'origine d'accidents souvent mortels, soit immunologiques (polyradiculonévrites, encéphalites, maladies bulleuses de la peau) soit liés à la transmission à l'homme de bactéries ou de virus contenus dans les cellules animales injectées au malade.

– **Nogier**. Le médecin lyonnais Paul Nogier (1908-1996) est l'inventeur de l'*acupuncture auriculaire* ou *auriculothérapie* (*Voir* Auriculothérapie).

– **Nouveaux mouvements religieux**. L'expression *Nouveaux Mouvements Religieux* s'applique à des groupes religieux récemment apparus, en rupture avec les formes traditionnelles de religiosité. Les plus connus sont un ensemble de mouvements spiritualistes et mystiques apparus dans les années 1960-70 en Californie (États-Unis) et relevant de la mouvance *New Age (Nouvel Age)*. Ces mouvements, très hétérogènes, incluent des aspects religieux, philosophiques, politiques, artistiques. Nés dans le contexte de la contestation, en particulier celui de la lutte contre la guerre du Vietnam, ces mouvements, inspirés de la Théosophie, du Bouddhisme et de l'Hindouisme, font appel à des croyances et à des pratiques ésotériques et magiques diverses (parapsychologie, astrologie, anges, réincarnation, macrobiotique, médecines alternatives, etc.). L'idée de fond est celle de l'avènement d'un *nouvel âge, l'âge du Verseau*, qui succèdera à l'actuel *âge du Poisson*, celui du christianisme, et qui verra l'établissement d'un gouvernement mondial de paix et de justice placé sous l'autorité du Messie revenu sur terre. Le *New-Age* souhaite l'avènement d'une société dite *alternative et holistique*, démocratique, égalitaire, libre, associée à un retour à la nature, société dont les slogans-types sont « Bien dans son corps, bien dans sa tête », « Changer les consciences pour changer le monde ». Haut-lieu du *New Age*, l'Institut *Esalen* de *Big Sur* en Californie, fondé en 1962, propose une philosophie de la vie dont l'objectif est l'épanouissement global, tant spirituel et affectif que corporel,

de l'être humain ; « Ici et maintenant », telle est la devise d'*Esalen*. Un des moyens mis en œuvre est le *massage Esalen* « qui vise l'éveil à la sensualité et à une conscience psychocorporelle par le toucher et la respiration. » Le moment clef de la « *californisation* » de l'Europe et notamment de la France correspond aux événements de mai 68.
Les *wiccans*, sorciers des temps actuels, sont les pratiquants de la *Wicca*, mouvement spirituel ésotérique, du genre *New Age*, ensemble de croyances hétéroclites relevant du néo-paganisme, lancé par Gerald Gardner (1884-1964) dans les années 1950. Les wiccans utilisent la magie blanche, uniquement pour le Bien ; leur devise est : « Fait tout ce qu'il te plaira si cela ne fait de tort à personne. » Comme tous les mouvements *New Age*, ils sont adeptes des médecines douces.
La *thérapie par les anges* fait également partie du *New Age* (*Voir* Thérapie par les anges).

– **Nudisme**. Le nudisme, qui consiste à pratiquer la nudité absolue peut entrer dans le cadre idéologique du naturisme (*Voir* Naturopathie).

– **Oenothérapie**. La *médecine par le vin* (ou *oenothérapie*) fait partie depuis longtemps de la médecine populaire en France : un bon vin chaud à la cannelle vient à bout de tous les refroidissements ! Pour Pasteur, « le vin est la plus saine et la plus hygiénique des boissons » et pour la Bible : « Bonum vinum laetificat cor hominis (le bon vin réjouit le cœur de l'homme) ». La médecine officielle actuelle est plus circonspecte sur les bienfaits du vin et insiste plutôt sur les dégâts occasionnés par son usage abusif.

– **Oligo-éléments**. Substances minérales (métalliques ou non) apportées par l'alimentation, présentes dans l'organisme en très faibles quantités et indispensables à son fonctionnement.

– **Oligothérapie**. Thérapie par les oligo-éléments (notamment chrome, étain, fer, fluor, iode, cobalt, cuivre, manganèse, molybdène, nickel, sélénium, vanadium, zinc).

– **Opérateur**. Terme ancien synonyme de charlatan, empirique, guérisseur.

– **Opothérapie**. Utilisation thérapeutique d'extraits de tissus ou d'organes animaux, notamment d'extraits de glandes (extraits thyroïdiens par exemple).

– **Organothérapie**. Utilisation thérapeutique d'extraits de glandes endocrines.

– **Orgone**. Wilhelm Reich (1897-1957), né en Galicie (Empire Austro-Hongrois), docteur en médecine, disciple dissident de Freud, se frotte au communisme, tente de

théoriser le freudo-marxisme, puis se fait l'apôtre de la liberté sexuelle et fonde la *végétothérapie,* « psychothérapie analytique à médiation corporelle, basée sur une activation de la respiration, le décontrôle et le vécu “végétatif” ».
Il crée, dans le Maine (États-Unis), la communauté *Orgone*. L'orgasme est installé au cœur de la vie. L'*Orgone*, énergie bio-électrique, énergie vitale ou orgastique, serait présente dans l'organisme ainsi que dans l'atmosphère. La répression sexuelle (sociale, morale, éducative) est à l'origine du dysfonctionnement orgastique, qui entraîne les troubles psychosomatiques. « Cette répression sexuelle provoque non seulement une cuirasse caractérielle mais aussi la création d'une cuirasse de tensions musculaires. Cette cuirasse, cette rigidité musculaire contient toute l'histoire et la signification de l'origine de chacun. » La prévention passe par une révolution sexuelle. Pour rétablir l'énergie orgastique, et donc guérir non seulement les troubles psychosomatiques et les névroses mais aussi d'autres maladies dont le cancer, il préconise les massages, l'hyperventilation par des exercices respiratoires, la danse, les cris, etc. Les *accumulateurs d'énergie Orgone* sont de grandes boîtes, ressemblant à des sortes de cabines téléphoniques, de plusieurs modèles et de prix conséquent, dans lesquels vous vous asseyez et qui sont censées capter et emmagasiner l'*Orgone* de l'atmosphère pour vous la restituer, supposant ainsi prévenir et guérir le cancer et la plupart des autres maladies.
Reich échafaude également des tests sanguins de diagnostic du cancer. Condamné à deux ans de prison, Reich meurt en 1957 pendant son incarcération. Bien évidemment, il n'existe aucune preuve scientifique de la réalité d'une quelconque *Orgone*, il n'empêche que Reich est devenu une grande figure revendiquée par les mouvances hippies et libertaires et que ses travaux ont inspiré Erich Fromm (1900-1980), psychanalyste humaniste américain dont l'ambition était de conjuguer freudisme et marxisme, et sont également à l'origine de nombreuses psychothérapies plus ou moins farfelues, comme la *bio-énergie* du docteur Alexander Lowen (1910-2008), la *Neuro-végétothérapie Analytique*, la *Neuro-végétothérapie caractéro-Analytique* de Federico Navarro (1924-2002) ou l'*Analyse Psycho-Somato-Energétique.*

– **Orviétan**. Depuis des siècles, les charlatans sont qualifiés de *vendeurs ou marchands d'orviétan*. L'orviétan est en effet le plus ancien et le plus célèbre des remèdes secrets proposés par les charlatans. Inventé au XVIe siècle, à Orvieto (Italie), par Lupi, il acquiert vite une grande renommée et son apparition à Paris, sur le Pont-Neuf, au début du XVIIe siècle serait le fait d'un charlatan nommé Hieronymo Ferranti (*Voir* Pont-Neuf).

– **Ostéopathie**. L'ostéopathie a été inventée en 1874 par Andrew Taylor Still (1828-1917), initié aux pratiques de guérissage par son père, pasteur méthodiste et rebouteux dans le Missouri. C'est en constatant que de dormir la tête en extension reposant sur un corde tendue entre deux arbres le soulage de ses maux de tête, que lui vient l'intuition qu'aucune contrainte mécanique ne doit s'exercer sur un viscère ou une articulation pour qu'ils fonctionnent normalement. C'est à la fin de la Première Guerre Mondiale que l'ostéopathie arrive en Europe, tout d'abord en Grande-Bretagne où est créée la *British School of Osteopathy*, puis ensuite dans les autres pays.

Les principes sur lesquels se fonde l'ostéopathie sont : 1) l'unité de l'être humain qui forme un *tout* (*médecine holistique*) ce qui veut dire qu'une perturbation d'une région du corps se manifeste aussi dans n'importe quelle autre région, 2) la capacité d'auto-guérison du corps, 3) l'interdépendance entre la structure et la fonction, notamment au niveau des articulations.

La manipulation de la colonne vertébrale, en améliorant la circulation du sang, est censée permettre au corps de guérir. L'ostéopathie est supposée agir sur le plan fonctionnel et psychologique et rétablir ainsi l'équilibre et la santé de l'individu ; toutes les maladies, sauf les plus graves, comme le cancer, sont supposées pouvoir guérir grâce à l'ostéopathie. La doctrine repose sur une prétendue lésion tissulaire fonctionnelle ou *dysfonction ostéopathique* qui se caractériserait par une perturbation de la mobilité des tissus, principalement retrouvée le long de la colonne vertébrale, et susceptible d'être mise en évidence par un *diagnostic ostéopathique spécifique* et d'être guérie par une manipulation appropriée.

En 1899, un étudiant en ostéopathie, William Garner Sutherland (1873-1954) crée l'*ostéopathie crânienne*, focalisée sur la mobilité des sutures des os du crâne qu'il manipule pour traiter toutes les maladies. Une théorie analogue, l'*ostéopathie viscérale*, basée sur la mobilité des viscères, a été élaborée en France.

En fait, la chiropraxie (*Voir* Chiropraxie) et l'ostéopathie sont très voisines et se recouvrent très largement, au point que dans certains pays, comme l'Australie, elles forment une seule et même discipline. Les chiropracteurs utilisent plus de moyens diagnostiques conventionnels que les ostéopathes. Le point commun de ces deux théories est l'usage d'un vocabulaire qui – bien que différent dans chacune – se situe en dehors du vocabulaire anatomique et physiologique scientifique. Il n'y a pas de possibilité de discuter ou de contester tel ou tel propos puisqu'il est incompréhensible par les esprits rationnels normalement constitués. Le jargon, ou plutôt le délire construit, systématisé, pseudo-logique, est la règle. Alors qu'en ostéopathie, les patients sont traités par *manipulations*, en chiropraxie ils le sont par *ajustements*, mais il s'agit toujours de mobiliser une articulation afin de soi-disant *restaurer la fonction*. Inutile d'ajouter que la médecine scientifique n'a jamais pu, tant cliniquement que radiologiquement, retrouver ces *déplacements* ou *subluxations vertébrales*. Le Professeur Maigne, rhumatologue et pionnier de la médecine manuelle en France, indique que « la thèse des chiropracteurs ou des ostéopathes qui soutient que bon nombre de maladies seraient favorisées ou provoquées par des coincements vertébraux est absurde et inadmissible. Les manipulations vertébrales ne peuvent pas servir à tout, ni à tout le monde. ».

La *thérapie crânio-sacrée* est analogue à la chiropraxie, mais se cantonne à des massages du crâne et de la colonne vertébrale, supposés améliorer la circulation du liquide cérébro-spinal et restaurer l'équilibre entre le système nerveux et le système immunitaire, assurant ainsi un retour à la bonne santé !

La *naprapathie*, créée en 1907 par Oakley Smith (1880-1967), docteur en chiropraxie et en naturopathie, est une médecine manuelle qui se veut spécialisée dans la manipulation des tissus conjonctifs de la colonne vertébrale, comme les ligaments qui unissent les os, et qui s'applique au traitement d'affections *neuro-musculo-squelettiques*. Des *docteurs en naprapathie* sont formés dans certains États des USA.

L'*étiopathie*, inventée en 1963 par Christian Trédaniel (né en 1934), est supposée « restaurer les équilibres des structures corporelles par des techniques manuelles articulaires, vertébrales, crâniennes, organiques et circulatoire ».

– **Ostéopathie-chiropraxie (dangers de l')**. Même si leur fréquence est très faible, encore que tous les cas ne soient pas publiés, la gravité de certains accidents doit faire réfléchir à deux fois avant de se laisser *manipuler les vertèbres* par un ostéopathe ou un chiropracteur. Il peut s'agir de fractures de côtes, de hernies discales (à l'origine de sciatiques ou de névralgies cervico-brachiales), d'hémorragies méningées, de paraplégies, de maux de tête sévères. La dissection de l'artère vertébrale, suivie d'un accident vasculaire cérébral, est l'une des complications les plus graves des manipulations du rachis cervical. Le risque est statistiquement faible, estimé à environ un pour cinq millions de manipulations cervicales, mais on ne sera pas surpris d'apprendre que les neurologues considèrent cette complication comme plus fréquente que les chiropracteurs. Une revue de la littérature internationale recense entre 1950 et 1980 cent-trente-cinq cas de complications sérieuses (dont dix-huit morts). Il s'agissait le plus souvent d'une méconnaissance du diagnostic réel (tumeurs, hernies discales…) ou d'une technique inadéquate. Une autre étude, plus récente, portant sur quatre mille sept-cent-douze traitements, signale 55 % d'effets secondaires peu graves, comme des nausées, des contractures musculaires, des fourmillements ou des douleurs radiculaires, spontanément résolutifs dans trois-quarts des cas. Entre 1995 et 2001, l'analyse des revues médicales fait apparaître quarante-deux patients victimes d'accidents sérieux liés à une manipulation du rachis cervical, le plus souvent par un chiropracteur. Parmi ceux-ci, on trouve dix-huit cas de dissection artérielle à l'origine d'un accident vasculaire cérébral. Ce type de complication est si redoutable, que certains médecins ont proposé d'interdire totalement les manipulations du rachis cervical, d'autant que les douleurs du cou et les maux de tête postérieurs, le plus souvent bénins, qui représentent l'indication habituelle de ces manipulations, sont susceptibles d'être traitées à moindre risque par d'autres méthodes.

– **Ostéopathie-chiropraxie (diplômes)**. L'ostéopathie est officiellement reconnue aux États-Unis et, en pratique, elle est incluse dans les médecines conventionnelles. Les docteurs en ostéopathie (D.O.) sont légalement équivalents aux docteurs en médecine (M.D.) et les uns comme les autres sont certifiés par des examens fédéraux et d'État. On observe aux États-Unis une évolution notable de la pratique ostéopathique, car les ostéopathes utilisent de moins en moins les manipulations ostéopathiques et tendent de plus en plus à avoir une pratique qui se rapproche de celle des docteurs en médecine. Cette évolution pourrait être liée au fait que les étudiants qui entrent dans les écoles d'ostéopathie le font en général après avoir essuyé un échec à l'admission dans les écoles de médecine normales, plutôt que par conviction dans les théories ostéopathiques.

Depuis plusieurs années, les facultés de médecine françaises délivrent un *diplôme interuniversitaire de médecine manuelle-ostéopathie*, reconnu par l'Ordre des médecins en tant que formation complémentaire. Uniquement accessible aux médecins, cette formation dure deux ans et donne le droit de la mentionner sur les plaques et ordonnances. Le 1er juillet 1999, Bernard Kouchner (né en 1939), *Secrétaire d'Etat à la Santé et à l'Action Sociale auprès de la Ministre de l'Emploi et de la Solidarité*, met en place un groupe de travail « rassemblant les professionnels intéressés par ces disciplines, médecins et non médecins, afin de déterminer l'intérêt d'une reconnaissance des pratiques ostéopathiques et chiropratiques et de dégager les conditions, notamment en termes de formation des professionnels, dans lesquelles un haut degré de sécurité pourrait être garanti à nos concitoyens. » Il en sort une loi, dite *loi Kouchner*. Avant cette loi du 4 mars 2002 relative aux droits des malades et à la qualité du système de santé, la pratique de l'ostéopathie était exclusivement réservée aux docteurs en médecine. Or cette loi élargit le cadre et stipule que « l'usage professionnel du titre d'ostéopathe ou de chiropracteur est réservé aux personnes titulaires d'un diplôme sanctionnant une formation spécifique à l'ostéopathie ou à la chiropraxie délivrée par un établissement de formation agréé par le ministre chargé de la santé dans des conditions fixées par décret. ». La rédaction des textes d'application est la source de multiples conflits entre des intérêts opposés et apparemment inconciliables. En février 2007, l'*Ordre des médecins* et l'*Académie de médecine* manifestent leur inquiétude devant les projets de décrets qui s'annoncent très différents des propositions initialement discutées. Au final, après s'être fait attendre pendant cinq ans, les décrets et arrêtés d'application sont publiés le 27 mars 2007 ; ils stipulent notamment que le titre d'ostéopathe est réservé aux médecins, sages-femmes, masseurs-kinésithérapeutes et infirmiers ainsi qu'aux personnes titulaires d'un diplôme délivré par un établissement agréé et témoignant d'une formation spécifique d'au moins trois ans, et qu'un certain nombre d'actes sont interdits aux ostéopathes non-professionnels de santé (touchers pelviens, manipulations gynéco-obstétricales, manipulations du rachis cervical, certaines manipulations chez le nourrisson). Ces textes ne satisfont personne, ni les médecins ni les kinésithérapeutes ni les ostéopathes exclusifs. Seuls l'*Académie nationale de médecine* et le *Conseil national de l'Ordre des médecins* se félicitent « *qu'aient été entendues leurs exigences concernant la formation (des) ostéopathes et la limitation de leur pratique* ». Ils mettent en garde contre « *le risque lié à une prise en charge en première intention par un ostéopathe non-médecin* » *et n'acceptent pas que les* docteurs en médecine aient l'obligation d'obtenir une autorisation préfectorale pour exercer l'ostéopathie.

La loi *Hôpital-Santé-Territoires-Patients* (*HSTP*) du 21 juillet 2009, dite *loi Bachelot*, introduit de nouvelles dispositions concernant la formation des ostéopathes : les études sont portées au niveau Master en 4 ans, avec 3520 heures, au lieu des 2 660 heures initialement prévues et le contrôle des professionnels en exercice et des établissements de formation par l'*Inspection Générale des Affaires Sociales* est renforcé.

Quelle que soit l'évolution en France des textes régissant l'ostéopathie et la chiropraxie, et n'en déplaise aux 17 % de Français qui y ont recours, il est bien difficile de contester l'opinion de l'*Académie de Médecine* qui considère que l'ostéopathie fait partie des « doctrines irrationnelles et antiscientifiques ».

– **Ostéopathie-chiropraxie (efficacité de l')**. Les différents travaux publiés donnent des conclusions souvent contradictoires quant à l'efficacité de l'ostéopathie et/ou de la chiropraxie dans les douleurs rachidiennes lombaires (lumbagos) ou cervicales (cervicalgies). Mais les études sérieuses, contrôlées, réalisées avec une méthodologie convenable sont très rares et plus leur méthodologie s'améliore moins elles sont en faveur d'une quelconque efficacité. Dans les pathologies générales, autres que vertébrales, on peut se demander si, en dehors de l'effet relaxant de la palpation, il y a autre chose que « cette psychothérapie manuelle ». Le *Collège médical* du Luxembourg considère que la chiropraxie est « une technique sans aucun fondement scientifique qui n'a jamais rapporté une quelconque preuve d'efficacité et qui, par voie de conséquence, est à considérer comme pratique illégale, dangereuse et nuisible. ».

– **Palmer**. Daniel David Palmer (1845-1913), magnétiseur canadien installé aux Etat-Unis, est l'inventeur en 1895 d'une médecine manuelle, la chiropraxie (*Voir* chiropraxie).

– **Panseur de secrets**. Personne possédant un secret qui lui permet, dans un contexte religieux, de guérir un mal donné, mais pas tous les maux.

– **Paracelse**. Le médecin et alchimiste suisseTheophrastus Philippus Aureolus Bombastus von Hohenheim dit Paracelse (1493-1541) conteste vigoureusement les anciens auteurs révérés que sont Hippocrate et Galien. Il est considéré comme étant à l'origine de la chimie médicale. Il est également célèbre du fait de la *médecine* ou *théorie des signatures* qu'il promeut (*Voir* Théorie des signatures).

– **Passeur de feu**. Guérisseur ayant reçu le *don* de guérir les brulures.

– **Pauling**. Scientifique de renom international, non médecin, Linus Pauling (1901-1994) obtient en 1954 le *Prix Nobel de chimie* pour ses travaux utilisant la mécanique quantique dans la connaissance de la nature des liaisons chimiques. En 1962, le *Prix Nobel de la paix* lui est décerné pour sa lutte contre la prolifération des armes nucléaires. A la suite de contacts avec un biochimiste chiropracteur de Los Angeles, il se passionne pour la vitamine C. En 1973, très largement sponsorisé par Hoffmann-La Roche (le géant de l'industrie pharmaceutique, le plus gros producteur de vitamine C à travers le monde entier), il fonde à Palo Alto, Californie, le *Linus Pauling Institute* dédié à la *médecine orthomoléculaire*, pour y poursuivre ses recherches. Dans le cas de Linus Pauling, l'escalade est singulièrement démonstrative. Il commence en 1970 (dans son livre *Vitamin C and the Common Cold – La vitamine C et le rhume*) à dire que l'administration quotidienne d'un gramme de vitamine C réduit de 45 % l'incidence du rhume commun, mais que certaines personnes ont besoin de doses nettement plus élevées. La réédition de 1976 recommande des doses encore plus élevées. En 1979, il passe du rhume au cancer (dans son ouvrage *Vitamin C and Cancer – La vitamine C et le cancer*) et affirme que des doses élevées de vitamine C sont efficaces contre le cancer. Lui-même en absorbe au moins 12 g par jour et monte à 40 g si des symptômes de rhume apparaissent. En 1986, il franchit le dernier palier et saute du cancer à la longévité en préconisant des doses massives de vitamine C. L'escalade se produit donc sur le plan qualitatif (du rhume au cancer, du cancer à la longévité) et quantitatif (de doses modérées à des doses gigantesques) et s'élargit encore à d'autres vitamines : en 1991, un tract de l'*Institut Linus Pauling* recommande l'absorption quotidienne de 6 à 18 g de vitamine C, de 400 à 1 600 UI de vitamine E, de 25 000 UI de vitamine A, ainsi que d'autres vitamines et minéraux. En 1993, atteint d'un cancer de la prostate, il proclame que s'il n'avait pas pris ses doses de vitamine C, son cancer serait apparu vingt ans plus tôt. Allez vérifier ! La vitamine C serait également, pour Pauling, le véritable traitement de l'athérosclérose et des affections cardiaques qu'elle génère, car ces maladies seraient un « scorbut chronique ». Il préconise d'y adjoindre certains acides aminés supposés lutter contre le « mauvais cholestérol ». Ses affirmations ont donné lieu à de nombreux travaux scientifiques et expérimentations cliniques contrôlées, menées en double-aveugle, contre placebo, qui tous ont démontré l'inefficacité de la vitamine C et le danger des doses élevées (augmentation du nombre des cancers cutanés chez la souris). Il n'empêche que le prestige de Pauling a fait monter, pour de nombreuses années, le chiffre des ventes annuelles de vitamine C aux États-Unis à plusieurs centaines de millions de dollars. Curieusement, et paradoxalement, un travail récent montrerait que la vitamine C administrée à fortes doses par voie intra-veineuse (et non par voie orale, comme le préconisait Pauling) serait toxique pour les cellules cancéreuses.

– **Péczely**. Le médecin hongrois Ignatz von Peczely (1826-1911) est l'inventeur de l'iridologie (*Voir* Iridologie).

– **Physiâtrons synthétiques**. Peroxydases préconisées par Jean Solomidès (1911-1979) pour soi-disant détruire les cellules cancéreuses en apportant de l'oxygène en excès (*Voir* Thérapies bio-oxydatives).

– **Phytothérapie**. Nom savant de la *médecine par les plantes*, la *phytothérapie* est très développée, non seulement dans la médecine asiatique et la médecine populaire européenne (dans laquelle les plantes médicinales s'appellent des *simples*), mais aussi dans le cadre de thérapies non-conventionnelles, en particulier anti-cancéreuses. Les feuilles d'aloes sont utilisées depuis des milliers d'années sous forme d'onguent ou de gel à étaler sur la peau en cas de brulures ou de blessures cutanées. La *Jouvence de l'abbé Soury*, spécialité pharmaceutique très populaire en France, est traditionnellement utilisée dans les troubles de la circulation sanguine et leurs diverses manifestations ; ses principes supposés actifs sont l'*Hamamélis*, la *viorne*, le *Calamus* (*jonc odorant* ou *roseau aromatique*) et *Piscidia* (*bois de chien*). Maurice Mességué (né en 1921) est, en France, l'un des plus connus parmi les promoteurs de la phytothérapie. C'est par son père, paysan du Gers, qu'il acquiert son savoir sur les plantes et qu'il apprend à soigner (sic !). Il s'occupe principalement de malades chroniques « abandonnés » par la médecine officielle, ce qui ne l'empêche pas d'être l'objet de plusieurs poursuites pour exercice illégal de la médecine. Ses ouvrages, édités en livres de poche, passionnent un vaste public. Une autre figure emblématique de la médecine par les plantes est la chanteuse israëlienne Rika Zaraï, de son vrai nom Rika Gozman, née en 1938, qui s'adonne à partir des années 1980 à la promotion de la phytothérapie, ce qui lui vaut des démêlés judiciaires pour exercice illégal de la pharmacie. Elle a publié dans ce domaine de nombreux ouvrages qui ont été des succès de librairie, mais dans lesquels fourmillent affirmations gratuites et erronées.

L'histoire d'Adolphe Sax (1840-1894), l'inventeur du saxophone, illustre bien un scénario assez caractéristique des médecines parallèles. Il raconte qu'atteint – ou se croyant atteint – d'un « cancer mélanique de la lèvre supérieure », il fut miraculeusement sauvé « par un médecin noir qui connaissait les propriétés de certaines plantes indiennes. » Le docteur Alfred Velpeau (1795-1867), professeur de clinique chirurgicale à Paris, accepte d'expérimenter dans son service hospitalier le traitement proposé par ce « docteur noir » qui se fait appeler De Vriès. L'échec est patent. L'affaire prend de l'ampleur, dans le milieu médical et dans la presse. Velpeau tente de se justifier à l'*Académie de médecine,* mais sa crédibilité est ébranlée. De Vries, accusé d'être un charlatan, est condamné en 1860, ce qui n'empêche pas Sax de se bien porter, sans pour autant être convaincu d'avoir été guéri par Vriès.

De nombreuses plantes, utilisées dans les médecines populaires traditionnelles de différentes régions du globe, auraient des vertus préventives et/ou curatives des cancers, du fait de leur prétendue action immuno-stimulante ou anti-oxydante. La médecine officielle s'attache à tenter de découvrir les principes actifs qu'elles contiennent, à les isoler, les analyser, les extraire et éventuellement les synthétiser. Parmi les milliers de plantes de la pharmacopée de la médecine traditionnelle chinoise, plusieurs ont donné lieu à l'extraction de produits actifs contre certains cancers, comme la *camptothécine* (issue de *Camptotheca acuminata),* le *paclitaxel* (*Catharanthus roseus),* la *vincristine* (*Taxus chinensis),* l'*indirubine* (*Baphicacanthus cusia*) ou encore le *polysaccharide Kureha* (*PSK*) ou *Krestine*, extrait du champignon *Coriolus versicolor.*

C'est justement parce que de nombreuses plantes ne sont pas anodines et possèdent des effets pharmacologiques qui ne sont pas toujours souhaitables, qu'il faut être vigilant et ne pas les utiliser sans discernement en même temps que tel ou tel traitement orthodoxe. Ainsi, par exemple, l'ail, le ginkgo, le gingembre, le feverfew ont des effets anticoagulants qui imposent de ne pas les utiliser en même temps qu'un traitement par coumadine, héparine, aspirine. Il existe aussi des effets indésirables liés à des interactions avec la radiothérapie ou la chimiothérapie.

Voici quelques-unes des plantes dont l'usage chez les malades cancéreux est le plus répandu. L'*aloès*, l'*euphorbe*, la *griffe du chat*, le *chaparral*, la tisane *Pau d'arco* préparée avec l'écorce de certains conifères d'Amérique centrale et d'Amérique du Sud, le *thé vert* très consommé en Asie pour la soif, le plaisir et le bien-être, le *thé mogu* (ou *Kombucha*), boisson fermentée faite de thé noir, de sucre et d'un champignon, l'*estragon*, bon marché et dépourvu de risques, la *graviola* extraite d'un arbre des forêts amazoniennes, le *trèfle rouge*, l'*ail* cru, dont le principe actif est l'*allicine*, l'*indigo*. *Tian Xian* (prononcez « *Diann Sinn* ») est un supplément d'herbes chinoises supposé détruire les cellules cancéreuses. Les extraits de baies du chou palmiste (*saw palmetto*) sont utilisés depuis longtemps pour améliorer les symptômes urinaires dus aux adénomes prostatiques (tumeurs bénignes non cancéreuses) ; rien ne permet de penser qu'ils aient une action quelconque dans les cancers de la prostate.

Dans le domaine des thérapies du cancer par les plantes, le nom de quelques personnalités connues émerge. Harry Hoxsey (1901-1974), auteur de vaudevilles, naturopathe dépourvu de toute formation médicale, lance au début du XIXe siècle un traitement supposé guérir les cancers et dont la formule lui viendrait de son arrière-grand-père, fermier qui aurait observé un de ses chevaux se guérir du cancer en mangeant instinctivement certaines plantes. Ce traitement se compose d'une mixture à ingurgiter et d'une pâte ou d'une poudre à étaler sur la peau. La potion contient de l'iodure de potassium et des extraits de plantes. La pâte et la poudre à usage externe contiennent, entre autres, des sels d'antimoine, de zinc et du sulfite d'arsenic, corrosif. Aucune efficacité n'a pu être prouvée, alors que les effets indésirables (nausées, vomissements, diarrhée) et la toxicité, notamment celle de l'iodure de potassium a été attestée. Il n'empêche, la réputation et le succès d'Hosxey sont considérables, mais ses démêlés avec les instances officielles américaines l'amènent à la fin des années 1950 à devoir fermer ses cliniques aux États-Unis et en installer une au Mexique. Atteint d'un cancer de la prostate en 1967, Hoxsey utilise sans succès son traitement et s'en remet à la chirurgie.
Essiac est un mélange d'herbes médicinales qui a été lancé en 1922, comme remède contre le cancer, par une infirmière canadienne Rene M. Caisse (1888-1978). *Essiac* est l'anagramme de Caisse, lu à l'envers. Malgré sa grande popularité, aucune expérience animale ni aucun essai clinique ne permet de laisser croire qu'*Essiac* ait une quelconque action anti-cancéreuse.
Aventurier de talent, Jason Winters invente, dans la deuxième moitié du XIXe siècle, un thé, mélange d'herbes recueillies sur plusieurs continents, qui lui aurait permis de guérir de son propre cancer en phase terminale. Il décide ensuite d'en faire profiter les autres en écrivant des livres, en donnant des conférences et en commercialisant avec succès sa formule. Après sa mort, l'entreprise est reprise par son fils.
Alors que le gui était utilisé en médecine populaire depuis le temps des druides, l'*Iscador (ou Hexilor* et *Iscudin)*, jus de gui fermenté, est proposé en 1920 par Rudolph Steiner (1861-1925) comme anti-cancéreux. PC SPES (*PC* pour *Prostate Cancer* et *SPES* pour *espoir* en latin) est un mélange d'extraits de huit plantes, pour la plupart chinoises, dont certaines, du fait de leur activité œstrogénique, auraient une action favorable dans le cancer de la prostate. Il est souvent recommandé d'y associer de la pectine (ou *Pecta-Sol*), extraite des fruits et notamment des citrons. Cette liste est loin d'être exhaustive, tant les plantes ont inspiré d'adeptes désireux de se faire un nom et surtout de substantiels profits.
La *gemmothérapie*, branche de la phytothérapie créée par des homéopathes, est basée sur l'utilisation de tissus végétaux embryonnaires (bourgeons, jeunes pousses, chatons, etc.) issus de diverses plantes médicinales. Ces tissus embryonnaires sont supposés *draîner* l'organisme, c'est-à-dire le *désintoxiquer* « en facilitant le travail des émonctoires. »

Les indications et le mécanisme d'action allégué sont farfelus. Ainsi les bourgeons de tilleul ne seraient pas seulement légèrement sédatifs comme les feuilles, ils rivaliseraient avec les tranquillisants pharmaceutiques les plus puissants. Le bourgeon de cassis stimulerait la corticosurrénale, le bourgeon de figuier régulariserait le fonctionnement de l'axe cortico-diencéphalique et s'avèrerait être un anxiolytique très performant.

L'*aromathérapie* utilise les *huiles essentielles* extraites par distillation de plantes, comme, par exemple, la lavande ou la menthe poivrée. Elles ne doivent pas être employées pures. Les voies d'administration sont orale (une à deux gouttes dans une cuillère de miel diluée dans un verre d'eau tiède), cutanée (en application sur la peau, après dilution dans une huile végétale, d'olive par exemple), en inhalation ou par diffusion dans l'atmosphère par un diffuseur d'arôme. Une combinaison d'huiles essentielles comprenant de la myrrhe, de l'oliban, de la cannelle et du storax, semble avoir donné des résultats intéressants en soins palliatifs. Certains aromathérapeutes prétendent aussi que ces huiles essentielles pourraient traiter de multiples maladies, dont le paludisme, les cancers, la sclérose en plaques, ou encore la gale, mais dans l'ensemble, ils pensent plutôt que l'aromathérapie a un effet préventif en renforçant les défenses naturelles et en luttant contre le stress par son action apaisante et rééquilibrante.

Les *fleurs du docteur Bach* sont toujours d'actualité. Édouard Bach (1886-1936), médecin homéopathe britannique, rêve depuis sa plus tendre enfance de guérir les autres avec une méthode naturelle et simple. Ayant eu l'idée que chaque goutte de rosée contient toutes les propriétés de la plante sur laquelle elle est déposée, il fabrique trente-huit élixirs préparés à partir de pétales de fleurs. Commercialisés en France dans les magasins *bio*, dans les boutiques d'ésotérisme et dans les pharmacies, ces élixirs floraux, qui se consomment très dilués, ont un grand succès. Présentés comme une *thérapie globale de l'être*, ces produits sont supposés avoir un effet bénéfique sur l'équilibre psychique et émotionnel, mais tout porte à croire que l'on a à faire à un *effet placebo*. Un *programme international* d'*enseignement Bach*, agréé par la *Dr Edward Bach Foundation*, est présent dans dix-huit pays.

– **Phytothérapie (accidents de la)**. Là encore, contrairement aux idées reçues, il ne faut pas se laisser abuser et croire que la phytothérapie est toujours et totalement inoffensive. Les risques que fait courir l'utilisation des herbes médicinales sont d'une part des accidents, parfois mortels, dus à leur toxicité propre ou à des contaminations ou des altérations, et, d'autre part, le risque d'interactions néfastes avec des médicaments prescrits ainsi que d'éventuelles réactions allergiques. Les interactions entre les médicaments anesthésiants et les plantes (notamment le gingko biloba, le ginseng et le millepertuis) entraînent des risques en cas d'anesthésie. Ainsi, le millepertuis, supposé efficace dans les dépressions mineures, est à l'origine d'importantes interactions pharmacologiques avec de nombreux médicaments notamment anti-dépresseurs, dont il abaisse la concentration sanguine, les rendant ainsi moins efficaces. L'ail modifie les caractéristiques pharmacocinétiques du paracétamol et de certains anti-coagulants. Le *kava*, traditionnellement consommé aux Vanuatu et en Nouvelle-Calédonie, et qui fait partie des médecines populaires de ces îles du Pacifique, interagit de façon néfaste avec les traitements de la maladie de Parkinson (levodopa) et avec certains anxiolytiques ; de plus, il a été rendu responsable d'hépatites fulminantes. Un grand nombre de *crèmes aux herbes* supposées efficaces dans le traitement de l'eczéma de l'enfant se sont révélées contenir – à l'insu des prescripteurs et des parents – des corticoïdes, dont on connaît, d'une part, l'efficacité dans cette pathologie et, d'autre part, les dangers lorsqu'ils sont appliqués sur le visage. Pour ce qui est de l'aromathérapie, les huiles essentielles sont susceptibles de donner des réactions allergiques lorsqu'elles sont appliquées sur la peau ; elles ne doivent pas être ingérées, car elles sont toxiques si elles sont avalées.

– **Phytothérapie (efficacité de la)**. Que certaines plantes soient efficaces dans certaines pathologies, nul ne le met en doute, d'autant que, dans de tels cas, on s'est empressé d'extraire de la plante en question le principe actif, comme, par exemple, la digitaline de la digitale, la morphine du pavot, la pervincamine de la pervenche, etc. et de les utiliser dans la pharmacopée officielle. Que certaines plantes puissent avoir des effets néfastes dus à leur toxicité est également reconnu. Mais que toutes les plantes qui constituent le fond de commerce de la phytothérapie soient efficaces, rien n'est moins sûr. Les travaux scientifiques menés de façon sérieuse démontrent le plus souvent un effet placebo, rien de plus ; c'est notamment le cas de l'ail, du ginseng ou encore de l'échinacée. Les exceptions sont très rares et la méthodologie discutable des essais semblant aller dans ce sens jette un doute sur ces résultats, comme l'action alléguée de quelques plantes dans les douleurs dorso-lombaires non spécifiques.

– **Pierrounnet**. Pierre Brioude (1832-1907), surnommé *Pierrounnet,* est né en 1832 à Nasbinals, bourgade de Lozère située sur la route de Saint-Jacques de Compostelle, d'un milieu paysan modeste. Il devient berger et sa connaissance des bêtes l'amène à faire office de vétérinaire. Il sait remettre en place un membre démis et sa réputation conduit les amis et les voisins à venir profiter de ses talents. Il abandonne alors l'activité de berger et devient cantonnier de sa petite commune, dont il est élu conseiller municipal en 1900. Sa réputation de rebouteux est telle qu'il reçoit quotidiennement trente à cinquante patients venus non seulement de la Lozère, de l'Aveyron et du Cantal, mais aussi de tout le Midi de la France, de Paris, voire de Londres ! Il contribue ainsi à la renommée et à la fortune de sa ville, en remplissant les hôtels, auberges et cabarets de ses nombreux clients. Il ne se fait pas payer, mais accepte les dons faits à sa famille. En

1905, il est condamné par le tribunal correctionnel de Marvejols à une amende de cent francs pour exercice illégal de la médecine. En 1909, deux ans après sa mort, ses concitoyens, reconnaissants, lui élèvent une statue sur la place publique de son village ; lors de l'inauguration, le discours officiel note qu'« il est juste que le bronze conserve d'une façon durable les traits de Pierre Brioude qui fut pour le pays un véritable bienfaiteur et donna l'exemple d'une vie chrétienne, simple, tout entière employée à soigner et à guérir les misères humaines. »

– **Pipithérapie**. Terme populaire pour urinothérapie (*Voir* Urinothérapie).

– **Pistor**. Le docteur en médecine Michel Pistor (1924-2003) est l'inventeur de la mésothérapie, technique qui consiste en multiples micro-injections intra-dermiques de divers produits (*Voir* Mésothérapie).

– **Placebo**. Le mot *placebo* signifie en latin *je plairai*. Son origine réside dans le psaume 114 : « Placebo domino in regione vivorum… » (*Je plairai à Dieu au royaume des vivants*). L'effet *placebo* est au cœur de la problématique des médecines non-conventionnelles, comme d'ailleurs de nombreux traitements de la médecine orthodoxe. On qualifie de *placebo* une substance ou une intervention qui n'ont pas d'effet thérapeutique spécifique dans la pathologie étudiée, mais qui sont perçus comme actifs par le patient. Le *placebo* d'un médicament se présente avec un aspect et un goût identiques à ceux du médicament étudié, mais ne contient qu'une substance inerte dénuée d'activité pharmacologique (boulettes de mie de pain, pilules d'amidon, gélules de farine, lactose, sérum physiologique, eau distillée, etc).
L'*effet placebo* peut être favorable ou défavorable ; dans ce dernier cas on parle alors d'*effet nocebo* (du latin, *je nuirai*). Les placebos sont couramment utilisés pour servir de témoins dans les essais thérapeutiques de nouveaux médicaments, un groupe de malades recevant la molécule active et un autre groupe apparié recevant le placebo (étude dite contrôlée). Les malades sont attribués à l'un ou l'autre groupe par tirage au sort (randomisation), ni les malades ni les médecins ne sachant à quel groupe ils appartiennent (double-aveugle). En pratique médicale courante, l'efficacité d'un *placebo* n'est pas spécifique, mais elle est loin d'être nulle, puisque 30 à 40 % de l'efficacité des prescriptions médicales relèvent de l'effet placebo. Le mécanisme d'action des placebos est complexe et multi-factoriel, faisant intervenir la nature de la maladie, le degré de conviction du prescripteur, la qualité de la relation médecin-malade (avec ses composantes de transfert et de contre-transfert) et l'aspect du placebo. Ainsi, dans une étude comparant l'effet de deux placebos, une pilule de sucre et une acupuncture-factice, cette dernière a eu un effet plus important et plus prolongé sur la douleur ; les auteurs en

concluent que les patients considèrent un système instrumental comme plus efficace qu'une pilule. Le malade lui-même peut être *placebo-sensible* ou *placebo-résistant*, sans que cela puisse être prédit.

– **Placentafil**. Préparation de placenta humain, conçue par le médecin soviétique Vladimir Petrovitch Filatov (1875-1956) et supposée lutter contre le vieillissement (*Voir* Filatov).

– **Pont-Neuf**. À partir du XVIIe siècle, on trouve sur le *Pont-Neuf*, un des endroits les plus fréquentés de Paris, des bateleurs, saltimbanques, montreurs d'animaux et de curiosités, rhabilleurs, renoueurs, panseurs, opérateurs, magnétiseurs, arracheurs de dents, petits marchands, vendeurs d'*orviétan*, d'*élixirs* et d'*onguents*, charlatans de tous poils, et autres tire-laines, vide-goussets, mendiants et gueux de toutes sortes. Comme l'écrivait Berthod, poète du temps, le *Pont-Neuf* était un « ...Rendez-vous de charlatans, / De filous, de passe volans, / Pont Neuf, ordinaire théâtre / De vendeurs / d'onguens et d'emplâtre ; / Séjour des arracheurs de dents, / Des fripiers, libraires, pédans, / Des chanteurs de chansons nouvelles.
De coupe-bourses, d'argotiers (*sic*), / De maîtres de sales métiers, / D'opérateurs et de chimiques, / Et de médecins purgitiques, / De fins joueurs de gobelets » ou, sur l'air de *Dans un grenier qu'on est bien à vingt ans* :
« Fructus belli ! s'écrie un empirique, / Prenez mon rob, rien ne vaut Laffecteur ! / – Non, mes biscuits sont le vrai spécifique, / Réplique un autre au prétendu docteur. / – La Faculté, dit la moutarde blanche, / Vient de m'ouvrir ses portes à deux battants ; / Je monte au nez, car je suis vive et franche, / Et je guéris... Comme les charlatans. »
L'un des charlatans, vendeur de baume, les plus connus du Pont-Neuf est *Mondor* et son valet ou associé déguisé en Pierrot, *Tabarin*, dont le nom est resté célèbre ; les *Plaisanteries de Tabarin* ont été imprimées à plusieurs reprises. D'autres, surtout au XVIIe siècle, ont eu aussi leur heure de gloire : Hieronymo Ferranti, sans doute le premier vendeur d'orviétan à Paris, Christophe Contugi, dit l'*Orviétan*, dont le privilège d'*opérateur* passait de père en fils, ou encore Gilles Barry, avec sa longue barbe noire, sa soutane de satin noir, sa médaille d'or qui lui avait été donnée par le pape et sa nombreuse troupe de beautés italiennes et anglaises. Molière connaît bien ces charlatans et dans l'*Amour médecin*, Sganarelle, peu satisfait des médecins qui soignent sa fille Lucinde, s'adresse à l'Opérateur vendeur d'orviétan :
« **Sganarelle :** Monsieur je vous prie de me donner une boîte de votre orviétan, que je m'en vais vous payer
L'Opérateur : L'Or de tous les climats qu'entoure l'Océan / Peut-il jamais payer ce secret d'importance ? / Mon remède guérit par sa rare excellence / Plus de maux qu'on ne

peut nombrer en tout un an : / La gale, la rogne, la teigne, la fièvre, la peste, la goutte, vérole, descente, rougeole, / O Grande puissance de l'Orviétan
Sganarelle : Monsieur, je crois que tout l'or du monde n'est pas capable de payer votre remède ; mais pourtant voici une pièce de trente sols, que vous prendrez s'il vous plait. »
Parmi ces charlatans, qu'ils officient sur le Pont-neuf ou qu'ils soient itinérants en province, d'un marché à l'autre, les *arracheurs de dents* tiennent une place éminente et sont fréquemment représentés dans la peinture de la Renaissance et de la période classique. On les identifie, sous leurs habits extravagants, leur riche tenue de gentilhomme ou leur manteau et chapeau de fourrure, grâce au collier de dents qu'ils portent autour du cou et à la pince (futur davier) qu'ils brandissent. On les voit aussi en train d'opérer sur les tréteaux des théâtres de foire.

– **Pop-thérapies**. *Pop* est le *diminutif* de *popular* (*populaire* en français). La *Pop Music (Musique pop)* apparue au cours des années 1960, dans la mouvance des *Beatles*, désigne un *rock'n'roll* adouci. La *Pop Culture* (*culture Pop*) renvoie à la culture populaire contemporaine et le *Pop Art* s'intéresse aux objets ordinaires. Ne pas confondre avec le *pop-corn*, qui ne fait qu'évoquer le bruit que font les grains de maïs lorsqu'on les chauffe pour les souffler !
Et alors, quel rapport avec les *Pop therapies* ? – Disons que sous le terme de plus en plus usité de *Pop therapies*, on regroupe de nombreuses thérapies non-conventionnelles, supposées médecines-douces, spiritualistes et mystiques, à tendance le plus souvent *psy*. Dans ce contexte *Pop*, né dans la Californie des années 1960-70, contestataire, anti-conventionnel, hippie, opposé à la guerre du Vietnam, on observe en effet une efflorescence de psychothérapies *New-Age* (*Voir* Nouveaux mouvements religieux). La plupart d'entre elles se centrent sur des séminaires, des programmes de formation, qui visent à apporter du bien-être et des capacités supplémentaires, mais qui prétendent aussi soigner des troubles psychiques comme les dépressions ou les retards mentaux. La plus connue est celle de Wilhelm Reich (*Voir* Orgone).
De multiples autres pseudo-psychothérapies, supposées permettre un développement personnel, l'acquisition d'une pleine conscience de soi et la construction d'une vie meilleure, font appel à des procédés pour le moins bizarres comme, par exemple, des insultes et injures que les animateurs hurlent contre les patients qui racontent leurs misères. *Marcher sur le feu* permettrait de transformer la peur en pouvoir et est particulièrement indiqué pour les timides et les phobiques ; cette pratique, issue de celle des fakirs de l'Inde, et qui consiste à marcher pieds nus sur des braises ardentes, a évidemment entraîné de nombreux cas de brulures graves. Citons encore les zoothérapies (*Voir* Delphino-thérapie, Zoothérapies).

– **Popularisation médicale**. La *popularisation* – ou *vulgarisation* – de la médecine se propose de délivrer à ceux qui ne sont pas médecins, gens du monde, ecclésiastiques, chefs d'industrie et d'institution, familles, explorateurs, maîtres d'école, missionnaires, etc, bref à tout le monde, des informations médicales destinées à être utilisées dans un but de promotion de la santé. L'un des objectifs de la littérature de popularisation de la médecine est de permettre aux gens de se passer du médecin ou, au mieux, d'être capable de faire ce qu'il faut en l'attendant. Les supports sont très variés. De l'invention de Johannes Gutenberg (c. 1400-1468) jusqu'au milieu du XIXe siècle, l'imprimé a le monopole, avec différents écrits, prospectus, livrets de colportage et brochures bon marché ou presse populaire. Du fait de son classement alphabétique, le dictionnaire représente le genre privilégié des profanes et des autodidactes et convient donc particulièrement bien aux entreprises de vulgarisation de la médecine. On peut en recenser plus d'une cinquantaine publiés au cours des deux derniers siècles, auxquels s'ajoutent une dizaine d'encyclopédies générales, dans lesquelles la médecine occupe une place souvent considérable, des almanachs, ainsi que des périodiques spécialisés dont cent-trente-huit titres parus entre 1870 et 1914 ont pu être recensés. La presse générale, nationale et régionale, contient aussi de très nombreux articles de vulgarisation médicale et hygiénique. Actuellement, c'est par la radio, la télévision et surtout *Internet* que les messages médicaux destinés à la population sont diffusés.

« Être utile et agréable », telle est la devise de nombreuses publications de vulgarisation médicale. L'objectif est d'instruire en amusant. Contrairement aux rares vulgarisateurs qui considèrent que la science n'a pas à être dénaturée, le docteur Variot reconnaît cette nécessité : « Il faut que le vulgarisateur transforme la pensée de l'homme de science, qu'il la digère en quelque sorte, qu'il la mette à la portée des intelligences qui, avec une culture générale, n'ont pas reçu une instruction spéciale approfondie. » Cette transformation de la science pour être accessible à tous, fait appel à un savant mélange de *réduction* et de *séduction*. La réduction peut s'opérer plus ou moins sommairement. L'un ne s'embarrasse pas de scrupules excessifs : il copie textuellement, supprime les données scientifiques, remplace les termes médicaux par leurs équivalents susceptibles d'être compris par tout le monde et ne conserve de la thérapeutique que ce qui peut être fait par les malades eux-mêmes. D'autres auteurs ont seulement à cœur d'être simples, clairs et d'éviter les termes trop techniques. Certains enfin, plus rares, affichent la volonté bien établie de faire un usage largement prépondérant du vocabulaire populaire, c'est le cas du *Dictionnaire encyclopédique de médecine pratique et d'hygiène sociale* de Chatelain publié en 1914. Quant à la séduction, primordiale pour attirer le public, deux registres opposés s'offrent aux vulgarisateurs : rassurer ou terroriser. En 1897, le docteur Ernest Monin (1856-1928) entreprend « de rassurer les pauvres humains que nous sommes, de leur faire comprendre que le mal est une chose sérieuse sans doute, mais qu'on le peut éviter, supporter et mettre en fuite à condition de ne pas perdre la tête. ». A l'inverse, le docteur Jules Rengade (1841-1915) en 1881, ne manque pas une occasion de distiller un « salutaire effroi », comme, par exemple, à propos de l'onanisme, dont il brosse un tableau hallucinant (*Voir* Masturbation).

Dans la plupart de ces ouvrages de popularisation de la médecine, les illustrations (gravures, puis, plus tard, photographies) prennent une place importante, voire primordiale, surtout à partir des années 1870. En effet, l'image facilite la compréhension, mais surtout, elle captive, elle fascine, par ce qu'elle montre tout autant que par ce qu'elle cache : la maladie, la douleur, le sang, le sexe, etc.

Les vulgarisateurs médicaux sont souvent taxés de faire le lit de l'exercice illégal et du charlatanisme et nombreuses sont les voix autorisées qui s'élèvent contre la popularisation de la médecine. En 1810, le Baron Richerand (1779-1840), professeur de pathologie chirurgicale et membre de l'Académie de médecine, écrit dans son important ouvrage *Des erreurs populaires relatives à la médecine* que l'*Avis au peuple sur sa santé* de Samuel Tissot (1728-1797) et *La médecine domestique* de William Buchan (1729-1805) « ont coûté la vie à plus d'hommes que la guerre la plus meurtrière ». Dans son ouvrage sur *La médecine et les médecins*, Louis Peisse (1803-1880), journaliste et écrivain, membre de l'Académie de médecine bien que non-médecin, pense que vulgariser la médecine est trop difficile et trop périlleux, et donc que « le seul précepte médical qu'on doive inculquer au peuple, et par peuple il faut entendre tout le monde, c'est que quand on est malade il faut appeler le médecin. ». En 1809, Jean-Alexandre Lejumeau de Kergaradec (1787-1877) défend la même opinion et se réfère au serment d'Hippocrate, dans lequel « se trouve la promesse de ne jamais révéler les préceptes de l'art à d'autres qu'à ses disciples ». Le docteur Pierre Adolphe Piorry (1794-1879), professeur de clinique médicale, partage cet avis : « Les ouvrages de médecine, quels qu'ils soient, ne peuvent être utiles aux gens du monde, qui y puisent que des préceptes vicieux, puisqu'ils ne comprennent pas les livres qui ne sont faits que pour les véritables médecins, et puisqu'ils ne trouvent dans ceux qu'on prétend être mis à leur portée que des idées incomplètes.»

A l'opposé de cette façon négative de voir la popularisation de la médecine, il en est une autre, très positive au contraire, qui considèrent qu'elle représente un puissant instrument de médicalisation. Aux yeux de beaucoup d'auteurs, la vulgarisation médicale est en effet un véritable combat : 1) pour imposer la science, la médecine scientifique et la médicalisation du peuple (sauf exceptions, l'objectif n'est pas de se substituer au médecin, mais au contraire de fournir des arguments pour le faire appeler et de lui fournir des informations utiles) ; 2) pour abattre les obscurantismes, les systèmes, les empirismes et autres charlatanismes. Ces deux faces d'un même combat apparaissent déjà chez le médecin suisse Samuel-Auguste Tissot (1728-1797).

– **Poudre de perlimpinpin**. Remède donné comme magique et miraculeux, mais en fait d'efficacité nulle. (*perlimpinpin* serait une onomatopée de formule magique comme le célèbre *abracadabra*).

– **Prière**. « On a beau ne pas croire, c'est bien consolant de prier. » écrit Anton Tchekhov (1860-1904). La prière est le premier médicament utilisé dans le monde. André Gide (1869-1951), parlant de son grand-père, de religion protestante, mort assez longtemps avant sa naissance, raconte que « lorsqu'il tombait malade, ce qui du reste était peu fréquent, il prétendait ne recourir qu'à la prière ; il considérait l'intervention du médecin comme indiscrète, voire impie, et mourut sans avoir admis qu'on l'appelât. » Dans une note de bas de page, Gide précise : « il se trouve que, sur ce point, mes souvenirs des récits de ma mère, ou ces récits mêmes, sont inexacts. Mon oncle Charles Gide me dit, par la suite, que Tancrède Gide, mon grand-père, dans les derniers temps de sa vie, consultait toutes sortes de médicastres et de charlatans. » Comme quoi la prière ne permet pas forcément d'éviter les charlatans !
Prière de demande pour autrui et non pour soi, la *prière d'intercession* est destinée à obtenir de Dieu la guérison d'un malade. Elle est souvent faite par des *groupes de prière* à distance du malade. C'est Francesco Forgione (1887-1968), moine franciscain connu sous le nom de *Padre Pio*, qui crée les *Groupes de prière* (qui portent aujourd'hui son nom) dont le pape Pie XII (1876-1958) avait lancé l'idée au début de la seconde guerre mondiale. A la suite de Padre Pio, des laïques créent à leur tour des groupes de prière. La prière devient très à la mode en particulier aux États-Unis, notamment sous l'influence des pentecôtistes, protestants évangélistes itinérants, qui croient à la possibilité d'une guérison divine par imposition des mains aux malades que la médecine moderne échoue à guérir.
Bien qu'elle ne récuse pas la médecine officielle, l'Église catholique considère légitime de prier pour obtenir la guérison, mais à condition de ne pas prier n'importe comment. C'est pourquoi, en l'an 2000, sous la férule du cardinal Joseph Ratzinger (né en 1927), devenu depuis le pape Benoît XVI, la *Congrégation pour la doctrine de la Foi* édicte des *Instructions sur les prières pour obtenir de Dieu la guérison*. Ce texte normatif vise surtout à une saine gestion des assemblées, réunions, rencontres ou groupes de prière, afin d'éviter que ces manifestations donnent lieu « à l'hystérie, à l'artificialité, à la théâtralité ou au sensationnalisme. » En dehors de la prière, pour soulager, réconforter, voire guérir, l'Église dispose d'un sacrement, l'*onction des malades*, ainsi que des messes *pro infirmis* par lesquelles on demande la grâce spirituelle et la santé des malades.
Pour certains, prier c'est bien, mais insuffisant tant que le malade n'a pas pardonné à tous ceux qui lui ont fait du mal, car, pour eux, de nombreuses maladies psychosomatiques ou même organiques procèdent d'un ressentiment, d'une rancune, d'un manque

de pardon. La *Prière du Pardon* doit donc précéder la *Prière pour la guérison*. Pour pardonner vraiment, c'est tout un travail qui s'accomplit sur la durée, en de nombreuses séances pendant des semaines, pour permettre de reconnaître le traumatisme passé « qui empêche de vivre », puis de l'accepter et enfin de se libérer par le pardon lui-même qui consiste à « bénir ce que l'on a vu et accepté ».

Prière (efficacité de la). Des travaux qui se veulent scientifiques donnent des résultats contradictoires. La prière d'intercession a été évaluée avec la méthodologie actuelle des essais thérapeutiques randomisés contrôlés, notamment dans le cadre des suites opératoires de pontages coronariens. Cette étude montre un pourcentage de complications plus élevé dans le groupe des patients qui avaient été informés qu'ils étaient l'objet de prières d'intercession. D'autres travaux vont dans le même sens ou dans le sens opposé, comme, par exemple, celui – d'une objectivité douteuse – qui montrerait une différence statistiquement significative dans les résultats de procréations médicalement assistées au bénéfice des groupes ayant fait l'objet de prières d'intercession. Que conclure, sinon qu'il est bien difficile d'appliquer les méthodologies scientifiques à l'évaluation de pratiques aussi peu scientifiques que la prière ? Comment constituer des groupes contrôles fiables dans la mesure où l'on ne peut jamais être sûr que quelqu'un à travers le monde n'est pas en train de prier pour tel ou tel ? Comment savoir scientifiquement que Dieu a répondu positivement à une prière ? Et, en définitive, des auteurs fort raisonnables en déduisent que de telles études étant impossibles, mieux vaut s'en abstenir ! Le psychiatre britannique Louis Rose conclut son livre sur *La guérison par la foi* (1971) par un constat d'échec : « Après 20 ans de travail, je ne suis pas parvenu à trouver un seul cas de «guérison miraculeuse [...] Je ne peux pas être convaincu de l'efficacité de ce que l'on appelle "guérison par la foi". ».

– **Priessnitz**. Vincent Priessnitz (1799-1852), paysan illettré, est l'un des plus ardents promoteurs de la thérapie par l'eau (*Voir* Hydrothérapie, Naturopathie).

– **Primalthérapie**. Arthur Janov, psychologue américain né en 1924, lance une méthode psychothérapique censée se fonder sur la reviviscence des souffrances du passé pour mieux les exorciser. Il s'agit de crier, de pleurer, de sangloter, de faire preuve d'agressivité, de rage, de « transe émotionnelle rituelle et magique » pour revivre, de façon violente, voire très violente, le traumatisme de la naissance et de la petite enfance, d'abord avec le thérapeute, puis au sein d'un groupe de patients. Son livre, *The Primal Scream (Le cri primal)* paraît en 1970. Plusieurs Instituts ou Centres dédiés à cette thérapie ont été fondés, notamment à Los Angeles, à Paris. Des sectes se sont parfois appropriées cette pseudo-thérapie.

– **Prioré**. Né à Trieste (Italie), Antoine Priore (1912-1983), dont le nom a été ultérieurement francisé en *Prioré*, est technicien en radio-électricité. Il invente et construit une *machine* qui émet un puissant champ magnétique qu'il *module* selon des données qu'il ne communique à personne et dont il emporte le secret dans la tombe lorsqu'il meurt en 1983. De 1950 à 1975, il mène à Bordeaux des expériences sur des souris et des rats dont il prétend guérir les tumeurs avec sa machine. Il reçoit le soutien de nombreuses personnalités politiques, scientifiques et médicales et bénéficie de financements publics. Sa *machine* est supposée guérir les cancers, les maladies auto-immunes, la sclérose en plaques, les tuberculoses osseuses et soulager aussi des douleurs notamment rhumatismales. Il réussit à convaincre des médecins de lui adresser des malades atteints de cancers, mais aucun résultat probant n'est obtenu, ce que Prioré attribue à la puissance insuffisante des appareils dont il dispose. Il n'empêche, sa réputation grandit et sa clientèle s'étoffe. Aucune preuve scientifique d'une quelconque efficacité de la *machine Prioré* n'a jamais été apportée.

– **Progenitor cryptocides**. Microbe identifié par Virginia Livingston (1906-1990), comme cause du cancer, et que personne d'autre n'a jamais retrouvé (*Voir* Livingston).

– **Programmation Neuro-Linguistique**. Thérapie *New-Age* supposée améliorer la communication entre individus, la *Programmation-Neuro-Linguistique (PNL)*, fondée, dans les années 1970, par un mathématicien et un linguiste, a des prétentions scientifiques qu'elle met à profit pour soi-disant reprogrammer le cerveau, notamment chez les phobiques et les schizophrènes. Inutile de rappeler que cette pseudo-psychothérapie n'a aucune efficacité objectivement prouvée.

– **Psychanalyse**. Cette doctrine, inventée par Sigmund Freud (1856-1939), donne à l'inconscient une place importante dans la vie psychique. La psychanalyse est susceptible d'être pratiquée sous forme de cures régies par des règles précises.
Un certain nombre de faits sont fréquemment invoqués pour disqualifier la psychanalyse : 1) elle dérive historiquement de l'hypnose, 2) elle peut être pratiquée par des non-médecins, 3) elle ne répond pas aux critères épistémologiques requis pour définir une science, 4) il n'y a pas de critère de jugement fiable sur son efficacité, 5) elle a donné lieu à des dérives dangereuses, comme celles de Carl Gustav Jung (1875-1961) ou de Wilhelm Reich (1897-1957), 6) son statut social est mal défini, se situant au sein d'associations auto-proclamées et/ou aux confins des facultés des lettres et de celles de médecine, 7) sa tarification est aléatoire, mais, le plus souvent, elle est coûteuse, voire très coûteuse.
Bref, il est devenu difficile, voire impossible – faute de critères fiables – de distinguer les psychanalystes honnêtes, compétents et scrupuleux des charlatans.

Sans être médecin, Theodor Reik (1888-1969) exerce la psychanalyse à Vienne. En 1925, convaincu d'exercice illégal de la médecine et de charlatanisme, il est interdit d'exercice. Deux procès lui sont intentés. Freud prend énergiquement sa défense et adopte une position qui déchire le milieu des analystes, à savoir séparer l'analyse de la médecine et permettre aux non-médecins de la pratiquer. Publié en 1926, son livre, *La question de l'analyse profane*, aborde et traite magistralement le charlatanisme de la psychanalyse et/ou des psychanalystes.
La question du charlatanisme en analyse est également au cœur d'un ouvrage du psychanalyste britannique Donald Woods Winnicott (1896-1971), dans lequel le patient, un médecin, revient sans cesse sur la question de l'analyse qu'il considère « comme une forme coûteuse de charlatanisme ». Freud écrit que « pour la loi, est charlatan celui qui soigne les malades sans pouvoir prouver qu'il possède un diplôme médical d'État. Je préférerais une autre définition : est charlatan celui qui entreprend un traitement sans posséder les connaissances et les capacités requises. M'appuyant sur cette définition, je me risque à affirmer que – pas uniquement dans les pays d'Europe – les médecins fournissent à l'analyse son plus gros contingent de charlatans. ».
Une réglementation de la profession d'analyste est d'ailleurs périodiquement débattue, avec ses supporters et ses détracteurs.
Les attaques contre Freud et contre la psychanalyse deviennent d'autant plus fréquentes et corsées que les thérapies cognitivistes et comportementalistes progressent. Professeur de psychologie à l'université de Louvain, Jacques Van Rillaer est un des grands pourfendeurs de la psychanalyse. Brûlant ce qu'il avait adoré avant de se convertir aux thérapies cognitivo-comportementalistes, qu'il estime scientifiques, il brosse, dans son livre *Les illusions de la psychanalyse,* un portrait peu flatteur de l'analyse et des analystes. Van Rillaer rappelle que Karl Popper (1902-1994) a montré que dans sa pratique clinique, la psychanalyse « permet de réfuter n'importe quel fait venant la contredire » et que « cette irréfutabilité fait de la psychanalyse une pseudoscience. » ; il considère que « la pratique de la psychanalyse est une activité facile et très lucrative. [...] Les psychanalystes vivent de l'illusion qu'ils dissipent les illusions. Ils ont parfaitement réussi à en créer de nouvelles, très rentables. »
Il n'empêche que, telle qu'elle a été fondée par Freud, la psychanalyse reste la matrice incontournable de la plupart des thérapies psychologiques autres que les thérapies cognitivo-comportementalistes. Curieusement, d'ailleurs, on assiste actuellement à des tentatives de rapprochement de ces deux sœurs ennemies, certains courants psychanalytiques ne dédaignant pas de se fourvoyer avec les neurosciences cognitives, présageant même l'instauration d'une véritable *neuro-psychanalyse.*

– **Psychogénéalogie**. La *psychogénéalogie* est fondée sur l'idée nocive que les maladies viendraient des secrets et des drames d'une histoire familiale susceptible de remonter à plusieurs générations. Il faut donc *déprogrammer* le patient. Le médecin allemand Ryke Geerd Hamer (né en 1935), docteur en médecine et Maître en théologie, développe, sous l'appellation de *Médecine nouvelle* – devenue plus tard *Médecine nouvelle germanique* – une tendance particulièrement mortifère de cette doctrine. La survenue chez lui d'un cancer des testicules apparu peu après la mort violente de son fils Dirk, lui fait émettre l'hypothèse qu'il existe une relation de causalité entre les deux événements. Convaincu alors qu'une maladie est un trouble physique à l'origine duquel se trouve toujours un choc psychique, il détourne ses patients de la médecine classique qu'il considère comme inutile. La seule thérapie efficace, selon lui, consiste à mettre fin au conflit psychologique originaire et à laisser le processus d'auto-guérison se dérouler. Dans ce but, il convient de faire la *psychogénéalogie* de cet événement traumatique et de procéder à son *décodage biologique.* En Allemagne et en France, plusieurs patients atteints de cancer sont morts après avoir abandonné leurs traitements médicaux. Anne-Marie Trigon meurt le 22 juillet 1996 des suites de son cancer du sein. Sa tumeur avait récidivé un an après son ablation chirurgicale et la malade, dans son désespoir, avait abandonné la médecine conventionnelle et s'était tournée vers l'association *Stop au cancer* dépendant de l'école de Ryke Geerd Hamer. On lui assure qu'un travail psychologique sur un supposé conflit avec son fils la guérira. Après avoir dépensé plusieurs milliers de francs, la patiente voit son état se détériorer et finit par mourir dans d'atroces souffrances. En juillet 2004, le Dr Hamer, interdit d'exercice dans son propre pays depuis 1986, est condamné à trois ans d'emprisonnement sans sursis pour tromperie et exercice illégal de la médecine. Il est libéré en février 2006 et reprend ses activités.

– **Psychologie orientée vers le processus**. Le fondateur de *la Psychologie orientée vers le processus* est le psychothérapeute américain Arnold Mindell, né en 1940. Psychanalyste jungien, il s'intéresse particulièrement au rêve et publie en 1982 *Dreambody (Le corps rêvant).* En collaboration avec sa femme, il explore de nouvelles méthodes de communication avec les individus dans le coma, dans un état végétatif ou dans des états de conscience de type *near death experience* (*expérience de mort imminente*). Force est de constater que les propos supposés exposer et expliquer le contenu théorique et les pratiques de la *Psychologie orientée vers le processus* sont obscurs, confus, mélangeant psychanalyse, théorie de l'information, Gestalt-théorie, hypnose ericksonienne, Programmation Neuro-linguistique, Taoisme, etc.

– **Psychophanie**. Méthode dite de *communication facilitée* censée permettre aux personnes privées de paroles de s'exprimer, mais dépourvue de tout fondement scientifique (*Voir* Communication facilitée).

– **Psychothérapeutes.** *La nébuleuse de l'ego,* selon l'heureuse expression d'une participante à la commission d'enquête parlementaire de 2006 sur les sectes, comptait en 2005, outre environ 13 000 psychiatres, 28 500 psychothérapeutes, psychologues et psychanalystes et ce nombre est en progression constante. Beaucoup d'entre eux, auto-proclamés, ne s'autorisent que d'eux-mêmes ; en effet, n'importe qui peut visser sa plaque sur la façade de son immeuble en se parant du titre de *psychothérapeute.* Les circuits de formation sont opaques et il n'y a pas de vrai contrôle des professionnels. C'est pourquoi, en 2004, le législateur tente de mettre un peu d'ordre dans cette jungle, en votant une loi réglementant la formation et réservant l'usage du titre de *psychothérapeute* « aux professionnels inscrits au registre national des psychothérapeutes », inscription de droit pour les docteurs en médecine, pour les détenteurs du titre de *psychologue* et pour les psychanalystes « régulièrement enregistrés dans les annuaires de leurs associations ». En janvier 2007, deux amendements (*amendements Accoyer*) à la loi de 2004 sont votés. L'un autorise les professionnels, justifiant d'au moins trois années d'exercice comme *psychothérapeute,* à être admis par des commissions régionales à s'inscrire sur la liste départementale. L'autre remet strictement à l'Université la formation théorique et pratique en psychopathologie. Ces amendements soulèvent un tollé parmi les professionnels et, dans la foulée, le *Sénat* les supprime et le *Conseil Constitutionnel* les annnule. En 2008, alors que plusieurs millions de Français subissent une psychothérapie, aucun texte n'est encore voté et la *Mission Interministérielle de Vigilance et de Lutte contre les Dérives Sectaires* (*MIVILUDES, Voir* Sectes, lutte contre les) constate un « dévoiement des pratiques psychothérapeutiques à des fins sectaires ». Dans son article 91, la loi du 21 juillet 2009 portant réforme de l'hôpital et relative aux patients, à la santé et aux territoires, modifie la loi du 9 août 2004 en prévoyant qu'un décret en Conseil d'État précisera les conditions de formation des professionnels désireux de s'inscrire au registre national des psychothérapeutes. Cette formation est réservée aux docteurs en médecine et aux titulaires d'un master de psychologie ou de psychanalyse, mais des dérogations sont prévues, notamment pour les professionnels justifiant d'au moins cinq ans de pratique de la psychothérapie. Affaire à suivre…

– **Psychothérapies.** Le célèbre cinéaste américain Woody Allen (né en 1935) ironise : « Tu vois un psy ? – Oh ! juste depuis quinze ans. Je me donne encore un an, et puis j'irai à Lourdes… ». D'innombrables psychothérapies plus ou moins éphémères, plus ou moins farfelues, parfois qualifiées de *fun-thérapies* ou de *crazy-thérapies,* fleurissent sur le marché entre des mains dont la compétence n'est souvent pas au rendez-vous (*Voir* Fun-therapies). Elles s'opposent aux très (trop ?) sérieuses *thérapies cognitivo-comportementales* (*Voir* Thérapies cognitivo-comportementales).

– **Qi** (prononcer *Tchi*). Énergie (ou force) vitale dans la médecine traditionnelle chinoise (*Voir* Médecine traditionnelle chinoise).

– **Qi gong**. Art martial chinois combinant des mouvements, des exercices respiratoires et de la méditation.

– **Quinton.** Biologiste autodidacte, René Quinton (1867-1925) publie en 1904 son ouvrage monumental *L'eau de mer, milieu organique,* dans lequel il expose ses travaux poursuivis au *Collège de France* dans le laboratoire du Professeur Étienne-Jules Marey (1830-1904). Ayant constaté la similitude entre l'eau de mer, le plasma sanguin et le milieu intérieur de l'organisme, il en déduit une méthode thérapeutique ou *méthode marine* utilisant l'eau de mer diluée, qui lui assure une grande célébrité. En effet, les injections de son plasma marin (ou *plasma de Quinton*) sauvent de nombreux enfants du choléra et des gastro-entérites. Il prétend également prévenir les fausses-couches et obtenir des guérisons dans plusieurs autres pathologies (cirrhose, érysipèle, typhoïde). L'*hydrotomie percutanée à l'eau de mer* soulage les douleurs du dos. Quinton est comparé à Pasteur et salué par la presse américaine comme le *Darwin Français.* En 1907, le premier *dispensaire Quinton* s'ouvre à Paris, d'autres suivront à Paris puis en province et la *méthode marine* se répand en Europe et en Égypte. A la fin de la guerre de 1914-18, les *dispensaires* marins ferment les uns après les autres et Quinton et sa méthode tombent dans l'oubli. Malgré l'extravagance des théories de Quinton sur l'origine des espèces, ou sur l'idée que l'eau de mer rendue isotonique pourrait se substituer totalement au sang, il n'en reste pas moins que sa *thérapeutique marine* a sauvé bien des malades en les réhydratant et que le *plasma de Quinton* représente l'ancêtre du *sérum physiologique*, soluté isotonique de chlorure de sodium, utilisé en médecine officielle pour réhydrater en perfusion par voie veineuse ou pour laver les fosses nasales ou les yeux des bébés. Il peut aussi être considéré comme le précurseur de la thalassothérapie qui voit le jour dans les années 1950 (*Voir* Hydrothérapie).

– **Radicaux libres**. Les radicaux libres sont des molécules d'oxygène incomplètes et instables (donc oxydantes), sous-produits du métabolisme. Ils sont susceptibles d'endommager les cellules de l'organisme, si leurs moyens de défense sont submergés, et de les rendre plus sensibles aux effets des carcinogènes. Les *anti-oxydants* peuvent plus ou moins neutraliser leurs effets (*Voir* Anti-oxydants).

– **Radiesthésie**. Croyance en la faculté de trouver, à l'aide d'une baguette ou d'un pendule, ce qui est caché aux facultés normales (sources, objets perdus, personnes disparues, diagnostic médical, etc.). Bien que très anciennement connue en Chine (*Voir*

Géomancie), la radiesthésie ne fait son entrée en Europe qu'au XVIe-XVIIe siècles et son réel développement en France commence à la fin du XIXe siècle. Le mot de *radiesthésie*, inventé en 1890 par l'abbé Alexis-Timothée Bouly (1865-1958), curé de Hardelot (Pas-de-Calais), et par l'abbé Bayard, professeur à la faculté catholique de Lille, est officialisé en 1922 par l'*Association française et internationale de radiesthésie.*
La radiesthésie se définit comme la faculté de percevoir et d'interpréter les soi-disant radiations émises par différents corps ou différents milieux. Ces *vibrations*, *auras* ou *ondes* seraient perçues par l'intermédiaire d'instruments servant d'amplificateur, de prolongement à la main du radiesthésiste qui le tient : une *baguette* fourchue (de coudrier, de fanon de baleine,...), un *pendule,* voire des instruments plus sophistiqués (*oscilloclaste* d'Albert Abrams, *dynamiseurs*, etc). La radiesthésie est surtout connue pour ses recherches physiques, géologiques et minéralogiques, d'eaux souterraines, de sources thermales (les *sourciers*), de trésors, de mines, de gisements métallifères, d'or, ainsi que pour ses recherches divinatoires (comme la recherche de personnes disparues, avec ses applications judiciaires et militaires), tous domaines dans lesquels la preuve que la radiesthésie est inopérante a largement été apportée. La médecine ne représente donc qu'une application marginale de la radiesthésie, qui est supposée aider au diagnostic : « Un malaise permanent empêchait M. D d'avoir une vie normale, avec l'aide de mon pendule nous avons découvert que ses kystes au foie étaient à l'origine de ses maux. » Le magnétisme les guérit.
Le professeur Yves Rocard (1903-1992), physicien de haut niveau, le « père » de la bombe atomique française et de l'ancien Premier ministre Michel Rocard (né en 1930), s'est discrédité sur la fin de sa carrière en prétendant démontrer la réalité scientifique du « pouvoir » des radiesthésistes.

– **Raspail**. Le chimiste et homme politique François-Vincent Raspail (1794-1878), non-médecin, crée un système de médecine basé sur le rôle quasi-exclusif des parasites comme cause des maladies et sur un traitement hygiéno-diététique associé au camphre sous toutes ses formes. Raspail pourfend la médecine officielle, donne des consultations gratuites et défend la médecine populaire et l'automédication (*Voir* médecine-Raspail).

– **Rebouteux**. Guérisseur, non-médecin, prétendant guérir notamment les fractures, les luxations et les entorses (*Voir* Pierrounnet, Médecines populaires).

– **Réflexologie**. Doctrine selon laquelle il existerait une cartographie des différents organes sous forme de points sur un *homunculus* virtuel siégeant sur le pavillon de l'oreille, la face, la paume des mains, la plante des pieds ou l'iris. La *réflexologie*, systématisée aux États-Unis dans les premières décennies du XXe siècle, reprend les conceptions fondamentales de l'acupuncture, mais remplace les aiguilles par des massages de *points* d'acupuncture ou de *zones* du corps censées correspondre à des organes. La réflexologie américaine s'intéresse surtout aux pressions sur les *zones* du pied. Le *shiatsu*, est une variété d'*acupressure* développée au Japon, consistant en pressions à l'aide des pouces, des doigts et des paumes, sans intervention d'aucun instrument, sur des *méridiens* ou des *points* d'acupuncture. Le *Diên Chân* ou *Réflexologie faciale* ou *Cyberthérapie*, méthode vietnamienne inventée par le docteur Bùi Quôc Châu (né en 1942), se veut une multi-réflexologie, les massages s'opérant selon les cas – en fonction du dialogue avec le patient – non seulement sur la face, mais aussi sur les mains, les pieds et éventuellement tout le corps. Il est recommandé aux praticiens d'utiliser les multiples ustensiles de massage mis en vente sur le site Internet du docteur (*détecteur à sphère en corne de buffle*, *boules Yang*, grands marteaux, *petits marteaux*, *peignes*, *cylindres Yin*, *timbres chauffants*, etc). La diffusion du *Diên Chân* au Vietnam et dans le monde entier est impressionnante.

– **Réflexothérapies**. Thérapies fondées sur la réflexologie, comme par exemple l'auriculothérapie, l'iridologie, le *Dien Chan* ou réflexologie faciale.

– **Régime macrobiotique**. Inventé, dans les années 1930, par le Japonais connu sous le pseudonyme de George Ohsawa (1893-1966), le régime macrobiotique est un régime végétarien inclus dans un système philosophique et religieux visant à intégrer des éléments de la médecine traditionnelle asiatique et du bouddhisme à certains aspects de la médecine occidentale et de la pensée chrétienne ; il est supposé prévenir et guérir de nombreuses maladies dont le cancer, en ré-équilibrant le Yin et le Yang. Suivi de façon trop rigide (riz brun et restriction hydrique), il peut créer des carences graves et même entraîner la mort par scorbut (manque de vitamine C) ou par déshydratation. Michio Kushi (né en 1926), disciple japonais d'Ohsawa, est l'introducteur aux États-Unis et le promoteur actuel du régime macrobiotique.

– **Régimes « anti-cancer »**. La médecine officielle sait aujourd'hui que certains aliments sont meilleurs pour la santé que d'autres, notamment pour la prévention des cancers et des maladies cardio-vasculaires, mais ces données ne permettent pas de valider les nombreux régimes et recommandations alimentaires dont les thérapies non-conventionnelles font leurs choux gras. (*Voir* Jeûne). La plupart des régimes prônés par telle ou telle thérapie non-conventionnelle comme curatifs et/ou préventifs des cancers, sont inefficaces et souvent dangereux par les déséquilibres qu'ils entraînent. Outre les divers régimes végétariens (*Voir* Végétarianisme), la macrobiotique Zen et les différentes sortes de jeûnes, les régimes les plus répandus, sont la cure de jus de raisin de Johanna Brandt (1876-1964), Sud-Africaine, docteur en naturopathie, le régime du docteur

Catherine Kousmine (1904-1992) auquel est associée l'*hygiène intestinale*, la cure anti-cancer de Rudolf Breuss (1899-1990), monteur en électricité autrichien, qui repose sur l'absorption quotidienne exclusive de jus de légumes frais, ou encore la thérapie Gerson (*Voir* Thérapie Gerson). Ces régimes non-conventionnels, qui ne sont pas dénués de risques, sont très éloignés des recommandations alimentaires que la médecine officielle édicte, en matière de prévention des cancers, à savoir : 1) supprimer le tabac et modérer considérablement la consommation d'alcool, 2) réduire l'apport des graisses, quelles qu'elles soient, 3) préférer aux graisses animales, riches en acides gras saturés, les graisses végétales, riches en acides gras insaturés (d'où la vogue des *Oméga 3* et *Oméga 6*, acides gras *poly-insaturés*), 4) consommer des aliments riches en fibres (son du blé, cellulose) et manger cinq fruits ou légumes frais par jour, pour leur apport en fibres et en vitamines, 5) maintenir son poids dans les limites de la normale.

– **Régression à la moyenne (phénomène de)**. Le phénomène de *régression à la moyenne*, mis en évidence par le généticien et statisticien britannique Sir Francis Galton (1822–1911), est observé lorsqu'un groupe de patients est sélectionné sur des valeurs extrêmes d'une variable, comme par exemple les chiffres de la pression artérielle. La mesure ultérieure de cette variable dans ce groupe sera alors plus proche de la moyenne de la population que la première mesure. « la "régression à la moyenne" donne l'apparence d'une amélioration vraie à une simple variabilité naturelle des mesures répétées. Plus une valeur (extrême) s'écarte de la valeur moyenne, plus la probabilité est élevée que la valeur trouvée lors d'une mesure contrôle soit plus proche de la moyenne. Ceci explique aussi pourquoi l'action des anti-hypertenseurs paraît renforcée lorsque le degré de sévérité de l'hypertension augmente. Plus les valeurs initiales sont élevées, plus la baisse de tension artérielle sera marquée – un effet qui se retrouvera néanmoins dans les mêmes proportions sous placebo. »

– **Reich**. Le médecin et psychanalyste autrichien Wilhelm Reich (1897-1957) prétend avoir mis au point quatre tests sanguins supposés permettre le diagnostic du cancer, *biopathie* qu'il attribue à un manque d'énergie *Orgone* dans les globules rouges. Chez les cancéreux, à l'inverse des personnes en bonne santé, une culture de sang examinée au microscope contient en abondance des *bacilles T* – que Reich est seul à avoir vu –, ne renferme pas de *PA bions*, les globules rouges ne se rétractent que très peu dans une solution saline et ils sont cernés par une collerette bleue. (*Voir* Orgone).

– **Reik**. Theodor Reik (1888-1969), psychanalyste non-médecin exerçant à Vienne (Autriche), a été poursuivi pour exercice illégal de la médecine. Freud a pris sa défense. (*Voir* Psychanalyse).

– **Reiki**. Thérapie par imposition des mains, introduit au Japon par son fondateur Mikao Usui (1865-1926) à partir de 1922, à la suite d'une révélation mystique qui lui aurait apporté « les clefs de la guérison », le Reiki se développe rapidement en France actuellement. Sa doctrine ésotérique est inspirée du bouddhisme tantrique et du shintoïsme. Chujiro Hayashi (1879-1940), disciple de Mikao Usui, est responsable de la transformation du *Reiki* en une pratique médicale. Médecin de la marine, il employait le *Reiki*, en ayant codifié un certain nombre de positions des mains, pour traiter ses malades. C'est lui qui initia Mme Hawayo Takata (1900-1980), qui importa le *Reiki* aux États-Unis. L'imposition des mains est censée permettre la canalisation de l'énergie entre le praticien et le receveur. De ce fait, ses adeptes prétendent qu'elle réduit le stress, soulage les douleurs, renforce les défenses de l'organisme, facilite le travail spirituel et favorise le développement personnel.

– **Religion**. Ensemble de croyances et de pratiques qui fondent le rapport des hommes au sacré, à la puissance divine. Pendant des siècles, du Moyen Âge à la fin du XIXe siècle, le recours à Dieu, à la Vierge Marie et aux Saints représente le procédé thérapeutique le plus utilisé, sous les formes traditionnelles de la religion chrétienne : prières, confessions, cierges, offrandes, messes, neuvaines, pèlerinages, vœux, etc.
Les *ex-voto* qui tapissent les chapelles de l'église *Notre-Dame-des-Victoires* à Paris, en signe de reconnaissance pour la guérison d'un proche, sont, pour la plupart d'entre eux, datés de la seconde moitié du XIXe siècle. Les pèlerinages, notamment à Lourdes, continuent à rassembler chaque année plusieurs millions de malades (*Voir* Lourdes).
Même si la religion chrétienne n'a plus au quotidien une main mise aussi ferme sur les consciences, il n'en reste pas moins qu'en matière de santé, tant physique que psychique, le recours au Divin et au Sacré reste très présent sous des formes variées. Globalement, toutes ces pratiques sont regroupées sous la dénomination de *Guérison par la Foi* (*Faith Healing*).

– **Religions de guérison**. Dans un article très fouillé publié en 2003 dans la revue *Socio-Anthropologie*, Anne-Marie Bégot montre les points communs et les différences dans la gestion de la maladie entre deux groupes religieux minoritaires présents en France depuis le début du XIXe siècle, deux *religions de guérison* : la *Science chrétienne* (*Voir* Science chrétienne) et l'*Antoinisme* (*Voir* Antoinisme). Les trois caractéristiques communes aux deux groupes sont que : 1) leurs leaders peuvent être considérés comme des prophètes, 2) leurs pratiques sont centrées sur la guérison, mais chacun – et non pas Dieu – est responsable de sa maladie, 3) la maladie fait l'objet d'une gestion personnalisée.

– **Remèdes de bonne femme**. L'étymologie nous apprend que l'expression *remèdes de bonne femme* signifie en réalité *remèdes de bonne renommée*, car, comme les deux mots se prononcent de la même façon, *fame* (du latin *fama*, la renommée) est devenu *femme*. Venus du fonds des temps à travers les grands-mères et les mères, qui se les transmettent de bouche à oreille ou par le simple exemple, les recettes et *remèdes de bonne femme* sont très utilisés, surtout dans les campagnes, contre les petits maux, les refroidissements, les rhumes, les embarras gastriques, les douleurs, les troubles du sommeil. Il s'agit le plus souvent de tisanes, d'infusions (camomille, tilleul, verveine, cumin, eucalyptus, fenouil, fleurs de sureau, menthe, queues de cerises, sauge, thé noir, etc), de jus (airelle, argousier, aloès), d'ail frais, de valériane en gouttes, d'emplâtres et applications de produits naturels ou d'onguents préparés, de compresses, de bains de pieds, de gargarismes, d'enveloppements chauds, d'applications d'oignon ou de pomme de terre sur la peau, de bouillon de poule ou de légumes, etc. Certains élixirs du terroir sont d'ancestraux remèdes de bonne femme, comme par exemple le *Suprême de noix*, « digestif, stomachique et anticholérique », encore distillé avec amour par la descendante d'une famille de liquoristes exerçant à Brive depuis 1839.

Dans les villages corses reculés, difficilement accessibles au médecin, *les remèdes de bonne femme* se mêlent aux pratiques ancestrales à base de plantes médicinales, de substances animales et minérales, de pratiques magiques et religieuses. Les rôles se répartissent entre la *signatore* et la *mammana*. A la première, les rites magiques et religieux, la conjuration du *mauvais œil* (le *mal ochju*), avec force signes de croix, Ave, Pater, incantations, pratiques et formules magiques ; à la seconde, les *remèdes de bonne femme*, de *bona donna*. Ces recettes de bonne femme sont grossièrement les mêmes que dans d'autres provinces, même s'il existe quelques particularismes régionaux. Ainsi, pour les piqures de scorpions, on applique un oignon coupé en deux et on prononce certaine prière. Pour débarrasser les jeunes enfants des vers intestinaux on leur fait des colliers de gousses d'ail ou d'algues que l'on peut aussi mettre dans des beignets. Le genévrier soulage le désespoir et soigne aussi le diabète, on combat la dysenterie avec des feuilles d'arbousier, dans les rhumatismes on fouette la zone douloureuse avec de l'ortie noire, des emplâtres de mie de pain et de lait de chèvre sont appliqués sur les anthrax et les furoncles, sur les verrues on met du lait de figue, les décoctions d'ellébore servent à laver les plaies et à traiter les dents cariées, etc. Les Corses, à de rares exceptions près, sont catholiques ; ils ont recours aux Saints guérisseurs corses et aux pèlerinages locaux, sans pour autant dédaigner les superstitions, la magie, le surnaturel.

En Picardie, « pour faire venir les dents à un enfant, prenez la tête d'un lièvre rôti ou bouilli, ôtez-en la cervelle, mêlez-la à du miel, du beurre et oignez les gencives de l'enfant… et puis les dents repoussaient toutes seules… ». Dans le Jura, on guérit les rhumes en avalant une mixture obtenue en faisant bouillir dans du vin une chandelle de suif, et on traite les engelures avec le cérumen des oreilles malaxé avec de l'huile de noix. Dans la Sarthe, la prévention des angines justifie « de garder autour du cou tout l'hiver une pomme de terre au four coupée en deux et placée dans une chaussette de laine, déjà portée bien sûr… ».

« Dans le Maine, on utilisait des formules conjuratoires du genre : “Mal, va-t-en !” ou “Mal, je te chasse !”, que l'on répétait trois fois. » On pourrait multiplier à l'infini les exemples.

– **Remèdes secrets**. Les remèdes secrets ont été longtemps la pierre angulaire de la plupart des charlatanismes dans le domaine de la santé. Le problème est récurrent depuis des siècles. Charles Louis Cadet de Gassicourt (1769-1821) note : « Il est de l'honneur des médecins de signaler, de poursuivre et de faire bannir tout individu qui, professant l'art de guérir, fait un secret de sa méthode, ou de la composition des remèdes qu'il prépare. »

Un des exemples les plus fameux de remède secret est le *Rob antisyphilitique de Laffecteur* (*Voir* Rob antisyphilitique de Laffecteur) auquel le *dictionnaire de Panckoucke* du début du XIXe siècle consacre neuf pages. Ce *rob* (sorte de potion à prendre par voie orale) avait été composé vers 1764, probablement à partir de plantes, par Boiveau qui avait pris le pseudonyme de Laffecteur pour sa distribution. Les commissaires de la *Société Royale de Médecine* qui avaient testé le médicament, avaient conclu à son efficacité dans les maladies vénériennes. L'auteur de la notice signale avoir obtenu de très nombreux succès thérapeutiques avec ce *rob*. Il assure de plus que Boiveau-Laffecteur n'était pas un charlatan et que s'il fit un secret de son remède ce n'était que pour s'enrichir !

La préparation et la vente des médicaments par les pharmaciens ne commencent à être réglementées que par la loi du 21 germinal an XI (11 avril 1803). Cette loi prévoit que seuls les médicaments inscrits au *Codex* et les préparations magistrales formulées par un médecin sont autorisés. Les remèdes dits *secrets*, c'est-à-dire ceux dont la formule n'est pas dévoilée par son inventeur ou son fabricant, sont interdits. Les décrets de 1810 et de 1850 restent inopérants à faire respecter la loi et un grand laxisme s'installe, sauf en cas de bavure grave. Ainsi, en 1905, le pharmacien qui avait vendu de l'*héroïne* à la place d'*urotropine*, à la suite d'une erreur d'étiquetage de la Pharmacie centrale de Paris, ce qui avait entraîné la mort du malade, s'est vu condamné pour vente de remède secret, car l'urotropine ne remplissait pas les conditions pour être un médicament reconnu.

Par le décret du 13 juillet 1926, la *spécialité pharmaceutique* acquiert un statut légal : on ne considère plus comme remède secret les médicaments dont l'emballage porte le nom et la dose des substances actives qui entrent dans sa composition ainsi que le nom et l'adresse du pharmacien qui les a préparés. La création d'un laboratoire de contrôle à la Faculté de pharmacie de Paris fait reculer l'utilisation de remèdes secrets. Quant à la publicité sur les médicaments, elle reste complètement libre jusqu'à la loi de 1941.

– **Respirianisme**. Ellen Greve, alias *Jasmuheen* (ou *parfum d'éternité*), ancienne employée de banque, née en 1957, est la grande prêtresse australienne du *respirianisme*, dangereuse secte revendiquant plusieurs milliers, voire dizaine de milliers, d'adeptes – ou inédiens – dans le monde. L'*inédie* est la capacité de vivre sans manger ; la doctrine veut donc que l'on se nourrisse uniquement d'air et de lumière (*lumière de Dieu* ou *prana*) pour éviter de tomber malade. Bien qu'elle prétende n'avoir pas mangé depuis plusieurs années, Ellen Greve, qui est « à la tête d'un véritable business reposant sur la vente de livres, de vidéos et sur l'organisation de conférences et de retraites », admet « boire des tisanes et s'autoriser des “orgasmes gustatifs” occasionnels sous forme de glace ou de chocolat ». Plusieurs adeptes de cette secte ont été retrouvés morts de déshydratation et de faim. Hira Ratan Manek (né en 1937) a fondé en Inde une secte analogue au *respirianisme*.

– **Revendication de scientificité**. Les inventeurs et promoteurs des multiples thérapies non-conventionnelles attachent beaucoup importance et de prix à ce que leurs découvertes, leurs théories et leurs pratiques soient considérées comme scientifiques. Cette revendication de scientificité, qui s'observe dans toutes les médecines parallèles, conduit le public à ne pas faire la différence entre le scientifique et le pseudo-scientifique. Dans l'esprit de beaucoup, il n'y a pas de contradiction entre l'attrait du merveilleux et la foi en la science. Ce qui est scientifique est par définition vrai, honnête, moral, efficace. Les travaux de Charles Edouard Brown-Séquard (1817-1894) ont été publiés dans une revue médico-scientifique réputée. La thérapie par les cellules fraîches de Paul Niehans (1882-1971) aurait été confirmée scientifiquement par les deux lauréats du Prix Nobel de médecine de 1960, Peter Medawar (1915-1987) et Mac Burnet (1899-1985), dont les travaux portent sur l'immunité cellulaire. Le parfum de scientificité de la DHEA est particulièrement prégnant. Elle a été découverte par un grand scientifique et fait l'objet de publications dans des revues scientifiques internationales.

– **Revici**. La méthode de *thérapie lipidique* développée par le docteur Emmanuel Revici (1897-1998), médecin roumain émigré à New-York, repose sur l'idée que le cancer provient d'un déséquilibre entre les processus anaboliques (constructifs) et cataboliques (destructifs). Il prescrit, par voie orale ou en injections, soit des *anaboliques* (stérols, zinc, fer, caféine) soit des *cataboliques* (acides gras, souffre, sélénium, magnésium) en fonction de la température, de quelques dosages sanguins et d'un examen d'urines, dont il détermine le degré d'acidité et la tension superficielle, paramètres dont on sait qu'ils n'ont pas grande valeur. Aucune donnée scientifique ne permet de confirmer l'action supposée anti-cancer de cette méthode.

– **Rife.** Royal Raymond Rife (1888-1971) invente, dans les années 1920, un *microscope universel* qu'il prétend capable de permettre l'observation de bactéries et de virus vivants, avec un grandissement de l'ordre de x 60 000, totalement inaccessible à un microscope optique. Avec l'aide de Phillip Hoyland, ingénieur radio-électricien, il construit la *machine tueuse de cancer* (ou *Ray machine*) avec un tube à plasma utilisant des ondes radio à modulation d'amplitude pour « casser » les virus. Selon lui, les ondes émises par ce tube à plasma détruisent de nombreux microbes et virus, notamment les virus BX et BY qu'il a isolés et qu'il considère comme responsables du cancer. Les caractéristiques exactes de la machine Rife-Hoyland ne sont pas connues. Rife se dit persécuté par le corps médical officiel, il fait l'objet de poursuites, et prétend que plusieurs de ses collaborateurs meurent de façon mystérieuse.

– **Rob antisyphilitique de Laffecteur.** Le *Rob antisyphilitique de Laffecteur* est un des exemples les plus fameux de remède secret. Le *dictionnaire de Panckoucke* du début du XIXe siècle lui consacre neuf pages. Ce *rob* (sorte de potion à prendre par voie orale) avait été composé vers 1764, probablement à partir de plantes, par Boiveau qui avait pris le pseudonyme de Laffecteur pour sa distribution. Les commissaires de la *Société Royale de Médecine* qui avaient testé le médicament, avaient conclu à son efficacité dans les maladies vénériennes. L'auteur de la notice signale avoir obtenu de très nombreux succès thérapeutiques avec ce *rob*. Il assure de plus que Boiveau-Laffecteur n'était pas un charlatan et que s'il fit un secret de son remède ce n'était que pour s'enrichir ! (*Voir* Remèdes secrets).

– **Rois thaumaturges.** *Les rois thaumaturges*, volumineux ouvrage du grand historien Marc Bloch (1886-1944) paru en 1924, constitue la référence incontournable dans ce domaine. Par la seule imposition des mains (*le toucher royal*), les rois de France, mais aussi d'Angleterre, détiennent le pouvoir de guérir les *écrouelles*, maladie très fréquente au Moyen Âge, correspondant à des ganglions (ou adénites) tuberculeux de la région du cou, dont sont porteurs les *scrofuleux*. Ce pouvoir miraculeux apparaît en France entre le XIe et le XIIIe siècle et disparaît après Charles X, sacré en 1825. C'est le sacre et l'onction avec le *Saint-Chrême* de la *Sainte-Ampoule* (apportée par le *Saint-Esprit*, sous forme d'une colombe, lors du baptême de Clovis), qui confère au roi sa qualité sacerdotale et son caractère surnaturel source de son pouvoir miraculeux. La formule rituelle accompagnant le toucher royal est au début « Le roi te touche, Dieu te guérit. » et devient plus tardivement « Le roi te touche, Dieu te guérisse ». Chaque roi a ainsi *touché* des milliers de scrofuleux et l'on rapporte que, dans la seule journée du 22 mars 1701, Louis XIV a touché jusqu'à deux mille quatre cents malades. La croyance dans le miracle royal a été très développée dans le peuple et le rite se prolongea en France jusqu'à la Révolution, avec même une dernière séance due à Charles X en 1825.

– **Rolfisme**. Technique de massages musculaires profonds inventée par la biochimiste américaine Ida Rolf (1896-1979).

– **Roux**. Georges Roux (1903-1981), surnommé le *Christ de Montfavet*, est le fondateur et le gourou d'une dangereuse secte intitulée *Église chrétienne universelle* (*Voir* Christ de Montfavet).

– **Saints thaumaturges**. Certains Saints, dits *thaumaturges*, seraient susceptibles, si on les invoque, d'intercéder auprès de Dieu pour guérir telle ou telle maladie (*Voir* Hagiothérapie).

– **Satanisme**. Culte voué au Diable, à Satan.

– **Scandales de santé publique**. Deux affaires retentissantes ont eu lieu dans les dernières décennies. L'affaire du sang contaminé par le virus du sida a fait couler suffisamment d'encre pour que nous n'y revenions pas. Celle de l'hormone de croissance n'a pas encore été menée à son terme. De 1973 à 1988, le traitement d'enfants en retard de croissance par une hormone de croissance extraite d'hypophyses humaines prélevées sur des cadavres d'autopsies et contaminées par l'agent-prion de la maladie de Creutzelfdt-Jakob (maladie du système nerveux mortelle en quelques mois) a entraîné la mort de 117 enfants. L'ouverture en 1991 d'une instruction aboutit en 2008 au procès de sept personnes (dont l'ancien responsable de la production de l'hormone de croissance à l'*Institut Pasteur*, deux anciens chefs de la *Pharmacie centrale des Hôpitaux de Paris*, l'ex-*Directeur de la pharmacie et du médicament au ministère de la Santé*) inculpées d'homicide involontaire et de tromperie aggravée. Les responsables ont été relaxés. Le procès en appel doit se tenir en octobre 2010, deux seuls prévenus, relaxés en première instance, seront rejugés. Au total, quelles que soient leurs causes, tous ces drames alimentent – on s'en doute – la musette des détracteurs de la médecine officielle ! Malheureusement, sans chercher à nier certaines responsabilités humaines, il faut bien comprendre que le risque zéro n'existe pas en médecine.

– **Science chrétienne**. La *Science Chrétienne* (*Christian Science*) a été fondée en 1866 par l'américaine Mary Baker (1821-1910), également connue sous le nom de ses trois maris successifs G.-W. Glover, D. Patterson et A.-G. Eddy, en réaction contre la dureté et le peu d'efficacité de la médecine orthodoxe de l'époque. Elle avait auparavant tâté de l'hydrothérapie et de l'homéopathie. Le livre-clé est *Science and Health with Key to the Scriptures* (1875) *[Science et Santé avec la Clef des Ecritures]*. La première *Eglise du Christ Scientiste* est fondée à Boston, quatre ans plus tard ; d'autres suivront dans le monde entier. Elle fonde en 1908 un journal, *The Christian Science Monitor*. Stefan Zweig (1881-1942), dans *La Guérison par l'esprit* (1932), retrace la vie et les œuvres de Mary Baker. Pour la *Science Chrétienne*, la maladie n'existe pas, c'est une illusion, un rêve dont il faut réveiller le patient ; dès que l'idée de maladie est évacuée, le malade est guéri. La seule thérapie valable est la prière, qualifiée de *prière scientifique*. Il existe toutefois un véritable système de santé, reconnu aux États-Unis, avec ses praticiens (*prieurs*), ses infirmières, ses patients. La négation et le refus de la médecine scientifique par la *Science Chrétienne* conduisent, d'après certains travaux comparatifs, à une mortalité plus élevée chez les *Scientistes Chrétiens* que dans le reste de la population. Ce mouvement religieux, dont l'effectif est en déclin, est parfaitement admis et reconnu aux États-Unis, alors que dans d'autres pays, il est considéré comme une secte.

– **Sectes**. Un des très graves dangers – peut-être le plus grave – d'un grand nombre de thérapies non-conventionnelles est qu'elles peuvent soit s'intégrer dans une secte, soit y conduire le patient sans même qu'il s'en rende compte. Mais d'abord, comment définir une secte ? Schématiquement, une secte est un groupe qui, sous couvert de principes religieux ou philosophiques, exerce sur ses adeptes une emprise qui vise par des manœuvres de déstabilisation psychologique à obtenir une allégeance inconditionnelle au gourou qui la dirige. La *Mission Interministérielle de Lutte contre les Sectes* définit une secte comme un « groupement – religieux ou non – à caractère totalitaire qui viole les droits de l'individu et l'ordre public ».
Le point fondamental est la dangerosité des sectes, dangerosité pour les individus concernés (atteinte aux droits de la personne, tromperies, escroqueries, personnes déstructurées, ayant été manipulées, abusées sur tous les plans, spirituel, matériel, financier, sexuel, etc.) et dangerosité pour la société (atteinte à l'ordre public, transgression des lois et règlements). Cette dangerosité est d'autant plus redoutable que, malheureusement, pour de multiples raisons privées ou de société, certaines « personnes sont aujourd'hui heureuses d'être prises en charge, heureuses qu'on leur dise comment se comporter, comment vivre, que croire, que penser. »
L'utilisation des thérapies non-conventionnelles conduit à promouvoir la pensée magique, irrationnelle, qui ouvre la voie aux mysticismes plus ou moins ésotériques constituant le fondement des sectes. Dans de nombreuses sectes, le recrutement se fait en grande partie au sein de la clientèle aisée des thérapies non-conventionnelles,

principalement par le biais de l'homéopathie, qui représenterait « 90% du terreau de base», de l'acupuncture ou de thérapies à visée psychique comme le reiki, la psychogénéalogie, la kinésiologie, la sophrologie, l'hypnose, etc. Les médecins qui pratiquent ces thérapies non-conventionnelles sont assez fréquemment impliqués dans le fonctionnement et le développement de certaines sectes et sont ainsi un des chaînons-clefs du recrutement de nouveaux adeptes. Pourquoi tant de gens se dirigent-ils vers une secte ? Les raisons peuvent être très diverses, mais on retrouve souvent *une crise de l'espérance* devant la prise de conscience de la finitude de l'homme, le besoin de sécurité et de points de repères, besoin que n'assurent plus les grandes religions en repli ou les cadres familiaux qui tendent à se désagréger. Joue également un rôle l'attrait qu'exercent sur certaines personnalités fragiles, souvent dépressives, l'ésotérisme, le merveilleux, le magique, la marginalité, mais aussi la convivialité, la chaleur humaine, l'écoute ainsi que l'offre de techniques corporelles et psychiques supposées permettre un épanouissement et un mieux-être sur tous les plans, notamment dans le domaine de la santé. Il ne saurait être question de passer ici en revue toutes les sectes, au nombre d'environ deux cents, et nous focaliserons notre propos sur leur rapport à la médecine.
La médecine et les médecins sont au cœur du problème de la plupart des sectes. Les médecins attirés par les thérapies non-conventionnelles sont une cible privilégiée des recruteurs de sectes car les médecins deviennent eux-mêmes d'excellents recruteurs. La plupart des sectes intègrent à leur discours et à leurs pratiques, des recommandations et/ou des interdits en matière de santé, susceptibles d'entraîner la mort. (*Voir* Analyse transactionnelle, Christ de Montfavet, Église de scientologie, Enfants victimes, Psychogénéalogie, Témoins de Jéhovah, Toxicomanies).

– **Sectes (lutte contre les)**. En France, une commission d'étude interministérielle, dirigée par Jean Ravail, Inspecteur général de l'Administration, remet son rapport en janvier 1982, mais c'est le Rapport d'Alain Vivien, sur *Les sectes en France*, adressé au Premier Ministre Pierre Mauroy en 1983 qui marque le véritable début de la prise de conscience. Plusieurs organisations, publiques ou privées, appellent à la vigilance. À la suite du rapport déposé par Jacques Guyard au nom de la commission d'enquête sur les sectes présidée par Alain Gest, l'*Observatoire Interministériel sur les Sectes* est créé en 1996. Il est remplacé en 1998 par la *Mission Interministérielle de Lutte contre les Sectes* (*MILS*), qui devient en 2002 la *Mission interministérielle de vigilance et de lutte contre les dérives sectaires* (*MIVILUDES*), instance qui doit présenter chaque année un rapport au Premier Ministre ; le dernier en date, publié en avril 2010, pointe particulièrement les dérives nutritionnistes dangereuses, le phénomène New-Age et le néo-chamanisme . La loi About-Picard (2001), du nom du sénateur et de la députée qui l'ont défendue, renforce la prévention et la répression à l'encontre des sectes portant atteinte aux droits de l'homme et aux libertés fondamentales, en particulier concernant l'abus des personnes particulièrement vulnérables (enfants, malades, handicapés, etc).

– **Sérum de Bogomoletz**. Sérum, supposé lutter contre le vieillissement, inventé par le biologiste soviétique, Alexandre Alexandrovitch Bogomoletz (1881-1946) (*Voir* Bogomoletz).

– **Signatora**. Guérisseuse, en Corse (*Voir* Remèdes de bonne femme).

– **Simpson (paradoxe de)**. Le paradoxe de Simpson, du nom du statisticien Edward Simpson qui l'a décrit en 1951, doit être pris en compte pour évaluer l'effet réel d'un traitement. Il pointe le fait que les résultats statistiques peuvent être contradictoires entre ceux d'un collectif de participants et ceux de sous-groupes de ce même collectif (*Voir* Efficacité des traitements (évaluation de l').

– **Solomidès**. Jean Solomidès (1911-1979) est l'inventeur des *physiatrons synthétiques*, peroxydases supposées détruire les cellules cancéreuses et respecter les cellules normales (*Voir* Thérapies bio-oxydatives).

– **Somatides**. Particules décrites dans le sang par Gaston Naessens (1924-2004), responsables selon lui de l'apparition du cancer, alors qu'il ne s'agit en réalité que de produits de désintégration des globules rouges.

– **Somatoscope**. Microscope inventé par Gaston Naessens (1924-2004), grâce auquel il prétend voir l'intérieur des cellules.

– **Somnambulisme provoqué**. Sommeil nerveux provoqué par des passes magnétiques ou par hypnose. Le marquis Armand Chastenet de Puységur (1751-1825), disciple de Franz Mesmer (1734-1815), remplace le baquet par un arbre, puis découvre, chez un jeune paysan prénommé Victor, le *somnambulisme provoqué* (ou *somnambulisme artificiel* ou *sommeil lucide*) par le magnétisme en appliquant sa main sur la tête du malade et l'autre sur son ventre, puis en se contentant de pointer à distance ses doigts vers le sujet. A la fin du XIXe siècle, le docteur Lucien Moutin (1854- ?) décrit la *neuroscopie*, procédé destiné à reconnaître les sujets aptes au *sommeil nerveux* en recherchant leur degré d'impressionnabilité et de suggestibilité : la simple application des mains sur les omoplates du sujet déclenche une sensation de chaleur ou de froid glacial ou des frissons et lorsque l'on retire les mains, le sujet impressionnable se sent irrésistiblement entraîné en arrière au point que, si on ne le soutenait pas, il tomberait « tout d'une pièce ».

– **Sophrologie**. La sophrologie est une discipline proche de l'hypnose, créée par Alfonso Caycedo. Né à Bogota (Colombie) en 1932, Alfonso Caycedo fait ses études de médecine à Madrid et se spécialise en neuro-psychiatrie. Après avoir tâté de l'hypnose, il invente en 1960 une nouvelle discipline qu'il nomme *sophrologie*. Son objectif est de permettre au sujet de « prendre en main la conduite de sa propre réalité psychosomatique » et d'être mieux dans sa vie quotidienne. Ses techniques, qui empruntent aux philosophies et médecines orientales et occidentales « sont propres à la sophrologie (sophronisation de base, relaxation dynamique, etc), et mettent en jeu le corps dans des mouvements simples et des postures naturelles (position debout, assise, allongée) et font appel aux facultés de visualisation et d'anticipation positive des événements de la vie. » Caycedo crée un département de sophrologie clinique dans le service de neuropsychiatrie du Professeur Lopez Ibor à Madrid. Il se rend en Inde où il s'initie au Yoga, au Tibet où il découvre le *Tummo*, au Japon où il est impressionné par le *Zazen*. Il tire de ces expériences les trois premiers degrés de la *Relaxation Dynamique de Caycedo* adaptés à la culture occidentale. Caycedo est nommé Professeur de psychiatrie à la faculté de médecine de Barcelone. Dès lors, il crée la sophrologie sociale à Bogota destinée à contribuer à l'aide en faveur des pays en développement et se consacre à l'institutionnalisation de la sophrologie par des livres, des symposiums internationaux, des congrès mondiaux, des écoles et universités délivrant des grades universitaires en *sophrologie caycédienne*.

– **Sorcellerie**. La sorcellerie est la magie utilisée à des fins malveillantes pour agir sur le cours normal des choses en ensorcelant (envoûtant) les gens. En principe, la sorcellerie, les sorciers et sorcières, sont en dehors du champ de la médecine, encore qu'il puisse être fait appel à eux pour envoyer des maux aux victimes désignées ou au contraire pour préserver ou ramener la santé chez leurs clients. Les personnes qui font appel à un sorcier le font soit dans le but de nuire à quelqu'un en souhaitant le faire envoûter, soit au contraire de se faire désenvoûter lorsque la personne pense avoir été envoûtée. La sorcellerie suppose donc un ménage à trois (le sorcier envoûteur ou jeteur de sorts, le client, la victime) et éventuellement à quatre (le sorcier envoûteur, le client, la victime et le sorcier *désenvoûteur*). Le *combat sorcier* entre les deux sorciers, l'envoûteur et le désenvoûteur, se déroule avec des rituels secrets selon les règles strictes de la magie blanche (bienfaisante) ou de la magie noire (sortilèges, maléfices).
Contrairement à ce que l'on pourrait penser a priori (Voltaire disait en 1756 qu'il n'y avait plus de sorciers depuis qu'on avait arrêté de les brûler), la sorcellerie et les sorciers n'ont pas disparu de la France d'aujourd'hui et l'imaginaire collectif en fait ses choux gras : rappelons seulement le faramineux succès d'Harry Potter. La différence entre ensorcelé(e)s et possédé(e)s ainsi que, par voie de conséquence, entre désenvoûtement

et exorcisme, est celle qui existe entre Dieu d'un côté et Satan, le Diable, de l'autre. Le prêtre exorciste, du fait de son ministère, libère par des pratiques religieuses les personnes possédées par le Diable, alors que le sorcier, du fait de son *don*, libère par des rituels magiques le sujet d'un envoûtement qu'un autre sorcier avait effectué.

– **Sourcellerie**. Recherche de sources souterraines par des procédés magiques (baguettes de coudrier ou pendule, par exemple). (*Voir* Radiesthésie).

– **Sources miraculeuses**. Les sources miraculeuses sont au départ de tradition païenne et ont ensuite été sanctifiées par l'Église. Elles sont nombreuses dans toutes les provinces françaises et sont censées, pour certaines d'entre elles, guérir tous les maux et pour d'autres être spécialisées dans tel ou tel type de mal (*Voir* Guérisons miraculeuses, Hydrothérapie).

– **Sourciers**. Radiesthésistes qui pratiquent la sourcellerie (*Voir* Radiesthésie).

– **Spiritisme**. Science occulte fondée sur la communication avec les Esprits, le spiritisme prend corps en France à partir de la publication en 1857 du livre fondateur d'Allan Kardec – pseudonyme d'Hippolyte Léon Denizard Rivail (1804-1869) – *Le Livre des Esprits*, qui va devenir la *Bible* des spirites. Le monde spirituel des *Esprits* s'oppose au monde corporel, d'importance secondaire. Pour les spirites, l'homme est fait de trois éléments : 1) « le *corps matériel* », animé par le *fluide universel* ou *magnétique*, 2) « l'*âme* », être immatériel, qui est l'Esprit incarné dans le corps, et 3) « le *périsprit* », sorte d'enveloppe semi-matérielle qui unit l'âme et le corps.
On pourrait penser a priori que le spiritisme est bien éloigné des problèmes de santé et qu'il est surtout occupé de communication avec les morts, de médiumnité, de manifestations des Esprits. Or il n'en est rien. Dans son lumineux article *Occulte et thérapeutiques spirites de l'esprit et du corps en France (1850-1914) : de la croyance au savoir et retour*, l'historienne Nicole Edelman trace en détail les tenants et les aboutissants de la *médecine spirite*. Elle montre que le spiritisme, religion qui se veut scientifique, a, dès sa naissance, une médecine qui s'appuie sur une interprétation du corps humain, de sa structure et de ses maux et qui s'ancre « dans des conceptions théoriques et pratiques antérieures, en particulier celles du magnétisme animal, du somnambulisme magnétique puis de l'hypnose. [...] Ainsi, à partir des années 1880, les spirites combattent violemment à la fois la psychiatrie, la neurologie et la psychologie et leurs thérapeutiques médicales. Ils n'auront cesse de vouloir les invalider par une quête constante de la preuve de l'existence du périsprit et par une interprétation médiumnique de l'hypnose fondée sur le refus absolu de la notion d'inconscient. ».

Plusieurs *cellules de soin* sont créées par les cercles spirites à Paris et dans plusieurs grandes villes de province. Ouvertes à tous et à toutes, ces cellules dispensent gratuitement des soins qui se veulent non pas prendre la place de ceux de la médecine officielle mais venir en complément de celle-ci. Les maladies étant attribuées au défaut d'harmonie entre les trois composantes de chaque individu, le corps physique, l'esprit et le périsprit, la médecine spirite prétend guérir en modifiant les *vibrations* du *périsprit*, véhicule essentiel de l'esprit. Les différentes thérapies utilisées sont le magnétisme (mais pas n'importe quel magnétisme, un magnétisme personnalisé à partir de consignes définies par les Esprits), l'hypnose, la radiesthésie, l'homéopathie, la phytothérapie (là encore, l'Esprit indique les mélanges de plantes adaptés à chaque cas) et éventuellement la chirurgie à mains nues. Les *chirurgiens philippins aux mains nues* ont fait couler autant d'encre que de sang et il a fallu du temps pour que les journalistes, médecins et scientifiques occidentaux acceptent l'idée qu'il ne s'agissait là que d'une franche, mais juteuse, mystification. Ces guérisseurs, qui appartiennent pour la plupart d'entre eux à l'*Union spirite chrétienne,* n'ont aucune formation médicale ou chirurgicale. Ils prétendent extirper les tumeurs ou les organes malades, sans incision, sans ouvrir le ventre. La mise en scène sanglante permet au public, souvent venu de très loin à prix d'or, de croire à la réalité de cette supercherie.

– **Spiritualité**. Les rapports entre la médecine et les thérapies non-conventionnelles d'une part et la religion (*Voir* Religion) et les sectes (*Voir* Sectes) d'autre part, bref entre le monde de la santé et celui de la spiritualité, ne sont pas simples. Ils renvoient en grande partie à la puissance que possède l'esprit sur le corps et donc à l'influence du moral sur la guérison. Le médecin et philosophe Georges Cabanis (1757-1808) écrit : « La grande influence de ce qu'on appelle le *moral*, sur ce qu'on appelle le *physique*, est un fait général incontestable : des exemples sans nombre le confirment chaque jour, et tout homme capable d'observer en a retrouvé mille fois les preuves en soi-même. ». Plusieurs publications scientifiques attirent l'attention sur le fait que la spiritualité représente une aide notable dans le traitement des cancers et peut ainsi contribuer à une amélioration sensible de la prise en charge médicale de ces patients. La spiritualité, religieuse ou non, peut donc être considérée comme une forme de thérapie alternative et/ou complémentaire. Et même, le seul fait d'avoir la Foi pourrait être bénéfique pour la santé, c'est en tout cas, ce qui ressort de récents articles scientifiques montrant que la vigueur de la Foi, en protégeant contre les perturbations émotionnelles, influencerait favorablement l'évolution des accidents vasculaires cérébraux ou de la maladie d'Alzheimer.

– **Steinach**. Médecin physiologiste autrichien, Eugène Steinach (1861-1944) féminise des rats par la castration et masculinise des femelles en leur implantant des testicules. Il se rend célèbre en préconisant contre le vieillissement la *vasectomie* (ligature des canaux déférents qui relient les testicules aux voies éjaculatrices, c'est-à-dire celles véhiculant le sperme vers l'urètre), qui, d'après lui, entraîne – du fait de l'arrêt de la sécrétion exocrine des testicules – un accroissement de la production hormonale, une restauration de la vigueur sexuelle chez l'homme et un rajeunissement. La première opération, faite en 1918, entraîne, durant les deux décennies suivantes, un boom sur la vasectomie. Sigmund Freud (1856-1939), qui avait subi la vasectomie, prétendait même qu'il en avait tiré un effet bénéfique sur son cancer de la mâchoire.

– **Steiner**. Le philosophe autrichien Rudolf Steiner (1861-1925) est le fondateur de la *médecine anthroposophique* (*Voir* Médecine anthroposophique).

– **Still**. Andrew Taylor Still (1828-1917), est le fondateur de l'ostéopathie (*Voir* Ostéopathie).

– **Stress oxydatif**. Agression des cellules de l'organisme par différentes espèces chimiques oxydantes, notamment les radicaux libres (*Voir* Radicaux libres), quand leurs moyens de défense sont submergés.

– **Suppléments nutritionnels**. Les *suppléments nutritionnels* ou *compléments alimentaires* associent des hormones, des enzymes, facteurs de croissance, cytokines, anti-oxydants, oligo-éléments, sels ou colloïdes minéraux, ainsi que différents produits naturels ou supposés tels (*Voir* Compléments alimentaires).

– **Surmédicalisation**. On assiste depuis quelques décennies à une médicalisation croissante de la vie. Cette médicalisation, jugée excessive par certains, est particulièrement sensible dans le domaine de la procréation. Ainsi, les accouchements donnent lieu avec une fréquence probablement abusive à des épisiotomies et des césariennes. Les procréations médicalement assistées, dont les indications ne sont pas toujours bien pesées, ont des effets indésirables qui ne sont pas négligeables. Les amniocentèses, malgré leur risque de fausses-couches, sont beaucoup plus fréquentes en France que dans le reste du monde, au point qu'un gynécologue-obstétricien des hôpitaux de Paris fait remarquer qu'« avec le taux actuel d'amniocentèses, il y a plus de grossesses normales qui s'interrompent pour fausse couche que d'enfants trisomiques dépistés ». Il pourrait en aller de même pour certaines opérations chirurgicales (hystérectomies, angioplasties) ou examens complémentaires dont l'utilité pour le patient n'est pas toujours assurée (coloscopies, scanners, imageries par résonance magnétique, etc). Les accidents consécutifs aux vaccinations sont la source de nombreuses polémiques, souvent plus idéologiques ou politiques que scientifiques. Ont été particulièrement médiatisés les risques allégués de sclérose en plaques chez les personnes vaccinées contre l'hépatite B, d'autisme après vaccination par le ROR (vaccin contre la rougeole, les oreillons et la rubéole), d'encéphalites après vaccination anti-variolique ou vaccins multiples comme *Pentavac* ou *Hexavac*. La récente épidémie (2009-2010) de grippe A (H1N1) a été encore l'occasion de réactiver ces polémiques.

– **Sutherland**. William Garner Sutherland (1873-1954) est le créateur de l'*ostéopathie crânienne*, focalisée sur la mobilité des sutures des os du crâne qu'il manipule pour traiter toutes les maladies (*Voir* Ostéopathie).

– **Systèmes**. Dans son Introduction à l'étude de la médecine expérimentale (1865), Claude Bernard (1813-1878) propose une définition claire des systèmes en médecine : un système est « une hypothèse à laquelle on a ramené logiquement les faits à l'aide du raisonnement, mais sans une vérification critique expérimentale ». Il donne trois types de critères qui permettent de distinguer les systèmes des théories scientifiques : 1) les systèmes et doctrines « procèdent par affirmation et par déduction purement logique » alors que la science procède « toujours par le doute et la vérification expérimentale » ; 2) les systèmes sont « individuels; ils veulent être immuables et conserver leur personnalité », par opposition à la science qui est « impersonnelle ; elle détruit l'individualité en ce qu'elle réunit et sacrifie les idées particulières de chacun et les fait tourner au profit de la vérité générale établie à l'aide du critérium expérimental » ; 3) à l'inverse de la science, qui « a une marche lente et laborieuse, et, sous ce rapport, [...] plaira toujours moins à l'esprit », les systèmes sont « séduisants parce qu'ils donnent la science absolue réglée par la logique seule ; ce qui dispense d'étudier et rend la médecine facile ».
Ainsi, à l'inverse de la science qui est aride, les systèmes sont séduisants, rassurants, parce qu'ils sont immuables, figés, qu'ils ne changent jamais. Tels ils ont été construits par leur inventeur, tels ils restent au fil des siècles des siècles : l'homéopathie, l'ostéopathie-chiropraxie, la médecine-Raspail... Les systèmes n'évoluent pas, ne peuvent pas progresser, ils sont insensibles aux progrès de la science en dehors de laquelle ils se placent, inaltérables, ils n'ont rien à craindre du temps dont ils ont au contraire tout à gagner, car plus un système est ancien, plus il est considéré comme ayant résisté et donc comme crédible, efficace et inoffensif. Comme pour les religions, leur seule possibilité est de donner naissance à des schismes, des dissidences, ou des hérésies et ils ne manquent pas de le faire : la psychanalyse créée par Freud, de ce point de vue, est riche de fractures, d'écoles, de chapelles, d'anathèmes...

– **Tai Chi Chuan**. On a prétendu que cet art martial de l'ancienne Chine était efficace dans le traitement de certaines maladies, notamment rhumatismales. L'absence de travaux comparatifs sérieux conduit à penser qu'il s'agit d'un effet placebo.

– **Takata**. La japonaise Hawayo Takata (1900-1980) est l'importatrice du *Reiki* aux États-Unis (Voir *Reiki*).

– **Tchekov**. Le docteur Andreï Léfimytch de la *salle n°6* de Anton Tchekhov (1860-1904) affiche un noir pessimisme : « Et puis, à quoi bon empêcher les gens de mourir, puisque la mort est l'aboutissement normal et légitime de toute vie ? Quel intérêt à donner cinq ou dix ans de plus à ce boutiquier ou à ce rond-de-cuir ? Si l'on considère que la tâche de la médecine est d'adoucir les souffrances par les médicaments, une question se pose tout naturellement : à quoi bon ? Ne dit-on pas, d'abord, que la souffrance mène l'homme à la perfection ? Ensuite, si l'humanité parvient à alléger ses souffrances en avalant des pilules et en se mettant des gouttes, elle abandonnera complètement la religion et la philosophie, dans lesquelles elle avait toujours cherché, outre un rempart contre tous les maux, le bonheur même. »

– **Technique Alexander**. Frederick Matthias Alexander (1869-1955), acteur australien, invente cette méthode lorsque, devenu aphone, il se heurte à l'incapacité de la médecine officielle de le guérir. Sa technique, qui a pour but de retrouver le contrôle de sa voix, fait appel à des instructions qui permettent d'établir ce qu'il appelle le *contrôle primaire* en effectuant divers mouvements coordonnés de la tête, du cou, du dos et de l'ensemble du corps. Bien implantée en Grande-Bretagne, aux États-Unis et en Australie, la technique Alexander commence à se développer en France.

– **Techniques corps-esprit**. Personne ne met en doute l'influence de l'esprit sur le corps. Toutefois, si certaines de ces *techniques corps-esprit* prétendent avoir sur le cancer une action curative ou préventive, aucun travail scientifique ne permet de le confirmer et plusieurs études ont montré, au contraire, que l'espérance de vie n'était pas modifiée chez les patients qui avaient suivi ces thérapies. Si l'on reste objectif, l'avantage de ces thérapies est d'améliorer la qualité de vie en relaxant le sujet, en aidant à contrôler la douleur et les effets indésirables des traitement anti-cancéreux, en améliorant le sommeil et l'appétit, en réduisant le stress, l'anxiété et l'impact psychologique et somatique des symptômes du cancer, bref en créant du *mieux-être*. Tous les procédés psychothérapiques ont été préconisés dans ce but chez les patients cancéreux, notamment la relaxation, l'hypnose, le biofeedback, etc. Les massages sont très utiles (*Voir* Massages). On peut en rapprocher les *arts martiaux*, dont le plus connu est le *Tai Chi Chuan*. Basé sur les principes du taoïsme, cet art martial de l'ancienne Chine est destiné à équilibrer le *Yin* et le *Yang* et à faciliter la circulation du *Qi*. Il combine des mouvements, souvent très lents, avec de la méditation et des exercices respiratoires. Plus préventif que curatif, la pratique régulière du *Tai Chi* est relaxante et maintient l'organisme en bonne santé. Ida P. Rolf (1896-1979), docteur en biochimie, invente une variété de massage, le *rolfisme*, qui vise à réduire la tension des muscles en effectuant des pressions profondes, éventuellement douloureuses, sur les muscles et leurs fascias. Cette pratique, contestable, est censée accroître le bien-être de ceux qui s'y soumettent. Originaire d'Inde, le *yoga* comporte des exercices respiratoires, des positions ou postures et de la méditation. Il ne prétend pas guérir, mais il est source de bien-être, de relaxation, de soulagement du stress et de l'anxiété et d'amélioration de la qualité de vie, tous bénéfices appréciables chez les patients porteurs d'un cancer. La *méditation transcendantale*, est plus contestable : ce mouvement sectaire préconise, de façon unique et simpliste, de se concentrer sur un mot et de le répéter mentalement pendant une quinzaine de minutes matin et soir, jusqu'à produire une altération de l'état de conscience.

Plus propres au cancer sont l'*imagerie mentale* et la *visualisation*, inventées au début des années 1970 par le cancérologue américain Oscar Carl Simonton (1942-2009) et sa femme, comme complément aux traitements classiques du cancer. Ils pensent que la stimulation du cerveau à travers l'imagerie a un effet direct sur le système endocrine et sur le système nerveux, ce qui entraînerait des modifications dans le fonctionnement du système immunitaire, d'où le concept de *psychoneuroimmunologie*. Dans la *visualisation*, on impose au patient de se représenter des images précises positives ou négatives de sa maladie et de son traitement. Dans l'*imagerie mentale*, on fait émerger des images à partir de l'inconscient du sujet, à la façon de ce qui se passe dans les rêves. Les patients s'entendent dire que la cause de leur cancer est leur mauvaise attitude mentale et que s'ils sont malades, ils en portent la propre responsabilité. L'intérêt de cette technique est très discuté et est loin d'être unanimement reconnu dans les milieux de la cancérologie.

– **Témoignages**. Les témoignages d'efficacité, directs ou indirects, jouent un rôle considérable dans l'attirance du public vers les thérapies non-conventionnelles, surtout lorsqu'il s'agit de personnalités célèbres. Leur accumulation fait office de preuve. Lors des procès pour exercice illégal de la médecine, la foule des patients guéris et reconnaissants remplit les prétoires et les témoignages favorables abondent. Au cours du procès de Ryke Hamer (Voir Psychogénéalogie) qui se déroule à Chambéry en mars 2000, le mari de la victime raconte : « C'était effrayant. Dans la salle d'audience, c'était un véritable spectacle. Les accusés étaient soutenus par une trentaine de supporters. Et nous, parties civiles, n'étions que quatre ou cinq, trois à la fin du procès. Nous n'avions évidemment rien à nous reprocher mais, dans cette ambiance surréaliste, nous étions morts de trouille. »

– **Témoins de Jéhovah**. La secte des *témoins de Jéhovah*, fondée aux États-Unis à la fin du XIXe siècle par le pasteur Charles Taze Russell (1852-1916) est considérée comme une religion dans certains pays ; elle compte environ six millions de membres dont cent à deux cent mille en France. Selon les recommandations de leur instance dirigeante, la *Société Watchtower*, ils refusent toute transfusion sanguine, y compris chez les enfants, afin d'obéir à un commandement de Dieu qu'ils trouvent dans la lecture qu'ils font de la Bible. Cet interdit a entraîné la mort d'adultes et d'enfants ; la mortalité des femmes témoins de Jéhovah lors de l'accouchement est près de cinquante fois celle de la population américaine générale. Les tribunaux français ont toujours donné raison aux médecins qui, dans l'urgence et devant la gravité de la situation, avaient fait procéder à une transfusion sanguine, en dépit de la volonté exprimée par le patient.

– **Thalassothérapies**. Thérapies de bien-être, de remise en forme, fondées sur l'utilisation de l'eau de mer en bains, douches, affusions, etc. (*Voir* Hydrothérapie).

– **Thaumaturges**. Personnes qui prétendent faire des miracles (*Voir* Rois thaumaturges, Saints thaumaturges).

– **Théorie des signatures.** La *médecine* ou *théorie des signatures*, rendue célèbre par Paracelse (1493-1541), médecin et alchimiste suisse de la première moitié du XVIe siècle, de son vrai nom Théophratus Philippus Auréolus Bombastus von Hohenheim, reste en arrière-plan de nombreuses recettes de bonne-femme. La *doctrine des signatures* est en réalité très générale et s'applique à toute la nature, aux trois règnes et aux hommes, en établissant des analogies, des correspondances entre les caractères physiques, physiologiques, psychologiques et moraux des humains et les types planétaires. Ainsi, par exemple, les trois tempéraments-types, *nerveux*, *sanguin* et *lymphatique*, correspondent aux trois types planétaires *mercurien*, *martien* et *lunarien*. En ce qui concerne la médecine, et notamment la médecine par les plantes, la théorie des signatures établit des correspondances symboliques basées sur des similitudes, des analogies entre la forme, la couleur et le lieu de pousse des plantes, d'une part, et les organes malades, les fonctions défaillantes ou les symptômes morbides, d'autre part. Ainsi l'infusion de bleuet sert de collyre pour les affections oculaires des personnes aux yeux bleus. Du fait de leur forme phallique, la corne de rhinocéros, le bois de gazelle ou les racines de ginseng sont supposés être de puissants aphrodisiaques. Le saule vivant dans des zones humides sera censé être bénéfique pour les maladies provoquées par ce milieu donc les fièvres et les rhumatismes. La forme des feuilles de bourrache évoque celle des poumons : on les utilisera dans les maladies de poitrine. Les graines de cumin ont une forme qui rappelle celle des reins : elles seront supposées avoir une action diurétique. La racine de mandragore, du fait de sa forme rappelant celle d'un être humain et de ses puissants effets narcotiques, est considérée comme une *plante de sorcière*, aux propriétés magiques : elle sera utilisée pour guérir la folie.

– **Thérapie Gerson**. Du nom de son inventeur, le médecin allemand Max Gerson (1881-1959), émigré aux États-Unis en 1936 pour fuir le nazisme, la *thérapie Gerson* est maintenant patronnée par sa fille Charlotte qui dirige le *Gerson Institute* implanté en Californie. L'idée de base, assez sommaire, est que le cancer est dû à un déséquilibre entre les taux de sodium et de potassium de l'organisme. Le régime alimentaire préconisé, totalement dépourvu de sel, n'autorise que les jus de fruits et de légumes additionnés de jus de foie de veau cru et inclut de nombreux produits, notamment du potassium, des hormones thyroïdiennes, de la vitamine B12, du coenzyme Q10, des enzymes pancréatiques. Il se singularise par la prescription de lavements de café supposés « détoxifier » et stimuler le métabolisme de l'organisme. Outre son prix extrêmement élevé, cette thérapie, dont aucune étude scientifique n'atteste de l'efficacité, s'avère dangereuse, non seulement du fait d'un régime déséquilibré, des apports excessifs de potassium et d'hormone thyroïdienne et des lavements de café (ayant entraîné la mort de plusieurs patients), mais aussi parce qu'elle interdit toute chimiothérapie anti-cancéreuse concomitante (*Voir* Régimes « anti-cancer »).

– **Thérapie immuno-augmentative**. Thérapie, supposée détruire les cellules cancéreuses, inventée par Lawrence Burton (1927-1993) (*Voir* Burton).

– **Thérapie lipidique**. La méthode de *thérapie lipidique* inventée par le docteur Emmanuel Revici (1897-1998), médecin roumain émigré à New-York, repose sur l'idée que le cancer provient d'un déséquilibre entre les processus anaboliques (constructifs) et cataboliques (destructifs). (*Voir* Revici).

– **Thérapie par les anges**. A première vue, la *thérapie par les anges*, qui fait partie du *New Age*, semble assez angélique (*Voir* Nouveaux mouvements religieux). La gourou est une sympathique et jolie jeune femme, Doreen Virtue (née en 1957), docteur en psychologie, qui, dès son plus jeune âge, voyait des anges et conversait avec eux. Chacun, chacune d'entre nous a son ange ou son archange-gardien qui veille sur lui ou sur elle, à condition d'être entré en communication avec lui et de lui avoir demandé son aide. La clef de la guérison est en effet d'entrer en communication avec son ange. Sous couvert d'angélisme, l'organisation est en réalité très professionnelle et la rentabilité est juteuse. Doreen Virtue a publié de nombreux ouvrages, des cassettes audio, des jeux de cartes divinatoires des Archanges. Elle participe à de nombreuses émissions télévisées, dirige des ateliers de psychologie spirituelle et donne des conférences dans le monde entier. Elle organise des cours destinés à certifier des *thérapeutes angéliques* qui peuvent ensuite aider les patients à entrer en contact avec leurs anges pour qu'ils les guident dans la bonne direction.

Doreen Virtue est la mère de deux *enfants indigo* et la belle-mère de deux autres *indigo*. L'invention des *enfants indigo* – également appelés *enfants des étoiles*, *enfants de lumière*, *enfants de cristal* – est due à la parapsychologue Nancy Ann Tappe. Pour elle, ces enfants entourés d'une *aura* indigo, surdoués ou en échec scolaire car autistes, dyslexiques ou hyperactifs, auraient des aptitudes psychologiques et spirituelles supérieures et des pouvoirs paranormaux qui les mettraient en situation de transformer le monde et d'instaurer le *Nouvel Âge*. Inutile de préciser qu'il s'agit là d'une dangereuse mystification dépourvue de tout fondement scientifique rationnel et susceptible de créer chez ces enfants instrumentalisés des troubles psychologiques graves.

Enfin, à Londres, d'alléchantes *Angel Therapy Rooms* fournissent des prestations diversifiées, allant de toutes sortes de massages, à l'acupuncture, au Reiki, à la naturopathie, etc. dans un contexte de luxe de bon aloi. Les *Essences angéliques*, supposées réveiller et guérir le corps et l'esprit, sont vivement recommandées. Le *deuxième Congrès International des Anges* s'est tenu à Hambourg (Allemagne) en juin 2007. On annonce en août 2007 que la Princesse Martha-Louise de Norvège (née en 1971), kinésithérapeute de formation, voyante extra-lucide, férue de thérapies alternatives, qui prétend être en communication avec les anges depuis son enfance, vient de créer l'*École Astarté, école des Anges* censée aider ses élèves à entrer en contact avec leurs anges et à réaliser ainsi des miracles.

– **Thérapie polaire**. Randolph Stone (1890-1981), Autrichien émigré aux États-Unis avec ses parents dans les dernières années du XIXe siècle, devient ostéopathe, chiropracteur, acupuncteur, naturopathe, etc. A la fin des années 1940, il invente la *thérapie polaire* (*Polarity-Therapy*) supposée débloquer les énergies électromagnétiques de l'organisme, harmoniser leur flux et rétablir leur équilibre. Cette thérapie, qu'il propose en complément des thérapeutiques conventionnelles, dans de nombreuses pathologies et notamment dans le cancer, intègre et synthétise les traditions médicales *ayurvédiennes* et chinoises, l'astrologie, les principes du yoga et divers aspects de la médecine occidentale. Elle associe de la réflexologie, un régime, des exercices, et éventuellement de la *thérapie crânio-sacrée* (*Voir* Ostéopathie).

– **Thérapies anti-cancer**. Les cancéreux seraient deux fois plus nombreux que les patients atteints d'autres maladies à se diriger vers les thérapies non-conventionnelles, qui, dans ce cadre, sont plutôt désignées comme *médecines alternatives ou complémentaires*. Selon les statistiques et selon les pays, le pourcentage de sujets atteints d'un cancer qui ont recours à une médecine alternative ou complémentaire est variable, pouvant atteindre 80% (notamment lorsqu'une radiothérapie et surtout une chimiothérapie sont entreprises) et va en augmentant. Par rapport à la population générale, ces patients sont d'un statut socio– économique et d'un niveau d'éducation élevé, ils sont plus jeunes et comptent plus de femmes que d'hommes.

Qu'est-ce qui pousse les patients porteurs d'un cancer à se diriger vers les médecines alternatives ou complémentaires ? Ce sont les mêmes raisons que celles des utilisateurs de thérapies non-conventionnelles autres que les cancéreux, avec en plus quelques motifs propres aux cancéreux, dont les quatre principaux sont les suivants.

1) L'insatisfaction liée au manque d'attention porté par les thérapeutes conventionnels à leurs symptômes (fatigue, douleurs, etc) et aux effets indésirables des chimiothérapies et radiothérapies, qu'ils pensent être mieux gérés par les thérapeutes non-conventionnels. Une enquête menée récemment, dans douze pays d'Europe montre que dans deux cas sur trois (76 %) les patients ont des douleurs, qui pour 26 % d'entre eux en France (et 33 % en Europe) sont tellement intenses qu'ils souhaitent mourir. La plupart de ces patients rapportent que leur qualité de vie est sérieusement entamée et que leurs douleurs les empêchent de mener une vie normale. Chez deux malades sur trois, les traitements antalgiques mis en œuvre sont insuffisants, ce qui les conduit à se tourner vers des médecines non-conventionnelles complémentaires.

2) L'idée que les traitements conventionnels sont plus agressifs, mais que les thérapies non-conventionnelles sont aussi efficaces et que, en tout cas, si elles ne font pas de bien, au moins elles ne font pas de mal, est une deuxième raison. Un travail du *Centre de recherches sur le Cancer* d'Hawaï portant sur des patients atteints d'un cancer de la prostate met en avant la hantise – justifiée – des complications connues des traitements conventionnels, comme l'incontinence d'urines ou l'impuissance, et la croyance dans une efficacité au moins égale des thérapies alternatives.

3) Le désir d'améliorer leur qualité de vie quotidienne et leur bien-être, de jouer un rôle actif dans la gestion de leur santé et de s'engager activement dans le combat contre leur cancer pour contrôler la situation (ce qui peut jouer un rôle dans l'amélioration de leur état) est également en cause.

4) Enfin le désespoir, la désespérance, de se sentir engagé dans une maladie au long cours, grave, source de douleurs, d'infirmités, voire de mort, est souvent en cause. Par voie de conséquence, l'espoir mis dans les médecines alternatives ou complémentaires est grand : espoir de guérir ou, pour d'autres, espoir de mieux vivre avec leur cancer ou encore espoir de mourir paisiblement. Certains ont pu dire que mieux valait un faux-espoir que pas d'espoir du tout.

Quelles que soient les raisons qui ont conduit ces patients à se tourner vers les médecines alternatives ou complémentaires, ces dernières ont – dans le cas du cancer – au moins quatre intérêts : améliorer l'état général du patient (appétit, sommeil, fatigue, etc), atténuer les effets secondaires des traitements classiques (radiothérapie, chimiothérapie), soulager la douleur, redonner espoir.

Les animaux sont également concernés. Les propriétaires de chats et de chiens utilisent de plus en plus souvent des médecines alternatives ou complémentaires pour leur animal familier lorsqu'il est atteint d'un cancer ; une enquête portant sur deux-cent-cinquante-quatre propriétaires d'animaux de compagnies montre que 76 % d'entre eux utilisent ou ont utilisé des médecines alternatives ou complémentaires, le plus souvent des prières et/ou des suppléments nutritionnels.

Au risque de finir par lasser le lecteur, on peut encore citer, parmi les plus connues des soi-disant thérapies anti-cancer qui ont fleuri au XXe siècle, des deux côtés de l'Atlantique :

- le *GN-24*, l'*Anablast* et le *714 X* de Gaston Naessens (*Voir* Naessens Gaston),
- le *Laetrile* ou *vitamine B17* d'Ernest Krebs et de son fils, forme purifiée de l'*amygdaline* de l'amande amère et les noyaux de fruits, qui en se décomposant libère de l'acide cyanhydrique, éminemment toxique voire mortel,
- le *sulfate d'hydrazine* du docteur Joseph Gold,
- le *MTH-68* (virus de Newcastle) de Lazlo Csatary,
- l'*hydrate de chloral* et l'*hypophysectomie* du docteur André Gernez,
- la *carcine* et la *néocarcine* du docteur Jacob Pawlotzky,
- le *Sérum cytopoïétique d'Auxances* de Roger Brumault des Allées,
- la *thérapie de potentiation à l'insuline*, souvent associée au *DMSO*, solvant utilisé dans l'industrie du bois,
- les *extraits de placenta humain* du docteur Valentin Govallo,
- les *toxines* de William Coley,
- le *Krebiozen* du docteur Stevan Durovic et de son frère Marko,
- le *CanCell* ou *Entelev* du chimiste James Sheridan,
- les *orotates* du docteur Hans Nieper,
- le *Carzodélan* du biologiste Gashler,
- le *chlorure de magnésium* « minéral miracle » du docteur Pierre Delbet (1861-1957), Professeur de clinique chirurgicale à la Faculté, membre des Académies de médecine et de chirurgie,
- les *modélisations mystiques,* à prétention biologique et mathématique, d'Emile Pinel (1906-1985), mathématicien et biologiste,
- le *G5* (molécule de silicium organique) du docteur ès-sciences Loïc Le Ribault (1947-2007) et de son compère Norbert Duffaut (1923-1993), ingénieur chimiste,
- le *cartilage de requin*, du fait de son contenu en substances empêchant la formation des vaisseaux sanguins, est donné comme susceptible d'entraver le développement des cancers ; malheureusement, ces substances ne sont pas absorbées par l'organisme,

et qui plus est, si elles pouvaient pénétrer l'organisme, elles seraient à l'origine de réactions allergo-immunologiques désastreuses,
– et enfin – la cerise sur le gâteau – la *cuillère de pétrole* avalée tous les matins à jeun de Paula Ganner (née en 1919), la femme d'un boucher du Tyrol.

Malgré sa longueur, cette énumération reste très incomplète, tant sont nombreuses et variées les soi-disant thérapies destinées à lutter contre le cancer et dont le seul point commun est l'inefficacité et la dangerosité.

– **Thérapies bio-oxydatives.** L'*oxygénothérapie* (h*yperoxygénothérapies* ou *thérapies bio-oxydatives*) repose sur le principe erroné que les maladies, et notamment le cancer, sont dues à un déficit d'oxygénation des tissus. Le Révérend Père Richard Willhelm (1917-1993), microbiologiste à la Mayo Clinic, proclame dans les années 1940 que, d'après les travaux de William F. Koch (1885-1962) et de Otto Warburg (1883-1970) (deux fois Prix Nobel, en 1931 et 1944, pour la découverte et l'identification des enzymes de la chaîne respiratoire), « le cancer n'aime pas l'oxygène » et que l'eau oxygénée guérit de nombreuses maladies dont l'asthme, la sclérose en plaques, le cancer, l'herpès, la malaria, le psoriasis, l'amibiase, les hémorroïdes, etc. Le traitement du cancer est donc assuré par l'introduction dans l'organisme de substances capables d'y relâcher de l'oxygène, comme l'*eau oxygénée* à raison de quelques gouttes dans un verre d'eau, en lavements ou en perfusion intra-veineuse, ou l'*ozone*, en applications locales sur la peau, en injections intraveineuses, en autohémothérapie, en lavements ou en instillations rectales. De nombreux travaux ont montré que, contrairement aux allégations gratuites de certains, l'*auto-hémothérapie* par ré-injection chez le patient de son propre sang traité par l'ozone était totalement inefficace dans le sida. Les accidents liés à ces thérapies sont, entre autres, des embolies gazeuses d'oxygène, des attaques cérébrales, des arrêts respiratoires, des gangrènes consécutives aux lavements ou lavages coliques.

Jean Solomidès (1911-1979), né à Chypre, de nationalité britannique, ultérieurement naturalisé Français, titulaire d'un doctorat d'Université en médecine, licencié ès-sciences naturelles, diplômé de bactériologie, attaché de recherches au CNRS, en poste à l'*Institut Pasteur* pendant huit ans, est l'inventeur dans les années 1950 des *physiatrons synthétiques*, peroxydases supposées détruire les cellules cancéreuses et respecter les cellules normales, en apportant de l'oxygène en excès grâce à leur action de catalyseur de l'oxydation. Chassé de l'*Institut Pasteur*, licencié du CNRS, il installe son laboratoire dans la cave de son domicile à Sceaux. Il y fabrique les physiatrons et reçoit des malades en consultation. De 1953 à 1978, quasiment sans discontinuer, les procès et condamnations pour exercice illégal de la médecine et de la pharmacie se succèdent et les témoignages favorables de patients supposés guéris abondent, malgré l'absence de preuve d'efficacité. La fabrication des physiatrons est interdite après qu'une analyse

des ampoules injectables de physiatrons y a montré la présence de substances toxiques et de germes bactériens. En 1985, son matériel de fabrication est saisi par la justice. Solomidès avait également inventé une pommade, le *Gadistol*, à base d'huile de foie de morue, supposée traiter l'eczéma, les cancers de la peau et surtout les lésions cutanées causées par les rayons X (radiodermites).
La *vitamine O*, qui n'a de vitamine que le nom, consiste, d'après la firme qui la fabrique depuis 1998, en molécules d'oxygène intactes dans une solution d'eau distillée et de chlorure de sodium. Prise par voie orale, elle est censée enrichir le sang en oxygène et augmenter la capture d'oxygène par les cellules. Les analyses scientifiques de la vitamine O montrent qu'il ne s'agit que d'eau salée contenant une faible quantité de germanium et qu'aucune efficacité ne peut lui être reconnue autre qu'un effet placebo.

– **Thérapies cognitivo-comportementalistes**. Développées à partir des années 1960 par le docteur Aaron Temkin Beck (né en 1921), professeur de psychiatrie à l'Université de Pennsylvanie, et Judith S. Beck (née en 1954), les thérapies cognitivo-comportementales, férocement anti-psychanalytiques, se réclament de la science et se veulent l'application à la pratique clinique des principes de la psychologie scientifique, notamment de la théorie de l'apprentissage et du conditionnement, de la théorie du traitement de l'information et des théories cognitivistes. Majoritaires dans les milieux psychiatriques officiels des États-Unis, elles sont devenues très à la mode en France. (*Voir* Primalthérapie, Technique Alexander, Biofeedback, Psychologie orientée vers le processus, Reich Wilhelm, Programmation Neuro-linguistique).

– **Thérapies dites *métaboliques***. La plupart des thérapies dites *métaboliques* reposent sur la croyance que le cancer – comme d'ailleurs beaucoup d'autres maladies – serait dû à l'accumulation de substances toxiques (des toxines) et donc qu'il faut *détoxiquer* l'organisme (en particulier par des régimes et des lavements) et renforcer ses défenses immunitaires par différents procédés, afin qu'il puisse guérir tout seul. Mais ces soi-disant *toxines* ne sont absolument pas identifiées.
De nombreuses personnalités, qu'il s'agisse ou non de médecins, ont acquis un degré variable, et souvent éphémère, de célébrité et de popularité en inventant une méthode, plus ou moins métabolique, de guérison du cancer à laquelle leur nom reste attaché. Sans prétendre les citer toutes et tous – loin de là –, nous retiendrons la *thérapie métabolique* de Harold Manner, la *thérapie lipidique* d'Emmanuel Revici (1896-1998), les *antinéoplastons* de Stanislaw Burzynski (né en 1943), la *thérapie immuno-augmentative* de Lawrence Burton (1927-1993), les *thérapies métaboliques Kelley et Gonzales*, le *Progenitor cryptocides* de Virginia Livingston (1906-1990), le *Ginkgo V* de Mirko Beljanski (1923-1998).

– **Thérapies énergétiques anti-cancer**. Les thérapies dites *énergétiques* sont fondées sur la croyance, non scientifiquement prouvée, que des champs énergétiques (magnétiques ou électromagnétiques) se trouvent à l'intérieur et autour du corps de chaque individu et qu'il est possible d'interagir avec ces forces vitales pour rétablir leur équilibre et donc la santé, car c'est leur déséquilibre qui est la cause des maladies. Ces thérapies se pratiquent soit avec les mains seules (magnétisme, imposition des mains, toucher thérapeutique, Qi gong, Reiki, etc.), soit avec des machines électromagnétiques (Lakhovski, Prioré, Royal Rife, Zoetron et autres gadgets).

– **Thérapies non-conventionnelles**. Sous le terme générique de *thérapies non-conventionnelles*, on regroupe les différentes pratiques qui font appel à Dieu, à la Vierge, aux Saints ou au Roi, les médecines dites populaires, ainsi que les nombreuses thérapies pseudo-scientifiques, d'aspect plus savant, correspondant souvent à des *médecines révélées* et auto-proclamées. Les termes servant à les désigner sont nombreux et plus ou moins équivalents : médecines parallèles, non-officielles, non-académiques, non-scientifiques, non-éprouvées, douces, naturelles, autres, complémentaires et/ou alternatives, différentes, marginales, adjuvantes, empiriques, nouvelles, traditionnelles, hétérodoxes, non-orthodoxes, alter-médecines, patamédecines, etc. Au-delà de leurs appellations et de leurs différences théoriques et pratiques, ces diverses formes de thérapies non-conventionnelles se rejoignent d'une part en ce qu'elles se revendiquent comme des médecines douces, globales, holistiques, d'écoute, de terrain, naturelles et non-iatrogènes et, d'autre part, dans le fait qu'elles s'opposent à la médecine officielle, biomédecine, ou médecine académique, dominante, scientifique, orthodoxe, occidentale, savante, expérimentale, allopathique, conventionnelle, etc. Au total, ce sont toutes des médecines magiques, par opposition à la médecine rationnelle.

Le vocabulaire se retrouve extrêmement proche d'une thérapie à l'autre : forces, énergies, fluide, ondes (bienfaisantes ou malfaisantes), vibrations (bénéfiques ou maléfiques), magnétisme, courants, esprits… le Divin, sous une forme ou sous une autre, la Nature, l'humanisme, l'homme dans sa globalité, le grand Tout, l'holisme, le Macrocosme et le Microcosme, etc. Les néologismes pseudo-scientifiques sont la règle. L'inventivité lexicale est limitée, mais le jargon amphigourique pseudo-scientifique, véritable charabia sans queue ni tête nourri d'assertions farfelues et d'élucubrations absurdes, est une caractéristique quasi-constante des thérapies non-conventionnelles.

Il existe des centaines de thérapies non-conventionnelles et leur liste s'apparente à une interminable litanie.

Aux États-Unis, une agence gouvernementale de recherche scientifique dédiée à l'étude des médecines non-conventionnelles a été créée, le *National Center for Complementary and Alternative Medicine*. Cet organisme s'attache à analyser chacune d'entre elles et à la caractériser au plan de son efficacité, de sa dangerosité et de son utilisation en tant que complément à la médecine conventionnelle ou en tant qu'alternative à cette dernière. Cet organisme a aussi pour mission d'apporter au public une information objective. Une des différences majeures entre la médecine scientifique officielle et les thérapies non-conventionnelles réside dans le fait que la médecine scientifique évolue au fil du temps, alors que les thérapies non-conventionnelles sont immuables et restent ce que leurs inventeurs les ont faites. Dans la médecine scientifique, ce qui était vrai hier ne l'est plus forcément aujourd'hui et encore moins demain, les théories et les pratiques n'ont pas vocation à perdurer et sont en permanence soumises à questionnement. Les moyens thérapeutiques préconisés au temps d'Hippocrate ne sont plus de mise aujourd'hui, le traitement de l'ulcère de l'estomac n'est plus le même depuis que l'on a découvert le rôle d'un microbe *Helicobacter pylori*, on n'endort plus les malades à opérer comme au milieu du XIXe siècle en leur mettant sous le nez une compresse d'éther ou de chloroforme. Les diagnostics ne reposent plus sur l'analyse sémiologique détaillée des différents pouls. Dans les dernières décennies du XXe siècle, le *scanner*, puis l'*Imagerie par Résonance Magnétique nucléaire* (*IRM*) modifient profondément les arbres de décision médicale. Lorsque la pénicilline apparaît pour traiter la syphilis, on abandonne le mercure, le bismuth et les arséno-benzènes. Il y a bien sûr des essais et erreurs, mais, dans l'ensemble, le mouvement de la médecine tient compte et bénéficie des avancées scientifiques notamment en biologie. La biologie moléculaire a des retombées médicales importantes en termes de nouvelles molécules, par exemple celles fabriquées par génie génétique, comme l'hormone de croissance. Cette évolution de la médecine scientifique se fait vers plus d'efficacité et de contrôle, tout en multipliant les risques d'effets indésirables. A l'inverse de cette médecine scientifique, les thérapies non-conventionnelles sont à l'abri du temps, elles naissent un jour et se retrouvent telles quelles un siècle ou deux plus tard, sans changement (l'homéopathie, la chiropraxie, etc), sans inflexion liée aux nouvelles données de la science, à la façon de vérités révélées éternelles. Enfin, les thérapies non-conventionnelles reprochent à la médecine scientifique d'avoir tendance à envisager séparément chaque organe, système ou appareil, en multipliant le nombre des spécialités et des spécialistes, et, à l'opposé, se revendiquent de faire partie de la *médecine holistique* (*Voir* Holistique).

– **Thérapies non-conventionnelles (classification)**. Il est habituel de classer les thérapies non-conventionnelles en cinq catégories :
1) Les *systèmes médicaux alternatifs complets*, avec leurs théories et leurs pratiques, comme l'homéopathie, la naturopathie, la médecine chinoise, l'Ayurveda ;
2) Les *techniques Corps-Esprit*, méthodes supposées accroître les possibilités de l'esprit d'agir favorablement sur les fonctions ou les symptômes du corps, comme, par exemple,

la méditation, la prière, les psychothérapies et les thérapies utilisant l'art, la musique ou la danse, la relaxation, la visualisation, la sophrologie, etc. ;
3) Les *thérapies biologiques*, utilisant des substances trouvées dans la nature (comme les herbes et les plantes, les minéraux, les vitamines, etc) ou des produits générés par l'homme, notamment grâce à la chimie ;
4) Les *méthodes manipulatives et corporelles*, basées sur la manipulation et/ou les mouvements d'une ou de plusieurs parties du corps (ostéopathie, chiropraxie, massages, yoga, etc) ;
5) Les *thérapies énergétiques*, les unes pratiquées avec les mains seules, les autres avec des machines.
Cette classification est évidemment arbitraire, de nombreuses thérapies pourraient entrer dans plusieurs catégories et l'association de plusieurs d'entre elles est fréquente.

– **Thérapies non-conventionnelles (clientèle des)**. L'utilisation des médecines non-conventionnelles varie d'un pays à l'autre, en fonction de l'histoire, de la réglementation, des données socio-économiques. Approximativement deux Français sur trois ont recours à des thérapies non-conventionnelles, et, dans la majorité des cas, ils les utilisent en plus de la médecine conventionnelle, et non pas à la place de celle-ci. Les clients n'hésitent pas à faire appel aux médecines alternatives, qui deviennent de ce fait complémentaires, en même temps qu'à la médecine officielle, surtout lorsque la pathologie est sérieuse. Il n'est pas rare non plus qu'au fil des insatisfactions thérapeutiques qui se répètent, ils passent successivement entre les mains d'un docteur « normal », d'un homéopathe, d'un acupuncteur, d'un magnétiseur, d'un naturopathe, puis d'un sophrologue ou autre anthroposophe, pour terminer dans le giron d'une secte ou d'une autre.
Dans l'ensemble, la clientèle est variée ; elle se recrute parmi toutes les couches sociales et culturelles de la population. Personne n'est à l'abri : des petites gens les plus humbles et les moins cultivés aux personnalités les plus instruites issues des milieux intellectuels les plus raffinés. Il semble toutefois que viennent en tête les femmes, les jeunes, les personnes de niveau social et culturel élevé et que soient particulièrement attirés par ces thérapies alternatives : les cancéreux (*Voir* thérapies anti-cancer), les patients atteints d'une maladie chronique susceptible d'être invalidante (comme les rhumatismes, la sclérose en plaques et la maladie de Parkinson) ou de mettre en jeu le pronostic vital, les « douloureux » (dorsalgies chroniques notamment), les déprimés, les anxieux, les personnes qui se *sentent mal dans leur peau*, celles qui veulent arrêter de fumer ou encore ne pas vieillir et rajeunir.
Les limites, les excès, les erreurs et les risques de la médecine conventionnelle sont une des causes majeures du recours aux thérapies non-conventionnelles. En contrepoint, il convient d'insister sur une deuxième cause : l'idée très largement répandue – bien

qu'inexacte – que les médecines non-conventionnelles, indûment qualifiées de douces, par opposition à la dureté de la médecine officielle, sont inoffensives. À côté de ces deux premières causes majeures de l'engouement pour ces thérapies, plusieurs autres raisons, d'ordre essentiellement psychologique, interviennent également : le caractère séduisant des systèmes, la crédulité humaine (Voir Crédulité humaine), la quête d'un gourou (Voir Gourou), le besoin de merveilleux (Voir Merveileux), l'espoir (Voir Espoir), la quête de l'holistique (Voir Holistique), l'habillage scientifique, l'abondance des témoignages (Voir Témoignages), le battage médiatique et le matraquage publicitaire ainsi que le mythe de la Nature et du Naturel (Voir Nature). Enfin, loin d'être dissuasifs, des prix élevés apparaissent au contraire comme une garantie de sérieux (une semaine du programme de revitalisation à la Clinique La Prairie coûte 8 000 dollars). La Grande Encyclopédie de Diderot et d'Alembert note à propos d'un charlatan : « Il avait un spécifique qu'il vendait deux louis la goutte ; le moyen qu'un remède si cher ne fût pas excellent ? […] ».

– **Thérapies non-conventionnelles (dangers)**. Que de fois on entend dire à propos des thérapies non-conventionnelles : « au moins si ça ne fait pas de bien, ça ne fait pas de mal », sous-entendu « contrairement à la médecine officielle, le plus souvent impuissante et dangereuse ». Il faut mettre à plat cette assertion et y séparer le Vrai du Faux. On peut distinguer trois grandes classes de dangerosité des différents variétés de thérapies non-conventionnelles que nous avons successivement envisagées : la dangerosité propre à chacune d'elles (se reporter à chacune des thérapies), leurs dangerosité par défaut (*Voir* Thérapies non-conventionnelles, dangerosité par défaut) et leur dangerosité induite (*Voir* Sectes).

– **Thérapies non-conventionnelles (dangerosité par défaut)**. La dangerosité par défaut des thérapies non-conventionnelles, c'est l'inefficacité et le retard voire l'absence de diagnostic suffisamment précoce pour des affections curables ou améliorables par la médecine officielle. Ce risque de *perte définitive de chance de guérison* n'est pas là le moindre danger de ces charlatanismes à visée médicale. La malheureuse histoire de Katia en est un triste exemple. Douloureusement affectée par l'annonce du diagnostic d'un cancer du sein à 55 ans, elle ne se résout pas à l'intervention chirurgicale ni à une chimiothérapie. Sur les conseils d'une astrologue qui pratique l'hypnose, elle consulte d'abord un médecin rayé de l'*Ordre* qui lui fait des injections de produits mystérieux puis une thérapeute chinoise (acupuncture, plantes, tisanes) et enfin une personne qui la « traite » par vibrations lumineuses. Quand, devant l'aggravation manifeste de son cancer et des douleurs insupportables, elle se rend à l'hôpital, il est trop tard et la chimiothérapie aussitôt entreprise n'empêchera pas la mort de Katia. On peut également citer le cas d'une personne morte d'état de mal asthmatique pour ne pas avoir été traitée à temps par les méthodes médicales conventionnelles. Le psychiatre Jean-Marie Abgrall (né en 1950) raconte qu'il a été amené à soigner de nombreux malades revenus, parfois trop tard, des médecines dites douces : « des charlatans les avaient convaincus de doctrines aberrantes. Dans la moitié des cas, un homéopathe était à l'origine de l'abandon de soins. ».

– **Thérapies non-conventionnelles (encadrement)**. Si l'on s'en tient aux principes, on est en droit de penser que la Société apporte aujourd'hui au public la garantie, en ce qui concerne les professionnels de la santé, que la loi et la science sont respectées et que la morale est sauve. L'habilitation à exercer la médecine est en effet délivrée par l'*Ordre des Médecins* après qu'il s'est assuré que le casier judiciaire du postulant est vierge et que son diplôme de docteur en médecine est valide.
L'encadrement de thérapies non-conventionnelles par les instances officielles, qu'il s'agisse du *Conseil de l'Ordre des médecins* ou du Gouvernement par des mesures législatives et/ou réglementaires, est à double tranchant. Certes, d'une part, il fixe des limites, contrôle mieux les pratiques, réduit les dérives et évite des débordements, mais, en revanche, cet encadrement donne une reconnaissance officielle à ces thérapies et, qu'on le veuille ou non, les accrédite en laissant penser qu'elles sont efficaces et inoffensives. Actuellement, les chantiers d'encadrement concernent l'ostéopathie-chiropraxie, l'acupuncture, l'homéopathie et les psychothérapies et ce n'est pas le moindre obstacle à la lutte contre ces charlatanismes. Des voix influentes, sinon autorisées, comme celle du député européen vert Paul Lannoye, docteur ès-sciences, ou de l'avocate Isabelle Robard, sous prétexte que la majorité des pays d'Europe reconnaissent la plupart des thérapies non-conventionnelles, s'élèvent et se dépensent sans compter pour prôner un soi-disant libre choix thérapeutique que les Français n'auraient pas. C'est ainsi que Maître Isabelle Robard demande que les médecines non-conventionnelles soient intégrées à part entière dans les systèmes de santé, « afin de permettre aux médecins d'accéder enfin à une véritable liberté de prescription sans encourir les foudres de l'Ordre des médecins et aux praticiens de santé non-médecins de trouver leur véritable place en France, accordant ainsi à chacun d'entre nous le droit d'accès à toutes les médecines. [...] En effet, il devrait pouvoir se faire que toutes les médecines se complètent harmonieusement dans l'intérêt suprême du patient. ». Pour ces adeptes des thérapies non-conventionnelles, la France, dans ce domaine est « la lanterne rouge », « le mouton noir » de l'Europe. Le lobbying intensif de Paul Lannoye a fini par venir à bout des réticences et résistances rationnelles de nombreux responsables. C'est ainsi que le *Parlement Européen* adopte le rapport de la commission de l'environnement et de la santé sur le statut des médecines non conventionnelles dans l'*Union européenne* et vote, en 1997, la résolution sur le statut

des médecines non conventionnelles, et que le Conseil de l'Europe adopte, en 1999, une résolution qui préconise « une formation des médecins allopathes aux thérapies alternatives et complémentaires dans les facultés et invite les États membres à encourager la reconnaissance officielle de ces médecines dans les facultés et leur pratique dans les hôpitaux. ». Ces médecines sont intégrées dans le septième programme-cadre européen de recherche et des directives européennes réglementent la production des médicaments homéopathiques, phytothérapiques et anthroposophiques.

Sont ainsi reconnues par le *Parlement européen* « la chiropraxie, l'homéopathie, la médecine anthroposophique, la médecine traditionnelle chinoise, le shiatsu, la naturopathie, l'ostéopathie, la phytothérapie... car ce sont les médecines les plus couramment utilisées et organisées. Néanmoins, la liste n'est pas exhaustive ».

Au terme de son congrès international de Pékin, au printemps 2000, l'*Organisation Mondiale de la Santé* (*OMS*) se donne pour mission de favoriser les échanges scientifiques avec ces médecins dans tous les pays et d'obtenir que chaque citoyen ait le droit de choisir la médecine qu'il souhaite.

En France, le *Conseil de l'Ordre des médecins* reconnaît, sous le nom ambigu de *Mode d'Exercice Particulier*, plusieurs thérapies non-conventionnelles, notamment l'acupuncture, l'homéopathie, l'ostéopathie et la mésothérapie, à condition, bien entendu, qu'elles soient exercées par des docteurs en médecine. On peut penser que cette reconnaissance institutionnelle représente une façon de lutter préventivement contre le charlatanisme et l'exercice illégal de la médecine, en incorporant dans les rangs des docteurs officiels des praticiens qui autrement seraient hors-la-loi.

En 2003, une résolution de l'*Assemblée Mondiale de la Santé* demande à ses États membres « (...) de formuler et mettre en œuvre des politiques et réglementations nationales sur la médecine traditionnelle, complémentaire ou parallèle pour favoriser l'utilisation adéquate de la médecine traditionnelle et son intégration dans les systèmes nationaux de soins de santé, en fonction de la situation de chaque pays (...) ».

Notons enfin que le déremboursement total ou partiel par la Sécurité Sociale, dont l'objectif est d'ordre économique visant à réduire son déficit, peut jouer un rôle dissuasif sur la consommation des thérapies non-conventionnelles, notamment de l'homéopathie (baisse de 65 % à 35 % en octobre 2003). Les *Laboratoires Homéopathiques Boiron* contestent l'intérêt économique de ce type de mesure, assurant que les médecins homéopathes coûtent en moyenne deux fois moins cher que les autres médecins et laissant entendre qu'elle conduirait les médecins et les patients à se reporter sur des médicaments conventionnels dont le prix est quatre à cinq fois plus élevé. Il n'empêche que, en 2004, l'*Académie Nationale de Médecine* réclame que l'on cesse totalement de rembourser l'homéopathie, requête également formulée par l'*Agence Française de sécurité sanitaire des produits de santé*.

– **Thérapies non-conventionnelles (évaluation des)**. Évaluer l'efficacité d'un traitement en médecine scientifique occidentale officielle n'est déjà pas facile (*Voir* Efficacité des traitements, évaluation de l') et les pièges notamment statistiques sont nombreux. Mais évaluer une thérapie non-conventionnelle est encore plus difficile et même, le plus souvent, frise l'impossible. il est donc rare qu'une évaluation scientifique puisse être réalisée, pour deux raisons principales : 1) beaucoup de leurs sectateurs prétendent qu'il n'est pas possible de les valider scientifiquement par des études contrôlées, randomisées, en double-aveugle, du fait que leurs pratiques sont personnalisées, holistiques, et qu'elles ne peuvent donc pas se prêter à une étude statistique, 2) les effets de beaucoup de ces thérapies non-conventionnelles portent sur la forme, le bien-être, la qualité de vie, l'appétit, l'énergie, tous facteurs qu'il est difficile de quantifier et d'évaluer objectivement, même si un certain nombre d'échelles existent.

C'est pourquoi il faut être très méfiant vis-à-vis des allégations d'efficacité proclamées par les promoteurs et les adeptes de ces thérapies, car elles ne reposent que sur des données anecdotiques qui ne sont pas scientifiquement ni objectivement probantes, comme l'ancienneté (ce qui est ancien est supposé avoir fait ses preuves), l'accumulation des témoignages favorables de patients qui se disent guéris, les démonstrations pseudo-scientifiques (reposant essentiellement sur des récits de cas isolés sans aucun document permettent de les authentifier), les tentatives de validation scientifique en double aveugle (dont la méthodologie est habituellement biaisée), le mythe du *post-hoc propter-hoc* (il ne suffit pas qu'un événement survienne après un autre pour qu'il soit dû à ce dernier ; une amélioration qui suit un traitement ne prouve pas qu'elle soit due à ce traitement), l'effet gourou (s'en remettre à quelqu'un que l'on investit de pouvoirs extraordinaires peut être à la base de l'efficacité alléguée).

Enfin, il ne faut pas exclure les mensonges, les tromperies délibérées ou parfois de bonne foi ; ainsi, on peut faire croire à l'efficacité d'un traitement contre le cancer, alors que le malade n'a jamais eu de cancer, ou que le cancer a été guéri par un traitement conventionnel associé, ou qu'il est en rémission ou guérison spontanées, ou encore qu'il est mensongèrement donné comme guéri alors qu'il continue à évoluer ou même que le malade est mort. Pour la philosophe belge Isabelle Stengers (née en 1949), le charlatan est défini « comme celui qui revendique ses guérisons pour preuve. »

Il ne saurait être question de décliner ici le degré d'efficacité ou plutôt d'inefficacité de tous les *miroirs aux alouettes* que représentent les diverses thérapies non-conventionnelles.

– **Thérapies non-conventionnelles (lutte contre les)**. La lutte contre les thérapies non-conventionnelles est bridée par trois phénomènes en pleine expansion : 1) leur développement encouragé par l'*Organisation Mondiale de la Santé* dans les pays émergents, 2) les

réglementations européennes visant à les officialiser et à favoriser leur entrée officielle dans les hôpitaux et 3) le développement de la *médecine intégrée* dans les Centres anticancéreux (*Voir* Médecine intégrée).
On se doute bien que les raisons économiques dominent le problème. La médecine scientifique d'aujourd'hui, excessivement sophistiquée, coûte très cher en équipements et moyens tant diagnostiques (scanners, Imageries par Résonance Magnétique nucléaire (IRM), échographes, médecine nucléaire, laboratoires d'analyses médicales, etc.) que thérapeutiques (essais thérapeutiques très onéreux, molécules actives hors de prix pour les chimiothérapies ou les antibiothérapies, bombes au cobalt, salles d'opération et de réveil équipées, etc), en personnels compétents (médecins, techniciens de laboratoire, infirmières spécialisées, etc.) tant pour leur formation que pour leurs émoluments. Face à ce coût énorme, les médecines traditionnelles et leurs tradi-praticiens sont extraordinairement bon marché.
On comprend alors que l'*OMS* préconise, pour les pays émergents, le développement des médecines traditionnelles, en général largement majoritaires, leur institutionnalisation et leur intégration aux systèmes de santé de ces pays, après adoption de protocoles standardisés par les médecins traditionnels et conventionnels. À titre d'exemple, en Ouganda, il y a un médecin traditionnel pour 300 habitants contre un praticien conventionnel pour 20 000. Pour l'*OMS*, « il ne s'agit pas de mettre un frein aux médecines traditionnelles, au contraire, mais de protéger une somme de savoir précieux. ».
Les pays développés jouent sur deux tableaux : d'une part une carte analogue d'ordre économique, mais aussi, d'autre part, le projet de flatter l'attirance d'un nombre croissant de citoyens pour le merveilleux et le paranormal, dépités, désabusés ou désespérés qu'ils sont par le réel et le « normal » peu enviable de leur quotidien. Alors, on a tendance à faire entrer dans les temples de la technologie médicale que sont les grands hôpitaux, l'acupuncture, l'homéopathie et autres thérapies non-conventionnelles charmeuses et peu coûteuses. Au total, tout le monde y gagne. Alors, pourquoi bouder son plaisir ? La Société fait des économies, les désirs des citoyens sont satisfaits, tout va bien…

– **Thermalisme**. Cures à visée thérapeutique dans des stations thermales dont les eaux sont réputées bénéfiques pour telle ou telle pathologie (*Voir* Crénothérapie, Hydrothérapie).

– **Toucher royal**. Par l'imposition des mains, les rois de France, mais aussi d'Angleterre, détiennent le pouvoir de guérir les *écrouelles* (*Voir* Rois thaumaturges).

– **Toucher thérapeutique**. Le *toucher thérapeutique* américain (*Therapeutic Touch*), fréquemment pratiqué par les infirmières, est une version moderne de l'imposition des mains. Il vise à améliorer la qualité de vie du patient en soulageant l'angoisse et le stress. Malgré son nom, le *toucher thérapeutique* n'implique aucun contact des mains du thérapeute avec le patient.

– **Toxicomanes**. Sous couvert de cures de désintoxication et de réinsertion de toxicomanes, certaines sectes exercent leur emprise sur des personnes particulièrement fragiles, notamment celles qui sont frappées par le sida. C'est le cas par exemple du *Patriarche* (dont le gourou – fondateur en 1972 – Lucien J. Engelmajer et les principaux dirigeants viennent d'être condamnés en correctionnelle pour abus de faiblesse, abus de confiance, recel, blanchiment d'argent et abus de biens sociaux) ou du *centre Takiwasi*, centre de traitement des toxicomanies à base de purges, de jeûnes et de transes chamaniques créé au Pérou en 1992 par un médecin français, le docteur Jacques Mabit. Les méthodes de sevrage brutal mises en œuvre dans les centres *Narconon* de l'*Église de scientologie* et combinées à des *procédures de purification* s'avèrent également très dangereuses surtout pour les adolescents.

– **Tradipraticiens**. II est devenu courant de désigner globalement par le terme de *thérapeutes traditionnels* ou *tradipraticiens*, les praticiens de médecine populaire, à savoir les rebouteux, renoueurs, leveurs de maux et autres guérisseurs, Loin d'être clandestins, ces *thérapeutes traditionnels* qui se fondent dans le paysage de nos campagnes profondes, mais que l'on retrouve également en ville, ont aujourd'hui pignon sur rue. Ainsi peut-on consulter *Le guide des 100 bonnes adresses de guérisseurs, rebouteux et thérapeutes empiriques*, ou s'adresser à l'*Union Européenne des Magnétiseurs et Rebouteux* dont le siège social est à Bourges, ou au *Groupement et Syndicat des Tradipraticiens-Guérisseurs, rebouteux, chiropracteurs.* Il existe même en Suisse un *Institut Supérieur de Reboutement* qui délivre des diplômes.

– **Trédaniel**. Christian Trédaniel (né en 1934) est l'inventeur en 1963 de l'*étiopathie*, thérapie manuelle dérivée de l'ostéopathie et de la chiropraxie (*Voir* Étiopathie, Ostéopathie).

– **Trubert**. Yvonne Trubert, née en 1932, est la fondatrice d'un mouvement parareligieux intitulé *Initiation à la Vie Intense*, mouvement qui entend soulager la souffrance des hommes, mais qui refuse la médecine officielle (*Voir* Invitation à la vie intense).

– **Urinothérapie**. L'*urinothérapie* ou *pipi-thérapie* procède d'une pratique indienne, datant de cinq mille ans (*Shivambu* ou *Amaroli,* thérapie par *l'eau de Shiva*). Elle serait suivie par cinq millions d'Allemands, deux millions de Japonais et un million de

Néerlandais. On utilise sa propre urine par voie externe (massages, compresses, bains de pied, bains de siège, protection contre les moustiques) ou interne (en boisson, gargarisme, lavements, etc.). La prétention de cette curieuse thérapie, qui a également sa place dans les médecines populaires, est de guérir ou au moins d'améliorer « presque toutes les maladies », avec la plus grande simplicité, sans danger et sans dépenser un centime. Une variante homéopathique de l'urinothérapie est l'*isothérapie urinaire*, qui a au moins le mérite, pour les palais délicats, de diluer l'urine au point qu'il n'en reste plus une goutte !

– **Uromancien**. Nom savant donné aux guérisseurs, *jugeurs d'eau*, ou *jugeurs d'urines*, qui, depuis le Moyen Âge, font leur diagnostic et leur pronostic sur la simple inspection des urines du patient (*Voir* Jugeurs d'eau).

– **Usui**. Le japonais Mikao Usui (1865-1926) est le fondateur de la *thérapie par imposition des mains* ou *Reiki*. (*Voir* Reiki, Imposition des mains).

– **Vegan**. Les *Vegan* sont des végétaliens qui, de plus, ne se servent d'aucun produit d'origine animale (*Voir* Végétarianisme).

– **Végétalien**. Les *végétaliens* sont des végétariens qui ne mangent ni viandes et poissons, ni œufs, ni produits laitiers et qui ne consomment donc que des végétaux (*Voir* Végétarianisme).

– **Végétarianisme**. Le *végétarianisme* comprend plusieurs degrés. Alors que l'espèce humaine est *omnivore*, tous les végétarianismes excluent de leur alimentation les viandes et poissons, mais tandis que le *végétarien* consomme des végétaux, du lait (lactovégétariens), des œufs (ovolactovégétariens) et du miel, le *végétalien* ne consomme que des végétaux. En plus d'être végétalien, le *vegan* (terme anglo-saxon très utilisé) ne se sert d'aucun produit provenant d'animaux (fourrure, laine, soie, cuir, etc). Comme les médicaments sont tous testés sur des animaux, le végétarien, s'il lui arrive malgré tout de tomber malade, se soigne avec des plantes.
Certains choisissent de devenir végétarien en raison de croyances religieuses (crainte de cannibalisme car la réincarnation, dans l'hindouisme, peut se faire sous la forme d'un animal) ou de principes éthiques (rejet de la cruauté envers les animaux), c'est alors une philosophie de vie, mais la majorité le font parce qu'ils pensent que c'est plus sain, plus naturel, plus hygiénique et donc meilleur pour la santé. Ce sont les catégories socio-professionnelles supérieures et moyennes, les surdiplômés, qui sont les plus concernées, mais les catégories populaires ne sont pas pour autant épargnées.

– **Végétothérapie**. Psychothérapie analytique à médiation corporelle, inventée par Wilhelm Reich (1897-1957) (*Voir* Orgone).

– **Venin d'abeille**. Le venin d'abeille, prôné dans le traitement de la sclérose en plaques, s'avère plus dangereux qu'utile (*Voir* Apithérapie).

– **Vérité à dire aux malades**. Depuis longtemps, le problème de savoir si le médecin doit dire au malade la vérité sur son cas fait débat. La tendance actuelle de la médecine officielle est de délivrer au malade toutes les informations sur sa maladie, même lorsqu'il s'agit d'une affection au pronostic sévère, notamment d'un cancer (*Voir* Charlatanisme innocent).

– **Vertébrothérapie**. Médecine manuelle, faisant partie de la médecine officielle, consistant en manipulations de la colonne vertébrale par des médecins rhumatologues spécialisés, dans des pathologies bien définies.

– **Viscumthérapie**. La thérapie par le gui, ou viscumthérapie, fait partie de la médecine anthroposophique de Rudolf Steiner (1861-1925) (*Voir* Médecine anthroposophique).

– **Vitamine C**. La vitamine C a été dévoyée de son usage médical normal par les élucubrations du chimiste Linus Pauling (1901-1994), lauréat du Prix Nobel de chimie en 1954 pour ses travaux fondamentaux sur la nature des liaisons chimiques et du Prix Nobel de la paix en 1962 pour sa lutte contre la prolifération des armes nucléaires (Voir Pauling).

– **Voronoff**. Victor Darwin Lespinasse (1878-1946), urologue à Chicago, procède en 1913 à l'exérèse d'un testicule chez un donneur, en fait trois tranches et les insère chez un patient impuissant qui avait perdu ses deux testicules. Le succès est donné comme rapide, total et durable. Cette voie est ensuite largement exploitée par Serge Voronoff (1866-1951), dont la carrière est suffisamment extraordinaire pour que l'on s'y arrête un instant. Né en Russie, il arrive à Paris à l'âge de dix-huit ans et s'inscrit à la Faculté de médecine. Il devient externe des hôpitaux de Paris et soutient sa thèse de docteur en médecine. À trente ans, recommandé par son maître Jules Péan (1830-1898), chirurgien des hôpitaux de Paris, il s'installe au Caire comme *Chirurgien de la Cour khédivale* et *Médecin conseiller du Khédive*. Il y acquiert vite une excellente réputation et une très belle situation. Fasciné par la transplantation, il se lance et effectue des transplantations de reins, de pancréas, d'ovaires et de nombreuses glandes endocrines chez différentes espèces animales. En 1908, il fait une greffe d'omoplate de mouton chez un patient opéré d'une tumeur de la voûte du crâne. Après avoir quitté l'Égypte et suivi l'enseignement d'Alexis Carrel (1873-1944) sur les greffes à New York, il effectue des greffes ovariennes chez la brebis, puis des greffes de thyroïde de singe à l'homme, et enfin des greffes osseuses de primates puis des autogreffes pendant la Grande Guerre. En 1917, il est nommé Directeur Adjoint du Laboratoire de Biologie de l'École des Hautes Études, puis des fonds appartenant à sa femme permettent la création officielle d'une Station de chirurgie expérimentale-Fondation Voronoff. Ayant observé dans les harems égyptiens le vieillissement précoce et la brièveté de la vie des eunuques, il constate que chez les animaux castrés ces effets peuvent être palliés par des greffes testiculaires, il fait de nombreux essais chez les animaux et, au début des années 1920, il commence à implanter des tranches de testicule de singe dans le scrotum d'hommes âgés et proclame avoir trouvé le remède contre la vieillesse. En 1925, ses travaux sont récompensés par la Légion d'honneur « au titre scientifique, en reconnaissance des services rendus par lui à la Science et à l'Humanité. ».

La liste des praticiens ayant appliqué, entre 1920 et 1940, la méthode Voronoff à travers le monde entier est impressionnante. Citons seulement son propre frère Georges Voronoff (1873-1943), des chirurgiens des hôpitaux de Paris ou de Chicago, et surtout Leo Stanley et John Brinkley. Médecin de la prison de Saint Quentin en Californie, Leo L. Stanley (1886-1976) commence en 1918 à transplanter les testicules de prisonniers récemment exécutés. En 1920, la rareté du matériel humain le conduit à utiliser des testicules de bouc, de bélier, de cerf, de porc, avec le même succès allégué. Il effectue des centaines d'opérations, avec des indications très variées incluant la vieillesse. Ses travaux sont publiés dans la revue *Endocrinology*. L'américain John R. Brinkley (1885-1942), superstar de la réjuvénation au Kansas, fonde une station de radio pour assurer la vente de son traitement. Parlant dans un micro en or, au milieu de *country music* et de sermons fondamentalistes, il fait la réclame pour sa *Compound Operation*, qui consiste en l'implantation de tranches de testicules de bouc dans le scrotum de ses patients (qui pouvaient choisir leur bouc dans ses étables). Le succès est tel qu'il devient rapidement riche et célèbre. Inutile de préciser que les résultats n'étaient pas à la hauteur des espérances des opérés !

L'isolement en 1935 de la *testostérone*, l'hormone mâle sécrétée par les testicules, met un terme à ces diverses tentatives testiculaires de rajeunissement, dont la femme n'était pas exclue : les ovaires étant considérés comme les testicules de la femme, la greffe de testicules était remplacée, chez elle, par celle des ovaires et la ligature des canaux déférents cédait la place à celle des trompes utérines.

– **Voyant(e)**. Personne qui prétend posséder le don de lire l'avenir et le passé.

– **Vulgarisation médicale.** La *vulgarisation* – ou *popularisation* – de la médecine délivre aux non-médecins des informations médicales destinées à être utilisées dans un but de promotion de la santé (*Voir* Popularisation).

– **Wicca.** Mouvement spirituel néo-paganiste mettant en avant l'énergie vitale mise en œuvre par des procédés de magie blanche supposés utilisés uniquement pour faire le Bien (*voir* Nouveaux mouvements religieux).

– **Wiccans.** Adeptes (sorciers et sorcières) du mouvement *Wicca* (*Voir* Nouveaux mouvements religieux, Wicca).

– **Will Rogers (phénomène de).** Phénomène à prendre en compte dans l'évaluation de l'efficacité d'un traitement, il correspond aux modifications des résultats consécutifs à un changement de la classification, à une évolution de la définition des phénomènes étudiés ou encore à l'amélioration des moyens diagnostiques ou thérapeutiques.

– **Wizard.** Personne prétendant posséder des pouvoirs surnaturels, magicien ou sorcier.

– **Yoga.** Issu de la philosophie hindouiste, le yoga inclut des exercices physiques de posture et de *stretching (étirement)*, des exercices respiratoires, des techniques de relaxation et des pratiques de méditation (*Voir* Techniques corps-esprit).

– **Yogourth.** Les mérites du yoghourt – ou yaourt – et ses supposés effets sur la longévité ont été vantés de façon quasi-délirante par le Prix Nobel de médecine Élie Metchnikoff (1845-1916). *Voir* Metchnikoff.

– **Zapper.** Le zapper est un petit appareil délivrant à l'organisme un courant électrique de faible ampérage supposé éliminer les parasites, causes de tous les maux (y compris du cancer) pour Hulda Regehr Clark (1928-2009), biologiste et docteur en naturopathie.

– **Zarai.** Rika Zarai (née en 1938) est une chanteuse israélienne, prosélyte de la médecine par les plantes (*Voir* Phytothérapie).

– **Zététique.** Dans son dictionnaire de la langue française, Émile Littré (1801-1881) définit la zététique comme la « méthode dont on se sert pour pénétrer la raison des choses ».

– **Zoetron**. La méthode appelée *Thérapie cellulaire spécifique du cancer* consiste à exposer le malade à un champ magnétique de faible puissance (inférieure à celle d'une Imagerie par Résonance Magnétique) délivré par le *Zoetron.* Ce champ magnétique est supposé détruire suffisamment de cellules cancéreuses, tout en préservant les cellules saines, pour permettre ainsi au système immunitaire de finir le travail. Aucune donnée scientifique ne permet de valider cette affirmation.

– **Zola**. Émile Zola (1840-1902) est notamment l'auteur du roman *Le docteur Pascal* (*Voir* Charlatanisme innocent, Charlatans de l'immortalité) et de *Lourdes* (*Voir* Lourdes).

– **Zoothérapie**. La zoothérapie ou *thérapie assistée par l'animal* (chien, chat, cheval, dauphin, etc) peut avoir des effets bienfaisants sur la santé physique et morale des enfants, mais aussi des personnes âgées. Sans parler du bénéfice psychologique et moral que les quelques neuf millions de chiens et dix millions de chats français apportent aux enfants, aux personnes seules et aux gens âgés, l'*hippothérapie* ou *équithérapie*, thérapie par les chevaux, est utile aux enfants autistes, trisomiques, ou souffrant d'un handicap psychologique, intellectuel ou physique (*Voir* Delphinothérapie). Voilà enfin une thérapie non-conventionnelle dont les nuisances sont modérées, à condition d'éviter les pitt-bulls et autres rotweillers.

Bibliographie

– ABGRALL J.-M. *La mécanique des sectes*, Paris, Éditions Payot et Rivages, 1996.

– ABGRALL J.-M. *Les charlatans de la santé*, Paris, Documents Payot, 1998.

– ABIVEN M. Mentir pour bien faire ? ou « Le mensonge en médecine », *Études psychothérapiques*, 1996, 13 : 39-50.

– ALBERT LLORCA M. Les apparitions et leur histoire, *Archives des Sciences Sociales et des Religions*, 2001, 116 (octobre-décembre) 53-66.

– ALBOU P. Evolution de l'image des personnes âgées au cours du XIXe siècle, *Histoire des Sciences Médicales*, 2001, XXXV (1) : 43-50.

– ALEXANDRE A. *Préface*, in Dr E. Monin, « Les Propos du Docteur. Mélanges d'hygiène et de médecine », Paris, Société d'Éditions Scientifiques, 1897.

– AMIMI D., RUBINO C., PICHARD-LEANDRI E., FERMAND-BRULE S., DUBREUIL-LEMAIRE M.-L., HILL C. Analgesic effect of auricular acupuncture for cancer pain: a randomized, blinded, controlled trial. J. Clin Oncol, 2003 Nov 15 ; 21(22) : 4120-6.

– *Alternative Cancer Therapies*, http://www.cancure.org/choiceoftherapy.htm.

– Amendement n° 104 à la loi du 9 août 2004 à propos des psychothérapeutes déjà en exercice, Adopté par l'Assemblée nationale le 11-01-2007 .

– AMES B.-N. et coll., *Proceedings of the National Academy of Sciences* 2002. Vol. 99 : 2356-2361 ; 1870-1875 ; 1876-1881.

– ANDRIEU E. *Pierre Brioude dit Pierrounnet de Nasbinals, Figure de l'Aubrac*, St-Chély d'Apcher, Imprimerie du Gévaudan, 2001.

– B..., *Conseils aux femmes*, Paris, Comon et Compagnie, 1848, p. I-II.

– ANGLADA J. *Traité des eaux minérales et des établissements thermaux du département des Pyrénées-orientales*, Paris : J.-B. Baillière, 1833.

– ANONYME. The Metabolic Cancer Therapy of Harold W. Manner, *CA A Cancer Journal for Clinicians*,1986 ; 36 :185-189.

– ANONYME. L'ostéopathie sans les ostéopathes ? *Le Bulletin de l'Ordre des médecins,* 2 février 2007, p. 7.

– ARAI K., MUROTA I., HAYAKAWA K., KATAOKA M., MITSUNKA T. Effects of administration of pasteurized fermented milk to mice on the lifespan and intestinal flora. *Jap. Soc. Food Nutr.* ; 1980, 33 : 219-223.

– Arrêté du 25 mars 2007 relatif à la composition du dossier et aux modalités d'organisation de l'épreuve d'aptitude et du stage d'adaptation prévues pour les ostéopathes par le décret n° 2007-435 du 25 mars 2007 relatif aux actes et aux conditions d'exercice de l'ostéopathie.

– Arrêté du 25 mars 2007 relatif à la formation en ostéopathie, à la commission d'agrément des établissements de formation et aux mesures dérogatoires.

– ASTIN J.-A. Why patients use alternative medicine: results of a national study, *JAMA*, 1998, vol 279, n° 19 (20 mai), p.1548-1553.

– AUDIN-ROUVIERE Dr. *La Médecine sans le Médecin*, 12° éd. entièrement refondue, Chez l'Auteur, 1828.

– AUGIER F. *Docteur Samuel Serge Voronoff (1866-1951),* Thèse de doctorat en médecine, Université Lyon I, 1990.

– AUGIER F., SALF E., NOTTET J.-B. Le Docteur Samuel Serge Voronoff (1866-1951) ou « la quête de l'éternelle jeunesse », *Histoire des Sciences Médicales,* 1996, T. XXX, n° 2, p. 163-170.

– AUQUIER L. *Évaluation scientifique de l'Ostéopathie et de la Chiropraxie* in AUQUIER L., CRÉMER G., MALVY et al. « Académie de médecine. Rapport au nom d'un Groupe de travail, "Ostéopathie et Chiropraxie" (1re partie) ».

– AUQUIER L., CRÉMER G., MALVY P., MENKÈS C.-J., NICOLAS G. Académie Nationale de médecine. *Rapport au nom d'un Groupe de travail « Ostéopathie et Chiropraxie ».*

– AVALOS H. Can Science Prove that Prayer Works? *Free Inquiry magazine*, Volume 17, n°3 – http://www.secularhumanism.org/index.php?section=library&page=avalos_17_3.

– BADER J.-P. De la chanson à la médecine ou « J'irai chanter sur vos tombes », *Sciences Pseudo Sciences (SPS)* n° 160, mars-avril 1996. http://www.pseudo-sciences.org/spip.php?article165.

– BALINT M. *Le médecin, son malade et la maladie*. Paris, Payot, 1968.

– BANG M.-S., LIM S.-H. Paraplegia caused by spinal infection after acupuncture. *Spinal Cord* 2005.

– BARNAY S. *Le Ciel sur la terre. Les apparitions de la Vierge au Moyen Âge*, Paris, Cerf, 1999.

– BARON P. Aspects du dentiste à travers la peinture, http://www.bium.univ-paris5.fr/sfhad/vol5/art01/corps.htm.

– BARRETT S. La guérison par la foi, quelques idées, http://www.allerg.qc.ca/guerifoi.html.

– BARRETT S. *The dark side of Linus Pauling's legacy*, www.quackwatch.com, revised may 5, 2001.

– BARRETT S. *Cellular Therapy, www.quakwatch.com/01QuackeryRelatedTopics/Cancer/cellular.html.*

– BARRETT S., HERBERT V. *Questionable Cancer Therapies* http://www.quackwatch.org/01QuackeryRelatedTopics/cancer.html.

– BARTHEZ J. *Dictionnaire spécial de médecine*, Paris, D. Rolland, 1893.

– BEGAUD B., BAUMEVIEILLE M. Médicament et alea thérapeutique, http://www.institutmauricerapin.org/download/aleamedic.pdf.

– BEGOT A.-C. Les mutations de la représentation du divin au sein d'un groupe à vocation thérapeutique le cas de l'Antoinisme, *Archives des sciences sociales et des religions*, 2000, vol. 111, pp. 41-55.

– BEGOT A.-C. « Science Chrétienne et Antoinisme : Deux groupes religieux minoritaires », *Socio-Anthropologie, N°2 Communauté et/ou Ensemble populationnel*, mis en ligne le 15 janvier 2003, URL: http://socio-anthropologie.revues.org/document.html?id=37.

– BENHAÏEM J.-M. *L'hypnose aujourd'hui*, Paris, In Press Éditions, 2005.

– BENSAÏD N. *La Lumière médicale : les illusions de la prévention*, Paris, Éditions du Seuil, 1981.

– BENSON H., DUSEK J.-A., SHERWOOD J.-B. et al. Study of the Therapeutic Effects of Intercessory Prayer (STEP) in cardiac bypass patients: a multicenter randomized trial of uncertainty and certainty of receiving intercessory prayer, Am Heart J., 2006 Apr ;151(4):934-42.

– BERLAN H., THÉVENIN É. *Médecins et société en France. Du* XVI*e* *siècle à nos jours*. Toulouse, Édtions Privat, 2005.

– BERLIOZ H. Mémoires, http://www.hberlioz.com/LaCote/BerliozMemoirs14.html.

– BERNARD C. *Introduction à l'étude de la médecine expérimentale*, [1865] Paris, Garnier-Flammarion, 1965.

– BERNARD C. *Principes de médecine expérimentale,* Quadrige-PUF, Paris, 1947.

– BERT C. *Sciences Humaines,* Mensuel N° 149, L'effet placebo, Comment l'a-t-on découvert ? Dans quels domaines a-t-il été constaté ? Comment s'explique-t-il ? Quel rôle joue la relation médecin-malade ?
http://www.scienceshumaines.com/l-effet-placebo_fr_4068.html,.

– BILLET Dom Bernard. Les faits de Lourdes – Données historiques, *Acta Med Cathol* 2001 ; 70 : 235-242.

– BJELAKOVIC G, NIKOLOVA D, GLUUD L *et al.* Mortality in randomized trials of antioxidant supplements for primary and secondary prevention: systematic review and meta-analysis. *JAMA.* 2007 Feb 28 ; 297(8) : 842-57.

– BLANCHARD R. *La lithothérapie scientifique. Peut-on soigner avec des pierres ?* 2e éd., Toulon, les Presses du Midi, 2005. http://www.lespressesdumidi.fr/la_lithotherapie.htm

– BLOCH M. *Les rois thaumaturges*, Paris, Gallimard, 1983.

– BOEHLER J.-M. Se soigner dans les campagnes alsaciennes d'autrefois. Malades et maladies aux XVIIe et XVIIIe siècles. http://www.bium.univ-paris5.fr/sfhad/vol1/art02/article.htm.

– BOEHLER J.-M. *Une société rurale en milieu urbain : la paysannerie de la plaine d'Alsace (1648-1789)*, Thèse de doctorat d'État, Presses Universitaires de Strasbourg, 3 volumes (2 470 pages), 1994.

– BOGOMOLETZ A. *Comment prolonger la vie ?* Paris, Collection « Tout savoir », La bibliothèque française, 1950.

– BOHL J., GOEBEL H.-H., POTSCH L. et al., Complications following cell therapy, *Z Rechtsmed*, 1989, 103 (1) : 1-20.

– BOK S. Lying. *Moral choice in public and private life*, New York, Patneon Books, 1978.

– BONDUELLE M. Histoire de la neurologie. Charles-Édouard Brown-Séquard. Ile Maurice, 1817 – Paris, 1894, *Rev Neurol (Paris)*, 2001, 157 : 234 – 238.

– BONVIN E. *Hypnose et douleur chronique*, in BENHAÏEM J.-M. « L'hypnose aujourd'hui », Paris, In Press Éditions, 2005, p. 205-214.

– BOSSU A. *Anthropologie ou étude des organes, fonctions, maladies de l'homme et de la femme*, Paris, Germer Baillière et Comon, 3e éd., vol. 1, 1849.

– BOULANGER J.-M., DECLUDT B., PERRONNE C., TRICARD D. Complément au rapport de la mission d'expertise sur la maîtrise de la légionellose à l'Hôpital Européen Georges Pompidou. Inspection générale des Affaires Sociales. Ministère de l'Emploi et de la Solidarité Ministère délégué à la Santé. 13 juillet 2001.

– BOURGUIGNON A. Parution de décrets d'application de la loi Kouchner. Un encadrement de l'ostéopathie qui dérange, *Le Quotidien du Médecin*, 29 mars 2007.

– BOUTEILLER M. *La médecine populaire d'hier et d'aujourd'hui.* Paris, Maisonneuve et Larose, 1966.

– BOUTELEUX C. *Neuf grands saints protecteurs à prier.* Paris, Éditions Trajectoire, 2006.

– BROCH H. *Au cœur de l'extra-ordinaire*, Bordeaux, L'Horizon chimérique, 1991.

– BRAID J. *Neurypnologie. Traité du sommeil nerveux ou hypnotisme*, http://www.bium.univ-paris5.fr/histmed/medica/cote?70124.

– BRISSAUD É. *Histoire des expressions populaires relatives à l'anatomie, à la physiologie et à la médecine*, Paris, Georges Chamerot éd., 1888.

– BRISSONNET J. *Les pseudo-médecines : un serment d'hypocrites*, Paris, éditeur Book-e-book.com, 2003.

– BROCH H. *Au cœur de l'extra-ordinaire*, Bordeaux, L'Horizon chimérique, 1991.

– BROUARDEL P. *L'exercice de la médecine et le charlatanisme*, Paris, J.-B. Baillière et fils, 1899.

– BROUSSAIS F.-V. *Le catéchisme de la médecine physiologique*, Paris, chez Mlle Delaunay, 1824.

– BURKE D.-T., AL-ADAWI S., LEE Y.-T., AUDETTE J. Martial arts as sport and therapy. *J Sports Med Phys Fitness*. 2007 Mar ; 47(1) : 96-102.

– CABANIS P.-J.-G. *Rapports du physique et du moral de l'homme et lettre sur les causes premières*, 8e éd., Paris, J.-B. Baillière, 1844.

– CADET DE GASSICOURT, article « Charlatan, charlatanisme », *Dictionnaire des sciences médicales par une société de médecins et de chirurgiens*, Paris, C.L.F. Panckoucke, 1812-1822, vol 4, p.543-555.

– CAMUS D. *La sorcellerie en France aujourd'hui*, Rennes, éd. Ouest-France, 2001.

– CAMUS D. *Voyage au pays du magique. Enquête sur les voyants, guérisseurs, sorciers*, Paris, Éditions Dervy, 2002.

– CASSILETH B.-R. Complementary and Alternative Therapies for Cancer, *The Oncologist*, 2004, 9(1), 80–89.

– CHA K.-Y., WIRTH D.-P. Does prayer influence the success of in vitro fertilization-embryo transfer? Report of a masked, randomized trial, J. Reprod Med, 2001 Sep ; 46(9) : 781-7.

– CHASSORT A. *Exercice de la médecine et Internet*, Rapport adopté lors de la session du Conseil national de l'Ordre des médecins du 30 juin 2000.

– CHARCOT J.-M. *La foi qui guérit*, Paris, Félix Alcan, 1897.

– CHRISTIAN W.-A. Jr. *Visionaries. The Spanish Republic and the Reign of Christ*, Berkeley, University of California Press, 1996.

– CLAUDEL J.-P. *La médecine populaire en Lorraine*, Haroué, Gérard Louis éditeur, 2001.

– CICCO A. (propos recueillis par). Un entretien avec le psychiatre Jean-Marie Abgrall. L'OPA des charlatans sur les médecines douces. *L'Humanité*, 12 novembre 1998.

– CLAUDEL J.-P. *La médecine populaire en Lorraine*, Haroué, Gérard Louis éditeur, 2001.

– CLEMENCEAU G. *Le Grand Pan*, Paris, G. Charpentier et E. Fasquelle, 1896.

– COMMON L. Great balls of fire, *The Medical Post, 2000, april 25, vol. 36, n°16.*

– CONRAD L.-I., NEVE M., NUTTON V., PORTER R., WEAR A. *Histoire de la lutte contre la maladie. La tradition médicale occidentale de l'Antiquité à la fin du siècle des Lumières*, Paris, Institut Synthélabo, 1999.

– CORGNIOL C. de. *Les Guérisseurs Philippins « Une médecine différente »*, Paris, Belfond, 1977.

– COSSON G. *Guérir avec les saints*, Paris, Les éditions du Cerf, 2000.

– COUÉ É. *La Maîtrise de soi-même par l'autosuggestion consciente : Autrefois de la suggestion et de ses applications*. Nouvelle édition, Nancy, Chez l'auteur et à Paris, Librairie Oliven, 1926.

– COULOMB A., BAUMELOU A. *Rapport sur la situation de l'automédication en France et perspectives d'évolution. Marche, comportements, positions des acteurs.* http://www.sante.gouv.fr/htm/actu/automedication/rapport.pdf.

– COUSSÉE B. *Légendes et croyances en Flandre,* http://tempsreel.nouvelobs.com/.

– DA SILVA C.-H., CUNHA RL,TONACODO R.-B. et al. Not telling the truth in the patient-physician relationship, *Bioethics* 2003 oct. ; 17(5-6) 417-24.

– D'AUTREC C.-V. *Les charlatans de la médecine,* Paris, les éditions du Scorpion, Jean d'Halluin éditeur, 1954.

– DAVENAS E., BEAUVAIS F., AMARA J., OBERBAUM M., ROBINSON B., MADONNA A., TEDESCHI A., POMERANZ B., FORTNER P., BELON P., SAINTE-LAUDY J., POITEEVIN B., BENVENISTE J. Human basophil degranulation triggered by very dilute antiserum against IgE, *Nature*, 1988, vol. 333, p. 816-818.

– DAVID G., SUREAU C. Académie Nationale de Médecine, Rapport au nom d'un Groupe de travail, De la sanction à la prévention. Pour une prévention des événements indésirables liés aux soins, 4 avril 2006.

– DAVIS P.-A., GOLD E.-B., HACKMAN R.-M. et al. The use of complementary/alternative medicine for the treatment of asthma in the United States, *J. Investigative Allergology Clinical Immunology*, 1998, vol 8, n° 2 (mar-apr), p. 73-77.

– DEBACQ M. Rue des petites écuries n° 6. *De la perception des honoraires de Messieurs les médecins et chirurgiens établissant entre eux un lien de discipline ; maintenant la dignité du Corps médical ; s'opposant à l'envahissement du charlatanisme, évitant l'avilissement du prix des honoraires et en augmentant les revenus de l'Association des médecins sans diminuer le leur*. S.d. (dépôt légal 1852).

– DECHAMBRE A. sous la direction de, *Dictionnaire encyclopédique des sciences médicales,* Paris, Asselin et Houzeau, G. Masson,1874.

– Décret n° 2007-435 du 25 mars 2007 relatif aux actes et aux conditions d'exercice de l'ostéopathie.

– Décret n° 2007-437 du 25 mars 2007 relatif à la formation des ostéopathes et à l'agrément des établissements de formation.

– DELAPLACE M. La Méthode Naturelle de Georges Hébert ou « l'école naturiste » en éducation physique (1900-1939), *STAPS*, hiver 2004, n° 63 – 2004/1, p. 29-44.

– DE LERIS. *Dictionnaire portatif historique et littéraire des théâtres contenant l'origine des différents théâtres de Paris,* seconde édition, revue, corrigée & considérablement augmentée. Paris, chez C.-A. Jombert, libraire du roi en son artillerie, rue Dauphine, à l'image Notre-Dame, 1743.

– DELOMENIE M. Rapport sur le thermalisme français. *Source : Destination Santé, de nos envoyés spéciaux au Medec, Paris 16-19 mars 2004*. Résumé du rapport 2000. 119. http://www.sante.gouv.fr/htm/actu/thermal/resume.pdf.

– DERICQUEBOURG R. *Religions de guérison. Antoinisme, Science Chrétienne, Scientologie,* Paris, Cerf, 1988.

– DERICQUEBOURG R. Mystagogie et religions de guérison : Max Weber revisité, *Archives de sciences sociales des religions,* 2001, vol. 113, pp. 149-158.

– DE RIDDER M., DIENEMANN D., DISSMANN W. et al., Two cases of death following cell therapy, *Dtsch Med Wochenschr* 1987, 112 (25): 1006-1009.

– DE ROBERT L. *Le roman du malade*, Paris, Ernest Flammarion, 1911.

– DE SMET, PAGM, Herbal remedies, *N Engl J Med.* 2002 Déc. 19 ; 347 (25) : 2046-56 12490687.

– *Dictionnaire de l'Académie Française,* 1re édition, 1694.

– *Dictionnaire des sciences médicales,* 58 volumes, Paris, C.L.F., Panckoucke, 1812-1822.

– *Dictionnaire encyclopédique de médecine pratique et d'hygiène sociale,* rédigé par un groupe de docteurs en médecine de la Faculté de médecine de Paris, Paris, J.-L. Chatelain, 1914.

– *Dictionnaire Sceptique – The Skeptic's Dictionary*, http://www.skepdic.com.

– DIDEROT ET D'ALEMBERT. *Encyclopédie ou dictionnaire raisonné des sciences, des arts et des métiers,* 1751-1765.

– DILHUYDY J.-M. L'attrait pour les médecines complémentaires et alternatives en cancérologie ; une réalité que les médecins ne peuvent ni ignorer, ni réfuter, *Bulletin du Cancer*, 2003, vol 90, n° 7 (juillet), p. 623-628.

– DOBSON R. In England and Wales Epilepsy is misdiagnosed in 90 000 people a year, *BMJ* 2006 ; 333 (21 oct) ; 824. http://bmj.com/cgi/content/full/333/7573/824-a.

– DORNIER A.-A.-M. Avis important sur la santé publique, ou Esquisse du charlatanisme médical de 1836, Paris, chez les principaux libraires et chez l'auteur, décembre 1836.

– DOWLING S.-J. Lourdes cures and their medical assessment. *Journal of the Royal Society of Medicine,* 1984, vol. 77, p. 634-638.

– DOWNS N.-M., KIRK K., Médecines alternatives ou complémentaires, WEEN A. The effect of real and sham acupuncture on thermal sensation and thermal pain thresholds, *Archives of physical medicine and rehabilitation*, 2005, vol. 86, n° 6, pp. 1252-1257.

– DUPONT L. *Du charlatanisme médical, en France. Considérations philanthropiques*, Lille, Imprimerie De Bronner-Bauwens, 1838.

– DUSSERT-CARBONE I. *Les dictionnaires de vulgarisation médicale au* XIX*e siècle en France*, in B. Bensaude-Vincent, A. Rasmussen (sous la direction de), « La science populaire dans la presse et l'édition. XIXe et XXe siècles », Paris, CNRS éditions,1997.

– EDELMAN N. « Ruth HARRIS, Lourdes, body and spirit in the secular age ; traduction française, Lourdes. La grande histoire des apparitions, des pèlerinages et des guérisons », Revue d'histoire du XIXe siècle, 2001-23, Nouvelles approches en histoire économique. http://rh19.revues.org/document332.html.

– EDELMAN N. Occulte et thérapeutiques spirites de l'esprit et du corps en France (1850-1914) : de la croyance au savoir et retour, *Revue Asclepio, revista de Historia de la medicina y de la Sciencia*, vol. LVIII, n°2, juillet-décembre 2006, pp. 39-62.

– *Encyclopédie méthodique*, Paris, Panckoucke, 1782-1832.

– ERICKSON M.-H. *Introduction à l'étude de l'hypnose pour la maîtrise de la douleur*, in BENHAÏEM J.-M. « L'hypnose aujourd'hui », Paris, In Press Éditions, 2005, p. 217-226, and Kava.

– ERNST E. Colonic irrigation and the theory of autointoxication : a triumph of ignorance over science, *J Clin Gastroenterol.* 1997 Jun ; 24(4) : 196-8.

– ERNST E. The risk-benefit profile of commonly used herbal therapies: Gingko, St John's Wort, Ginseng, Echinecea, Saw Palmetto and Kava, *Ann Intern Med.* 2002 Jan 1 ; 136 (1): 42-53 11777363.

– ERNST E. Manipulation of the cervical spine: a systematic review of case reports of serious adverse events, 1995-2001, *Med J Aust*, 2002, vol 176, n° 8 (15 april), p. 376-380.

– ERNST E. Herbal medicines put into context, *BMJ*. 2003 Oct 18;327 (7420):881-2 14563719.

– ERNST E. Acupuncture – a critical analysis, *J Intern Med*, 2006, vol 259, n° 2 :125-137.

– ERNST E., PITTLER M.-H. Risks associated with herbal medicinal products, *Wien Med Wochenschr*. 2002 ; 152 (7-8) :183-9.

– FAINZANG S. *Médicaments et société. Le patient, le médecin et l'ordonnance*. Paris, Presses Universitaires de France, Collection Ethnologie Controverses, 2001.

– FAINZAING S. *La Relation médecins-malades : information et mensonge*, Paris, PUF, 2006.

– FAUTREL B. Les médecines alternatives : qui les utilise et pourquoi ? *Synoviale*, octobre 2002 – n°114.

– FERREUX M.-J. « Le New-Age , un « nouveau monde » cybersacré», *Socio-Anthropologie, N°10 Religiosités comtemporaines*, mis en ligne le 15 janvier 2003, http://socio-anthropologie.revues.org/document.html?id=158.

– FIGUIER L. *L'Alchimie et les Alchimistes ou essai historique et critique sur la philosophie hermétique*, Paris, V. Lecou, 1854.

– FLAMM B.-L. *The Scientific Review of Alternative Medicine*, Fall/Winter 2004-05 Volume 8, n°2, Inherent Dangers of Faith-Healing Studies. http://www.sram.org/0802/faith-healing.html.

– FLAUBERT G. Lettre à Louise Collet, 28 septembre 1846, *Correspondance*, T. I, p. 368, Paris, Gallimard, Collection de la Pléiade.

– FONCIN J.-F. « Evidence based medicine » et recherche clinique en psychiatrie. *Site de la Société Française de Neurologie*. URL: http://www.sf-neuro.org axe pathologique Démences & syndromes apparentés. Date de publication 22.02.2005.

– FOURNIER C. *Que peut nous apporter la médecine intégrée ?* Conférence prononcée pour la Fondation Québécoise du Cancer, Québec, le 3 avril 2007, www.passeportsante.net.

– FREEMAN E.-R., BLOOM D.-A., McGUIRE E.-J. A brief history of testosterone, *The Journal of Urology*, 2001, 165 : 371-373.

– FREUD S. *Le mot d'esprit et ses rapports avec l'inconscient* (1905), Paris, Gallimard, 1930.

– FREUD S. *La question de l'analyse profane*, Paris, Gallimard, 1985.

– FREXINOS J. *Vivre Longtemps Et Rester Jeune ; Science Ou Charlatanisme ?* Toulouse, Privat, 2006.

– GAGNIER J.-J., Van TULDER M.-W., BERMAN B., BOMBARDIER C. Herbal medicine for low back pain : a Cochrane review, *Spine*, 2007, 32, n° 1 (janvier), p. 82-92.

– GALEAZZI-LISI R. *Pie XII*, Paris, Flammarion, 1960.

– GARDEN M. « L'histoire de l'homéopathie en France, 1830-1940 », in O. Faure, sous la direction de, *Praticiens, patients et militants de l'homéopathie aux* XIX*e et* XX*e siècles (1800-1940)*, Lyon, Boiron éd., 1992.

– GARDNER C.-D., LAWSON L.-D., BLOCK E. et al. Effect of raw garlic vs commercial garlic supplements on plasma lipid concentrations in adults with moderate hypercholesterolemia: a randomized clinical trial, *Arch Intern Med*, 2007 Feb 26 ; 167 (4) : 346-53.

– GARG V.-K., HERSHEY C.-O. The top 10 herbal therapies, Findings, cautions about these natural remedies, *Postgraduate Medicine Online*, Vol 114, n° 2, August 2003.

– GHILINI H. *Le secret du Dr Voronoff*, Paris, Eugène Fasquelle, 1926.

– GIAQUINTO S., SPIRIDIGLIOZZI C., CARACCIOLO B. Can Faith protect from emotional distress after stroke ? *Stroke*, 2007, 38 : 993-997 .

– GIBSON T., GRAHAME R., HARKNESS J. et al. Controlled comparison of short-wave diathermy with osteopathic treatment in non-specific low back pain, *Lancet*, 1985, i, 1258-1261.

– GIDE A. *Si le grain ne meurt*, Paris, Gallimard (Folio), 1955.

– GILLOT-PÉTRÉ A. *Les charlatans du ciel*, Paris, Michel Lafon, 1994.

– GOEBEL H.-H., WALTHER G., MEUTH M., Fresh cell therapy followed by fatal coma, *J. Neurol* 1986, 233 (4): 242-247.

– GOLDACRE B. Benefits and risks of homoeopathy, *Bad science*, 16th november 2007 (published in *The Lancet*, 17 November 2007, 370 (9600) : 1672-1673.

– GONCOURT E. et J. de. *Journal. Mémoires de la vie littéraire* I.– 1851-1865, Paris, Robert Laffont, 1989.

– GOUNOD C. *Le médecin malgré lui*, Opéra comique en trois actes d'après Molière, Création au Théâtre-Lyrique le 15 janvier 1858.

– GRAND-CARTERET J. *Les Almanachs français. Bibliographie. Iconographie des Almanachs, Années, Annuaires, Calendriers, (...) et autres publications annuelles éditées à Paris (1600-1895)*, Paris, J. Alisié et Cie, 1896.

– GREEN S. Oxygenation Therapy: Unproven Treatments for Cancer and AIDS. http://www.quackwatch.org/01QuackeryRelatedTopics/Cancer/oxygen.html.

– GUARDIA J.-M. *La médecine à travers les siècles, Histoire, Philosophie*, Paris, J.-B. Baillière et fils, 1865.

– GÜBLER C., GONOD M. *Le grand secret*, Paris, Plon, 1996.

– GUEYE C.-T. *La vulgarisation médicale en France. Inventaire des périodiques 1870-1914. Étude critique de l'iconographie de « La médecine universelle », 1890-1092*, Doctorat d'Université, Université Paris-XII, 1992.

– HALDEMAN S., CAREY P., TOWNSEND M., PAPADOPOULOS C. Clinical perceptions of the risk of vertebral artery dissection after cervical manipulation: the effect of referral bias, *Spine J*, 2002, vol 2, n° 5 (sept-oct), p. 334-342.

– HAMON H. *Nos médecins*, Paris, Éditions du Seuil, 1994.

– HARRIS R. *Lourdes. La grande histoire des apparitions, des pèlerinages et des guérisons*, Paris, J.-C. Lattès, 2001.

– HARRIS W.-S., GOWDA M., KOLB J.-W. et al. A randomized, controlled trial of the effects of remote, intercessory prayer on outcomes in patients admitted to the coronary care unit. *Arch Intern Med.* 1999 Oct 25 ; 159(19): 2273-8. Erratum in : *Arch Intern Med* 2000 Jun 26 ; 160(12) : 1878.

– HAYES N.-M., BEZILLA T.-A., Incidence of iatrogenesis associated with osteopathic manipulative treatment of pediatric patients, *Journal of the American Osteopathic Association*, Vol. 106, N° 10 (October) 2006, p. 605-608.

– HERZLICH C., PIERRET J. *Malades d'hier, malades d'aujourd'hui,* Paris, Payot, 1991.

– HESS D.-J., Technology and Alternative Cancer Therapies: An Analysis of Heterodoxy and Constructivism, *Medical Anthropology Quarterly*, New Series, Vol. 10, N°. 4, Critical and Biocultural Approaches in Medical Anthropology: A Dialogue (Déc., 1996), pp. 657-674.

– HOERNI B. *Dictionnaire des cancers de A à Z* (18.5.2003). http://www.fnclcc.fr/fr/patients/dico/definition.php?id_definition=1263.

– HUART L. *Physiologie du médecin*, Paris, Aubert et Cie et Lavigne, 1841.

– ILLICH I. *Némésis médicale. L'expropriation de la santé.* Paris, Seuil, 1975.

– ISAACSOHN J.-L., MOSER M., STEIN E.-A. et al. Garlic powder and plasma lipids and lipoproteins: a multicenter, randomized, placebo-controlled trial. *Arch Intern Med.* 1998 Jun 8 ; 158(11) : 1189-94.

– IZZO A.-A. Drug interactions with St. John's Wort (Hypericum perforatum): a review of the clinical evidence, *Int J Clin Pharmacol Ther.* 2004 Mar ; 42 (3) : 139-48.

– IZZO A.-A., ERNST E. Interactions between herbal medicines and prescribes drugs: a systematic review, *Drugs.* 2001 ; 61 (15) : 2163-75.

– JACOBI D. *Textes et images de la vulgarisation scientifique*, Berne, Peter Lang, 1987.

– JAUNAIT A. Le paternalisme médical peut-il être libéral ? A propos de la formule libérale de la coopération médicale dans les codes de déontologie. *Actes du Séminaire 2005.* http://www.dies.fr/recherch/actes/2patern.htm .

– JONGBAE PARK, WHITE AR, JAMES MA et al. Acupuncture for Subacute Stroke Rehabilitation. A Sham-Controlled, Subject – and Assessor-Blind, Randomized Trial., *Arch Intern Med.* 2005;165:2026-2031 – *Journal of History of the Neurosciences,* Special Issue : Brown-Séquard Centennial, April 1996, vol 5.

– JULLIARD A. Le don du guérisseur. *Archives des Sciences sociales et des Religions,* juillet-septembre 1982-54/1.

– JULLIARD A. A propos d'une ethnographie des leveurs de maux. *Cahiers de Sociologie Économique et Culturelle. Ethnopsychologie*, 1987, n°8, pp. 21-38.

– KALRA L. Faith under the microscope, *Stroke*, 2007, 38 : 848-849.

– KAPTCHUK et al, Sham device v. inert pill: randomized controlled trial of two placebo treatments, *British Medical Journal Online First,* Feb. 1, 2006.

– KEANE F.-M., MUNN S.-E., du VIVIER A.-W. et al. Analysis of Chinese herbal creams prescribed for dermatological conditions. *BMJ.* 1999 Feb 27 ; 318(7183) : 563-4.

– KIM D.-I., HUH S.-H., LEE B.-B. *et al.* Pseudoaneurysm of the abdominal aorta caused by acupuncture therapy. *Surg Today*, 2002 ; 32(10) : 942-3.

– KNEIPP S. *Ma cure de santé*, Éditions Populaires, Strasbourg, 1950.

– KONG J., MA L., GOLLUB R.-L. et al. A pilot study of functional magnetic resonance imaging of the brain during manual and electroacupuncture stimulation of acupuncture point (LI-4 Hegu) in normal subjects reveals differential brain activation between method, *J. Altern Complement Med*, 2002 Aug ; 8(4) : 411-9.

– KONG J., GOLLUB R.-L., WEBB J.-M. et al. Test-retest study of fMRI signal change evoked by electroacupuncture stimulation, *Neuroimage*, 2007 Feb 1; 34(3) : 1171-81.

– KUCZYNSKI L. Figures de l'Islam. Connaissance et représentations des marabouts africains à Paris, *Archives des Sciences sociales et des Religions*, 1989, 68, n° 1, p. 39-50.

– KUCZYNSKI L. *Les marabouts africains à Paris*, Paris, CNRS éditions, 2002.

– LABRECQUE M. Efficacité douteuse de l'homéopathie, *L'actualité médicale,* 15 février 2006.

– LADERMAN J.-P. Accidents of spinal manipulations. *Ann. Swiss chiropractors assoc.* 1981 ; 7 : 161-208.

– LADERMAN J.-P. Plantes toxiques, plantes médicinales et phytothérapie, *Interview de Jean Bruneton, Professeur à la Faculté de Pharmacie, Université d'Angers, par Pierre Allain,* Date : 15-3-2003.
http://www.pharmacorama.com/ezine/plantes.php ; http://ead.univ-angers.fr/~pharma/bruneton/.

– La DHEA en questions, *Sciences et Vie*, 2001, 1006 : 132-137.

– La Revue *Prescrire*, juillet-août 2006, T. 26, n° 274, p. 481.

– LAFFECTEUR. *Exposé complet de la méthode végétale de Laffecteur, Pour guérir, sans retour, les Maladies vénériennes récentes ou anciennes, simples ou compliquées; précédé de Recherches et d'observations curieuses sur les différens Modes de traitement employés successivement depuis l'invasion de la Syphilis en Europe jusqu'à nos jours.* Paris : Chez l'Auteur, s.d. (ca 1825).

– LAGARDE P. *Cancers questions et réponses en «l'état actuel de la science»,* Paris, Guy Trédaniel Editeur, 2006 ; http://www.philippelagarde.org/.

– LALOUETTE J. Charcot au cœur des problèmes religieux de son temps. A propos de « La Foi qui guérit », *Rev Neurol (Paris)*, 1994, 150, 8-9 : 511-516.

– LAMBERT G, *Niehans ou la vieillesse vaincue*, Paris, Fayard, 1958.

– LAMBRICHS L. *La vérité médicale*, Paris, Robert Laffont, 1993.

– LAMON TAGNE C. Gaston Naessens : 50 ans de controverse, *Guide Ressources*, novembre 1989, vol 5 n°2.

– LANA S.-E., KOGAN L.-R., CRUMP K.-A. et al. The Use of Complementary and Alternative Therapies in Dogs and Cats With Cancer, *Journal of the American Animal Hospital Association* 42:361-365 (2006).

– LANCE P. « Alternatives Médecines Évolutives Santé et Sciences Innovantes », *Savants maudits, chercheurs exclus,* Paris, Librairie des Éditions Guy Trédaniel – Tomes I, II, III.
  – *La Médecine Illustrée*, avant-propos du N° 1, 25. XI. 1887
  – L'Artésien est du Picard Monsieur André ACCART, ethnologue. Le 8 décembre 2006, par Frédéric Paud
  http://www.parolesdhommesetdefemmes.fr/spip.php?article137.

– LAURENT J. *Les sous-ensembles flous*, Paris, Grasset, 1981.

– LAVAUD-LEGENDRE B. Charlatanisme et droit pénal, *Sève*, 2008/3, n°20, p. 67-75.

– LAWLER K.-A., YOUNGER J.-W., PIFERI R.-L., JOBE R.-L., EDMONDSON K.-A., JONES W.-H. The unique effectiveness on health : an exploration of pathways, *J Behav Med*, 2005, april, 28(2) : 157-167.

– LAZARUS A. ET DELAHAYE G. Médecines complémentaires et alternatives : une concurrence à l'assaut de la médecine de preuves ? *Sève* 2007/2, n° 15, p. 79-94.

– LEBATARD-SARTRE R. Rapport au Conseil de l'Ordre des médecins, 15 décembre 1997, *Bulletin de l'ordre des médecins*, février 1998.

– Législation et rapports sur les sectes en France, Rapport au Premier Ministre, MIVILUDES, 2005, http://www.info-sectes.org/pages/rapport.htm.

– « Le gourou démasqué », traduction du livre de Russell Miller «Bare-Faced Messiah» (en ligne, fichier pdf).

– LEJONC J.-L. *Cours de CSCT 2003-2004*, Faculté de médecine de Créteil, Paris-XII.

– LEJUMEAU-DE-KERGARADEC A.-J. *Dissertation sur la nécessité et la dignité de la médecine ; et sur les qualités nécessaires au médecin*, Thèse présentée et soutenue à la Faculté de médecine de Paris le 23 juin 1809, Paris, Imprimerie Didot jeune, 1809.

– LÉONARD J. *La vie quotidienne du médecin de province au XIXe siècle*, Paris, Hachette, 1977.

– LÉONARD J. Les guérisseurs en France au XIXe siècle, *Revue d'histoire moderne et contemporaine*, juillet-septembre 1980, T. XXVII, p. 500-516.

– LÉONARD J. *La médecine entre les savoirs et les pouvoirs. Histoire intellectuelle et politique de la médecine française au XIXe siècle.* Paris, Aubier-Montaigne, 1981.

– LÉONARD J. *Archives du corps. La santé au XIXe siècle*, Rennes, Ouest-France, 1986.

– LÉONARD J. « Les guérisseurs», in Léonard J. *Médecins, malades et société dans la France du XIXe siècle*, Paris, Sciences en Situation, 1992, p.63-82.

– LERNER M. *Choices In Healing: Integrating The Best of Conventional and Complementary Approaches to Cancer*, Part One, *Paths of Hope and Ways of Healing*, Chapter One *On Never Giving Up Hope: Three Stories.* http://www.commonweal.org/pubs/choices/1.html.

– Le Quotidien du Médecin du 19/04/2007 N° 8150, *Réunion sur la mésothérapie* le 9 mai, mercredi 18 avril 2007.

– *Les informations dieppoises*, mardi 27 juin 2000 http://66.102.9.104/search?q=cache:R0GsUBoUr7gJ:www.infos-dieppoises.fr/JournalSiecle/Journ27Juin.pdf+docteur+Estripeaut&hl=fr&ct=clnk&cd=3&gl=fr.

– L'Hôpital au XXIe siècle, Actes du Colloque national Cent-cinquantenaire de l'AP-HP, 7-8 décembre 1999, Assistance publique – Hôpitaux de Paris, p. 143-144.

– LITTRÉ E. *Dictionnaire de la langue française,* Paris, Gallimard-Hachette, 1975.

– Loi n° 2002-303 du 4 mars 2002 relative aux droits des malades et à la qualité du système de santé. http://www.admi.net/jo/20020305/MESX0100092L.html.

– LOTTIN J.-J. Pour en finir avec les « Invasions barbares » infantilisantes de l'Evidence-Based Medicine (EBM) (cette pratique fondée sur des preuves soi-disant scientifiques) avec l'aide des Américains eux-mêmes, L'Isle-sur-la-Sorgue, janvier 2006, http://www.psychiatrie-desalieniste.com/IMG/doc/virerl_EBM.definitif.doc.

– LOUX F. *Pierre-Martin de La Martinière. Un médecin au XVII*e *siècle,* Paris, Éditions Imago, 1988.

– LUDES B. « Ostéopathie-Chiropraxie », Rapport au Ministre de la santé, 2006 (www.sante.gouv.fr, rubrique « Presse »).

– LUDES B. *Rapport « Ostéopathie – Chiropraxie »* 25 janvier 2007.

– McCABE E. Ozone Therapy for AIDS, *AIDS Patient Care,* déc. 1992, p. 254-255.

– MAMOU Y. Les dé-remboursements donnent du tonus à l'automédication en France, *Le Monde,* 63e année, n° 19305, samedi 17 février 2007, p.14.

– MARCHESSEAU PV. *Le Jeûne en Naturopathie (Jeûnes humide, sec et mixte).* Livret 16 de la collection « Art – Santé – Connaissance initiatique ». http:/perso.orange.fr/jeune-et-randonnee/marchesseau.htm.

– MARKOLIN C. Un survol de la Médecine Nouvelle Germanique® du Dr. Ryke Geerd Hamer, 2004. http://germannewmedicine.ca/documents/articles-f.html.

– MASSON C. *Bonne santé,* Paris, Casterman écritures, 2005.

– MAYER C. *Ma vie de médecin,* Asnières, Maillant, les éditions françaises, 1955.

– MERCIER R. Les démêlés de Velpeau et du docteur noir, *Le Progrès médical, 15e année,* 1938, n°10, supplément illustré p. 73-76.

– MESSÉGUÉ M. *Des hommes et des plantes,* Paris, Robert Laffont, coll. Le Livre de Poche, 1971.

– MESSÉGUÉ M. *C'est la nature qui a raison,* Paris, éditions Naturaliment, 1963. Robert Laffont, coll. Le Livre de Poche, 1972.

– MESSÉGUÉ M. *Mon herbier de santé,* Paris, Robert Laffont, coll. Le Livre de Poche, 1975.

– MESSÉGUÉ M. *Mon herbier de beauté,* Paris, Robert Laffont, coll. Le Livre de Poche, 1997.

– METCHNIKOFF E. La vieillesse, *Revue scientifique (Revue rose),* 1904, T. II, 5e série, n° 3 (16 juillet), p.65-70 et 100-105.

– METCHNIKOFF E. *La prolongation de la vie*, 1re éd, New York, Putnam Sons, 1908.

– MOCQUOT P. Pierre Delbet (1861-1957), *Bulletin de l'Association française pour l'étude du cancer*, Paris, avril-juin 1958, 45 (2) : 129-133.

– MOLIERE, *L'amour médecin*, 1665, comédie ballet, Acte II, scène VII.

– MONIN E. *Les Propos du Docteur. Mélanges d'hygiène et de médecine*, Paris, Société d'Éditions Scientifiques, 1897.

– MONTENEGRO M. *Les Bruxos, Des thérapeutes traditionnels et leur clientèle au Portugal*, Paris, L'Harmattan, 2005.

– MOREIN H.-L. *Integrating complementary and alternative therapies for cancer patients. A cancer patient's guide to complementary and alternative medicine*, University of California, San Diego School of Medicine, avril 2002.

– MOSLEY C.-D., COHEN I.-G., ARNOLD R.-M. Cost-effectiveness of chiropractic care in a managed cure setting, *The american Journal of Managed Cure*, 1996, 2 : 280-282.

– MOUTIN L. *Le magnétisme humain, l'hypnotisme et le spiritualisme moderne considérés aux points de vue théorique et pratique*. http://www.pnl-nlp.org/download/moutin/.

– NAHON S. Présentation succincte des travaux d'Émile Pinel (15/06/1906-10/05/1985) mathématicien et biologiste. http://www.arsitra.org/yacs/files/fetch.php/?id=74.

– NLIU J. et al. Effects of electroacupuncture versus manual acupuncture on the human brain as measured by fMRI. *Hum Brain Mapp*. 2005 Mar ; 24(3) : 193-205.

– OUÉDRAOGO A.-P. Food and the purification of society : Dr Paul Carton and vegetarianism in interwar France, *Social History of Medicine (GBR)*, vol. 14, n° 2, 2001, pp. 223-245.

– OUEDRAOGO A.-P. Les enjeux du végétarisme. *Terrain,* revue d'ethnologie de l'Europe, n°31(septembre 1998), *Un corps pur, Assainir la société,* http://terrain.revues.org/document3138.html.

– PALBOOM G.-G., WILLEMS D.-L., JANSSEN N.-B., DE HAES J.-C., Doctor's views on disclosing or withholding information on low risks of complication, *J. Med Ethics*, 2007 Feb ; 33(2) : 67-70.

– PATEL J. Pierre Delbet (1861-1957), *Mémoires de l'Académie de chirurgie*, Paris, Janvier 10-24, 1962, 88, supplément 133-152.

– PAUL H. *Bacchus sur ordonnance, La médecine par le vin, de la Belle Epoque au « paradoxe français »*, Paris, PUF, 2005.

– P. C. *L'emprise des sectes sur l'enfant, Prévention et protection*, Mémoire du DU de Criminologie Clinique, Université Claude Bernard. Faculté de Lyon, 2003. www.antisectes.net/memoire-pedopsychiatre-sectes.pdf.

– PEISSE L. *La médecine et les médecins. Philosophie, Doctrines, Institutions, critiques, mœurs et biographies médicales*, 2 tomes, Paris, J.-B. Baillière et fils, 1857.

– PELEG A., HERSHCOVICI T., LIPA R. et al. Effect of garlic on lipid profile and psychopathologic parameters in people with mild to moderate hypercholesterolemia. *Isr Med Assoc J*. 2003 Sep ; 5(9) : 637-40.

– PELLERIN D. Les erreurs médicales, *Sève*, 2008/3, n°20, p. 45-56.

– PHILIPPON J., POIRIER J. *Joseph Babinski, a biography*, New York, Oxford University Press, 2009.

– PIORRY P.-A. *Dissertation sur le danger de la lecture des livres de médecine par les gens du monde, présentée et soutenue publiquement à la faculté de médecine de paris, le 12 juin 1816, pour obtenir le grade de Docteur en médecine*, Paris, Imprimerie de Didot Jeune, 1816.

– POIRIER J. *La vulgarisation médicale au milieu du XIXe siècle : Migne en situation*, in C. Langlois et F. Laplanche, sous la direction de, « L'Encyclopédie théologique » de Migne (1844-1873) entre apologétique et vulgarisation », Paris, éditions du Cerf, 1992.

– POIRIER J. La médecine Raspail. *Revue de l'AMOPA*, mai 1995.

– POIRIER J. *La santé en images à la fin du XIXe siècle. L'iconographie de la littérature de vulgarisation médicale de 1870 à 1914*, in B. Bensaude-Vincent, A. Rasmussen (sous la direction de), « La science populaire dans la presse et l'édition. XIXe et XXe siècles », Paris, CNRS éditions, 1997.

– POIRIER J. *La médecine est-elle un art ou une science ?* Paris, Académie des sciences, 2004.

– POIRIER J. *Édouard Brissaud (1852-1909), un neurologue d'exception dans une famille d'artistes*, Paris, Hermann, 2010.

– POIRIER J., LANGLOIS C. (sous la direction de). *Raspail et la vulgarisation médicale*, Paris, Vrin, Collection Sciences en Situation, 1988.

– POIRIER J., POIRIER J.-L. (sous la direction de). *Médecine et philosophie au XIXe siècle*, Cahier de l'IRU, Université Paris-Val-de-Marne, n° 2.

– POIRIER J., SALAÜN F. *Médecin ou malade ? La médecine en France aux XIXe et XXe siècles*, Paris, Masson, 2001.

– POIRIER J.-L. Broussais vulgarisateur, *Cahiers Philosophiques*, 24, 1985, p. 57-70.

– POMIANE E. de. *Bien manger pour bien vivre, Essai de gastronomie théorique*, Paris, Albin Michel, 1922.

– PORTES L. Du consentement du malade à l'acte médical, *Communication à l'Académie des sciences morales et politiques*, 30 janvier 1950.

– POSTEL-VINAY N., SINDING C. L'utopie hormonale de Voronoff. L'endocrinologie à l'heure du mythe, *La Revue du Praticien, 1994, 44 : 2140-2143.*

– POUILLARD J. *L'automédication*, Rapport adopté lors de la session du Conseil national de l'Ordre des médecins, février 2001.

– POUJENS J.-F.-A. *Dictionnaire de médecine pratique et de chirurgie*, Montpellier, Martel Jeune, 1813-1814.

– POWER F.-C., HANIGAN W.-C., OLIVERO W. A risk/benefis analysis of spinal manipulation for relief on lumbar or cervical pain. *Neurochirurgy*, 1993 ; 33 : 73-78.

– PRIEUR C. Les professionnels de la psyché redoutent l'émergence d'« une psychothérapie d'État », *Le Monde*, 19 février 2006.

– PUEL M.-A, AUGER F. Ce que disent les médecins aux malades de leur maladie, *La Revue du praticien – Médecine générale* n° 744/745.

– QUINTON R. *L'eau de mer, milieu organique , Constance du milieu marin originel comme milieu vital des cellules, à travers la série animale*, Paris, Masson et Cie, 1904.

– RABANES O. Hahnemann, sa vie, son œuvre, *Homéopathie, chapitre I.1, Encyclopédie Médicale Nationale*, Paris, Éditions Frison-Roche, 1995, p. 7-17.

– RABANES O. Histoire de l'homéopathie et de la pensée d'Hahnemann, *Homéopathie*, 7e année, juin 1990, p. 5-13.

– RAINEAU C. « Maladie et infortune dans l'Auvergne d'aujourd'hui. Médecins, malades et guérisseurs d'un bourg montagnard à l'hôpital », Thèse de doctorat sous la direction de Marc Augé, École des hautes études en sciences sociales, Paris, soutenue le 7 novembre 2001, *Ruralia*, 2002-10/11, http://ruralia.revues.org/document309.html.

– RAMSAY M. Sous le régime de la législation de 1803 : trois enquêtes sur les charlatans au XIXe siècle, *Revue d'histoire moderne et contemporaine*, juillet-septembre 1980, T. XXVII, p. 485-500.

– RAMSAY HM, GODDARD W, GILL S, MOSS C. Herbal creams used for atopic eczema in Birmingham, UK illegally contain potent corticosteroids. *Arch Dis Child.* 2003 Dec ; 88(12) : 1056-7.

– Rapport des Commissaires chargés par le Roi de l'examen du magnétisme animal. Imprimé par ordre du Roi. A Paris. De l'Imprimerie royale, MDCCLXXXIV.

– Rapport des Commissaires de la Société Royale de Médecine, nommés par le Roi pour faire l'examen du magnétisme animal. Imprimé par ordre du Roi. A Paris. De l'Imprimerie royale, MDCCLXXXIV.

– Rapport de l'un des Commissaires chargés par le Roi de l'examen du magnétisme animal. A Paris. Chez la Veuve Hérissant, Imprimeur-Libraire, rue Neuve Notre-Dame, à la Croix d'or ; Théophile Barrois, le Jeune, Libraire de la Société Royale de Médecine, Quai des Augustins, N°18, MDCCLXXXIV.

– Rapport du Professeur Bertrand Ludes remis à Xavier Bertrand, Ministre de la Santé et des Solildarités, en décembre 2006.

– Rapport n°2468, Assemblée Nationale, Rapport fait au nom de la commission d'enquête sur les sectes, « chargée d'étudier le phénomène des sectes et de proposer, s'il y a lieu, l'adaptation des textes en vigueur « Président M. Alain Gest, Rapporteur M. Jacques Guyard, Députés. Enregistré à la Présidence de l'Assemblée nationale le 22 décembre 1995.

– Rapport Vivien 1983 sectes (1) Rapport au Premier Ministre par Alain Vivien, député – vice-président de l'Assemblée Nationale, Les sectes en france, expression de la liberté morale ou facteurs de manipulations ?

– Rapport n° 3507, Assemblée nationale, enregistré à la présidence de l'assemblée nationale le 12 décembre 2006, rapport fait au nom de la commission d'enquête *relative à* l'influence des mouvements à caractère sectaire *et aux* conséquences *de leurs* pratiques *sur la* santé physique *et* mentale *des* mineurs. Président M. Georges FENECH, Rapporteur M. Philippe VUILQUE, Députés.

– Rapport au Premier Ministre, MIVILUDES : *Législation et rapports sur les sectes en France,* 2005, http://www.info-sectes.org/pages/rapport.htm.

– Rapport adopté le 27 septembre 1996 par le Conseil national de l'Ordre des médecins http://www.psyvig.com/default_page.php?menu=32&page=3&print=1, *Pratiques médicales et sectes.*

– Rapport au Premier ministre par Alain Vivien, député – vice-président de l'Assemblée Nationale, 1983, *Les sectes en france, expression de la liberté morale ou facteurs de manipulations* ?

– Rapport fait au nom de la commission d'enquête *relative à* l'influence des mouvements à caractère sectaire *et aux* conséquences *de leurs* pratiques *sur la* santé physique *et* mentale *des* mineurs. Président M. Georges Fenech, Rapporteur M. Philippe Vuilque, Députés. Assemblée Nationale n° 3507, enregistré à la présidence de l'Assemblée Nationale le 12 décembre 2006.

– Rapport de l'Académie Nationale de pharmacie sur l'automédication, décembre 2006.

– RASPAIL F.-V. *Histoire naturelle de la santé et de la maladie*, Paris, chez l'éditeur des ouvrages de M. Raspail, 1846.

– RAUX M. Plus de 400 patients ont été victimes des sur-irradiations à l'hôpital d'Epinal, *Le Monde*, mardi 27 mars 2007, p. 16.

– REAL J. *Voronoff,* Paris, Stock, 2001.

– RENGADE J. *La vie normale et la santé*, Paris, Librairie illustrée, 1881.

– Revue de Presse Mediscoop du lundi 16 juillet 2007, « Attention à la lipotomie ! », *Le Parisien.*

– Revue de Presse Mediscoop du mercredi 5 septembre 2007 : « La tendresse peut aussi soigner les malades du grand âge » (Le Parisien, Le Monde).

– RICHARD N. *La Thérapie par les Dauphins, Description de quelques études*, Panama City, octobre 2001, http://www.waterplanetusa.com/fr/programneedsArticle2.htm, http://www.dauphinlibre.be/therapy.htm.

– RICHARDS D.-G., MCMILLIN D.-L. *et al.* Colonic irrigations: a review of the historical controversy and the potential for adverse effects, *J Altern Complement Med.* 2006 ; 12(4) : 389-93.

– RICHERAND, *Des erreurs populaires relatives à la médecine*, Paris, Crapelet, 1810.

– RILEY D., FISCHER M., SINGH B. et al. Homeopathy and conventional medicine: an outcomes study comparing effectiveness in a primary care setting. *J Altern Complement Med*, 2001 Apr ; 7(2) : 149-59.

– RIOU-MILLIOT S. Le soulagement par l'auriculothérapie, *Sciences et Avenir*, N° spécial « La réussite des médecines alternatives », n° 720, février 2007, p. 47.

– ROBARD I. *Médecines non-conventionnelles et droit – la nécessaire intégration dans les systèmes de santé en France et en Europe*, Éditions Litec, Collection Actualité.

– ROBARD I. Interview, http://www.naturemania.com/naturo/interviewrobard.html.

– ROBERTS H. *Les opérateurs en France au* XVII*e siècle : la médecine populaire et les spectacles de rue*, Colloque César (Oxford Brookes University), juin 2006.
http ://www.cesar.org.uk/cesar2/conferences/cesar_conference_2006/Roberts_paper 06....

– ROBERTS L., AHMED I., HALL S. Intercessory prayer for the alleviation of ill health, *Cochrane Database Syst Rev*. 2000 ; (2) : CD000368.

– ROCARD Y. «*Le réflexe sourcier, son intérêt médical*», Agressologie, tome 22 N° A, 1981, (1-15) http://www.unice.fr/zetetique/articles/HB_Rocard.html.

– ROMAINS J. *Knock ou le triomphe de la médecine*, Paris, Gallimard, 1924.

– ROSE L. *Faith Healing*. Baltimore, Penguin Books, 1971.

– ROSENTHAL D.-S., DEAN-CLOWER E. Integrative Medicine in Hematology/Oncology: Benefits, Ethical Considerations, and Controversies, *Hematology* 2005, 491, http://asheducationbook.hematologylibrary.org/cgi/content/full/2005/1/491.

– ROSTAN L. Essai (inaugural) sur le charlatanisme, in 4° ; Paris, 13 mai 1812.

– ROTCHFORD J.-K. Overview: adverse events of acupuncture, *Medical Acupuncture, A Journal for physicians by physicians*, Fall 1999/Winter 2000, vol 11, n° 2. 9/02/07.

– (de) ROUGEMONT M. *Accidents de manipulations vertébrales ayant fait l'objet d'une réclamation auprès du GAMM et d'AXA entre 1996 et 2003*, www.osteopathie.org/securite-patient/rapport-1-dr-rougemont.pdf.

– ROULET J.-M. Rapport de la Mission Interministérielle de Vigilance et de Lutte contre les Dérives sectaires, au Premier ministre 2006.

– ROUSSELLE A. *Croire et guérir. La foi en Gaule dans l'Antiquité tardive*, Paris, Fayard, 1990.

– ROUSSILLON R. *Du baquet de Mesmer au divan de Sigmund Freud*, Paris, PUF, 1992.

– RUEL J. *Les charlatans*, s.l., 1864.

– SALLION B. Société Royale Académique de Nantes et du département de la Loire-Inférieure. Section de Médecine. Rapport sur les voies et moyens propres à réprimer le charlatanisme médical et pharmaceutique, lu dans la séance du 16 juillet 1841 et approuvé par la section, Nantes, Imprimerie de Camille Melllinet, 1841.

– SALMON R. *Tout ce que les chirurgiens ne peuvent pas vous dire*, Paris, Anne Carrière, 2007.

– SALOMON L. *Respirez la santé... grâce au Bol d'air Jacquier*, Paris, Éditions Grancher, 2002.

– SANDOZ T. *Histoires parallèles de la médecine, Des Fleurs de Bach à l'ostéopathie*, Paris, Le Seuil, 2005.

– SAUZADE S. *« Le Don » Essai bibliographique.* http ://perso.orange.fr/psycause/028_029/028_029_don.htm.

– *Sciences et Avenir*, N° spécial « La réussite des médecines alternatives », n° 720, février 2007.

– SCHULTHEISS D., DENIL J., JONAS U., Rejuvenation in the early 20th century, *Andrologia*, nov-dec 1997, 29 (6) : 351-355.

– SCRIBE E., MAZÈRES. *Le charlatanisme ;* Comédie-vaudeville en un acte, Paris, Pollet, 2e édition,1825.

– SEBASTIAN J., PADAYATTY, RIORDAN H.-D. et al. Intravenously administered vitamin C as cancer therapy: three cases, *CMAJ*, March 28, 2006, 174(7) 937.

– SHANG A., HUWILER-MÜNTENER K., NARTEY L., et al. Are the clinical effects of homoeopathy placebo effects? Comparative study of placebo-controlled trials of homoeopathy and allopathy. *Lancet* 2005 ; 366 : 726-32.

– SHUMAY D.-M., MASKARINEC G., KAKAI H., GOTAY C.-C.. Why some cancer patients choose complementary and alternative medicine instead of conventional treatment, *J Fam Pract*, 2001, vol 50, n° 12 (déc), p. 1067.

– SIMON A. Les miracles de Notre-Dame de Lumières, *Maladies, médecines et sociétés*. Approches historiques pour le présent T. II, Actes du VIe colloque d'Histoire au présent, Paris, L'Harmattan et Histoire au Présent, 1993, p. 189-196.

– SIMPSON W.-F. Comparative Longevity in a College Cohort of Christian Scientists, *JAMA* 262, pp. 1657-1658, 1989.

– SINGH H., MASKARINEC G., SHUMAY D.-M. Understanding the motivation for conventional and complementary/alternative medicine use among men with prostate cancer, *Integr Cancer Ther*, 2005, une, 4(2), 187-194.

– SITERMAN S,. ELTES F., WOLFSON V. et al. Does acupuncture treatment affect sperm density in males with very low sperm count? A pilot study. *Andrologia*, 2000, vol. 32, p. 31-39.

– SLOAN R.-P., RAMAKRISHNANAN R. Science, medicine, and intercessory prayer, *Perspect Biol Med*, 2006 Autumn ; 49(4) : 504-14.

– SMITH C., CROWTHER C. The placebo response and effect of time in a trial of acupuncture to treat nausea and vomiting in early pregnancy. *Complement Ther Med*, 2002 Dec; 10(4): 210-6. Comment in *Complement Ther Med*, Jun; 11(2): 123; author reply 123-4.

– SMITH W.-S., JOHNSTON S.-C., SKALBRIN E.-J. *et al.* Spinal manipulative therapy is an independent risk factor for vertebral artery dissection, *Neurology*, 2003, vol 60, n° 9 (13 may), p. 1424-1428.

– SOULIÉ DE MORANT G. *L'acuponcture chinoise*, 2 volumes, Paris, Mercure de France, 1939-1941.

– STAVEN K. et al. Acupuncture in intractable epilepsy: lack of effect on health-related quality of life. *Seizure* 2000 9 : 422-426.

– STENGERS I. *Le médecin et le charlatan, in* NATHAN T., STENGERS I. « Médecines et sorciers », Paris, Les empêcheurs de penser en rond – Le seuil, 2004, p. 125-177.

– STÉPHAN J.-M, NGUYEN J. Incidents et accidents attribués à l'acupuncture http://www.meridiens.org/acuMoxi/STEPHAN-aiguilles-lombalgies.htm.

– STEVINSON C., DEVARAJ V.-S., FOUNTAIN-BARBER A. et al. Homeopathic arnica for prevention of pain and bruising: randomized placebo-controlled trial in hand surgery. *J R Soc Med.* 2003 Feb ; 96 (2) : 60-5.

– SWAN R. Faith Healing, Christian Science & the medical care of Children, *N. Engl. J. Med.* 1983, 310 : 1639-1645.

– TAFFINDER N.-J., TAN E., WEBB I.-G., MCDONALD P.-J. Retrograde commercial colonic hydrotherapy, *Colorectal Dis*, 2004 Jul ; 6(4) : 258-60.

– TARDIEU A. *Dictionnaire d'hygiène publique et de salubrité*, 2e éd., Paris, J.-B. Baillière et fils, 1862.

– TASCILAR M., DE JONG F.-A., VERWEIJ J., MATHIJSSEN R.-H.-J. *Complementary and Alternative Medicine During Cancer Treatment: Beyond Innocence, The Oncologist* 2006 ; 11 : 732–741. http://www.TheOncologist.com/cgi/content/full/11/7/732.

– TCHEKHOV A. *œuvres choisies*, T.2, Nouvelles et récits, « La salle n°6 » [1892], Moscou, éditions Radouga, 1988, p. 211.

– TEYSSEIRE D. sous la direction de. *La médecine du peuple de Tissot à Raspail (1750-1850)*, Créteil, Conseil Général du Val-de-Marne, Archives départementales, 1995.

– THÉVENET F. *Répertoire des médecines parallèles en France*, Paris, Dervy Livres, 1987.

– THUILLIER J. *Franz Anton Mesmer ou l'extase magnétique*, Paris, Robert Laffont, 1988.

– TIERNEY J. Buying time, *Health* 1990, 4 (1) : 35-44.

– TIMIO M. Historical Archives of Italian Nephrology : The Cerretani and charlatans : a poor page in the history of medicine and nephrology, *G Ital Nefrol*, 2002, vol 19, n° 1 (jan.-fév.), p. 55-59.

– TINCQ H. La religieuse miraculée affole les médias. La presse s'est passionnée pour cette « guérison mystère », *Le Monde*, 8-9 avril 2007, p. 14.

– TISSOT M. *Avis au peuple sur sa santé,* Paris, P. Fr. Didot le jeune, 1782.

– TOLSTOÏ L. *La mort d'Ivan Illitch* [1886], Paris, Le livre de poche, 1990.

– TOROSIAN M.-H, BIDDLE V.-R. Spirituality and healing, *Semin Oncol.* 2005 Apr ; 32(2):232-6.

– TROUSSEAU A., PIDOUX H. *Traité de thérapeutique et de matière médicale*, 2 volumes, Paris, Béchet Jeune, 7e édition, 1862.

– VAN RILLAER J. *Les Illusions de la psychanalyse*, Bruxelles, éd. Mardaga, 1981.

– VAN RILLAER J. « Bénéfices cachés de la psychanalyse », *SPS* n° 261, mars 2004.

– VAPIWALA N., MICK R., HAMPSHIRE M.-K. et al. Patient initiation of complementary and alternative medical therapies (CAM) following cancer diagnosis, *Cancer J*, 2006, vol. 12, n° 6 (nov-déc), p. 467-474.

– VARIOT G. *La puériculture pratique*, Paris, Gaston Doin et Cie, 1930.

– VELPEAU A. Expériences sur le traitement du cancer, instituées par le sieur Vriès à l'Hôpital de la Charité, sous la surveillance de MM. Manec et Velpeau. Compte rendu à l'Académie impériale de Médecine, le 29 mars 1859, par M. Velpeau. Extrait du *Bulletin de l'Académie impériale de Médecine*, Paris, J.-B. Baillière et fils, 1859, XXIV.

– VERDEAU-PAILLES J. Parmi les psychothérapies : la musicothérapie et sa spécificité, *Encéphale*, 1991 Jan-Feb; 17(1) : 43-9.

– VICKERS A. *Les traitements «alternatifs» contre le cancer. Sont-il non prouvés ou bien réfutés ?* http://www.charlatans.info/cancer.shtml.

– VINOD V., *La médecine ayurvédique au quotidien*, Paris, Éditions Médicis, 2004.

– VIVINI B. *La Méthode des Cristallisations sensibles de Pfeiffer appliquée au diagnostic du cancer*, Thèse de médecine de Bordeaux, 1958.

– VIVINI Y. Le jeûne et les traitements naturels, 1970, http://perso.orange.fr/jeune-et-randonnee/Vivini2.htm.

– VOHRA S., JOHNSTON B.-C., CRAMER K., HUMPHREYS K. Adverse events associated with pediatric spinal manipulation: a systematic review, *Pediatrics*, 2007, vol 119, n° 1 (jan), p. 275-283.

– VORONOFF S. *Étude sur la vieillesse et le rajeunissement par la greffe*, Paris, Sciences en situation, 1999.

– WILLIAMS D.-G. The Many Benefits of Hydrogen Peroxide, http://www.whale.to/a/williams1.html.

– WILSON G.-E. Christian Science and Longevity, *J. Forensic Sci.* 1965, 1, pp. 43-60.

– WINNICOTT D.-W. *Fragment d'une analyse*, Paris, Payot, 1975.

– WIRTH O. *L'imposition des mains*, Guy Tredaniel Éditions de la Maisnie, 1975.

– WONG G.-A.-E, SHEAR N.-H. Adverse drug interactions and reactions and reactions in dermatology: current issues of clinical relevance. *Dermatol Clin.* 2005 Apr ; 23 (2) : 335-42 15837159.

– WOZNICKI K. Sham Acupuncture More Effective Than Sugar Pill in Easing Arm Pain, MedPage Today Staff Writer, February 02, 2006.

– WUNENBURGER J.-J. *Imaginaires et rationalité des médecines alternatives*, Paris, Les Belles Lettres, 2006.

– WYON Y et al. A comparison of acupuncture and oral estradiol treatment of vasomotor symptoms in postmenopausal women. *Climacteric* 2004 7 : 153-164.

– ZAKARIAN H., LENIAUD P., GRISOLI F., ZAKARIAN S. Un accident rare de l'acupuncture : à propos d'un cas de pneumothorax bilatéral. *La Semaine des hôpitaux de Paris* 1987, vol. 63, n° 42, pp. 3279-3280.

– ZHANG R. Accidents in acupuncture treatment: history and current state, *Zhong Xi Yi Jie He Xue Bao*, 2004, vol 2, n° 4 (july), p. 306-313.

– ZOLA E. *Le docteur Pascal* [1893], Paris, Garnier-Flammarion, 1975.

– ZWEIG S. *Mary Baker-Eddy* in « La guérison par l'esprit », Paris, Livre de Poche (Belfond), 1931, p. 127-273.

Table des entrées

Achevé d'imprimer en novembre 2010
par la Sté ACORT Europe
www.cogetefi.com

Dépôt légal à parution

Imprimé en France

Printed in Dunstable, United Kingdom

91231526R00112